国家社会科学基金艺术学重大招标项目

"绿色设计与可持续发展研究"

项目编号：13ZD03

U0281742

绿色设计与可持续发展经典译丛

可持续设计新方向

NEW DIRECTIONS
IN
SUSTAINABLE DESIGN

[美]阿德里安·帕尔　迈克尔·扎瑞茨基　著
ADRIAN PARR　MICHAEL ZARETSKY
刘　曦　赵　宇　段于兰　译
王树良　李雪萌　审校

重庆大学出版社

序

在全球生态危机和资源枯竭的严峻形势下，世界上多数国家都意识到，面向未来，人类必须理性地以人、自然、社会的和谐共生思路制定生产和消费行为准则。唯有这样，人类生存的条件才能可持续，人类社会才能有序、持久、和平地发展，这就是被世界各国所认可和推行的可持续发展。作为世界最大的新兴经济体和最大的能源消费国与碳排放国，中国能否有效推进可持续发展对全球经济与环境资源的影响举足轻重。设计是生产和建设的前端，污染排放的增加，源头往往就是设计产品的"生态缺陷"。设计的"好坏"直接决定产品在生产、营销、使用、回收、再利用等方面的品质。因此，设计是促进人、自然、社会和谐共生，大有作为的阶段，也是促进可持续发展的重要行动措施。

正是在这个意义上，将功能、环境、资源统筹考虑的绿色设计蓬勃兴起。四川美术学院从 2003 年开始建立绿色设计教学体系，探讨作为生产生活前端的设计专业应该如何紧跟可持续发展的历史潮流，在培养绿色设计人才和社会应用方面起到示范带动作用。随着我国生态文明建设的推进和可持续发展的迫切需要，2013 年国家社会科学基金艺术学以重大招标项目的形式对"绿色设计与可持续发展研究"项目进行公开招标，以四川美术学院为责任单位的课题组获得了该项目立项。

人类如何才能可持续发展，是一个全球性的课题。在中国，基于可持续发展的绿色设计需要以当代世界视野为参照，以解决中国现实问题为中心，将生态价值理念嵌入设计本体论，从生产与消费、生活与生态、环保与发展的角度，营建出适合中国国情、涵盖不同领域的绿色设计生态链条；进而建构起基于可持续发展的中国绿色设计体系，为世界贡献中国的智慧与经验。

目前世界上一些国家关于可持续发展的研究工作以及有关绿色设计学说的讨论与实践已经经历了较长的时间。尤其是近年来，海外绿色设计与可持续研究不断取得发展。为了更全面、立体地展现海外设计界和设计学术研究领域对绿色设计与可持续发展的最新研究成果，以便为中国的可持续设计实践提供有益的参考，有利于绿色设计与可持续发展研究起步相对较晚的我国在较短的时间内能迎头赶上并实现超越，在跟随先行者脚步的同时针对中国的传统文化背景与现实国情探寻我国的绿色设计发展之路，项目课题组经过反复甄选，组织翻译了近年国际设计界出版的绿色与可持续研究的数部重要著作，内容包括绿色设计价值与伦理、视野与思维、类型与方法等领域。这套译丛共有 11 本译著，在满足本项目课题组研究需要的同时，也具有为中国的可持续设计实践提供借鉴的意义，可供国内高校、研究机构和设计工作者参考。

"绿色设计与可持续发展研究"

项目首席专家：王立端

目录

本书图片目录

表格

图表致谢

所有图片和照片均由撰稿者提供，若由他人提供会另行注明。

2.1, 2.2：由艺术家本人及悉尼罗斯林·奥克斯利 9 艺术馆提供。

3.1, 3.2, 3.3, 3.4：由艺术家本人及墨尔本 Arc One 艺术馆提供。

4.1, 4.2, 4.3, 4.4, 4.5, 4.6, 4.7：奥雅纳公司图片资料，来源于彼得·黑德在布鲁内尔大学的演讲。

5.1：威廉麦克多诺及其合伙人(William McDonough + Partners)2003 年及 2004 年版权。

6.3：由布鲁克林历史协会提供。

7.1, 7.2, 7.3, 7.4, 7.5, 7.6, 7.7, 7.8, 7.9, 7.10：阿肯色州大学社区设计中心（UACDC）地产。

9.1，（下图）9.6：照片由埃米莉·劳什 2009 年拍摄。

9.3，（上图）：照片来自 Village Life Outreach.

9.7：2008 年由辛辛那提大学建筑与室内设计学院建筑专业本科毕业生康纳·布雷迪绘制。

11.1：照片由杜尔迦南德·巴尔萨瓦尔 2005 年拍摄。

11.2：照片由杜尔迦南德·巴尔萨瓦尔 2006 年拍摄。

13.1：集中型（centralized）图表节选自巴兰的"论分布式通信"；任意型（random）

和无标度（scale-free）图表节选自巴拉巴斯和奥尔特维的"网络生物学"；聚合型（clustered）图表节选自潘和辛哈的"模块化网络"。

13.2，13.3，13.4：由威廉·麦克多诺及其合伙人提供。

14.2：由 photoeverywhere.co.uk 网站提供。

14.4：由安德森梅森戴尔建筑师事务所提供。

17.1：照片由罗兰·哈比拍摄。

17.2：由贝尼奇建筑师事务所提供。

撰稿者简介

杜尔迦南德·巴尔萨瓦尔（Durganand Balsavar）与阿尼拉·饶（Aneela Rao）一道联合创立了阿特斯人类住宅开发合作会（ARTES-Human Settlements Development Collaborative）。从印度艾哈迈巴德的 CEPT 大学和瑞士苏黎世联邦理工学院的建筑专业毕业后，他前往巴黎学习并与 B.V. 多西（B. V. Doshi）博士一起工作。巴尔萨瓦尔曾是多个国际设计评判委员会的成员，并为印度国家日报撰写有关生态环境和建筑方面的文章。以金奈—印度为基础，阿特斯已经涉足城乡发展、住房、教育机构及减灾等方面。Tata 团队的后海啸项目就是由阿特斯设计，并因其良好的实践性而被联合国发展计划（UNDP）所提及。

杰弗里·A. 贝尔（Jeffrey A. Bell）是一名哲学教授，还是美国路易斯安那东南大学人文学院费伊·沃伦·赖默斯（Fay Warren Reimers）杰出教授。他的多篇论文和专著都与德勒兹的作品相关，包括《混乱边缘的哲学：吉尔斯·德勒兹与差异化哲学》（多伦多大学出版社，2006）、《德勒兹的休谟：哲学、文化和苏格兰启蒙运动》（爱丁堡大学出版社，2009）以及和克莱尔·科尔布鲁克合编的《德勒兹与历史》（爱丁堡出版社，2009）。

马歇尔·布朗（Marshall Brown）是美国伊利诺伊理工大学建筑学院助理教授，也是"调车场开发工作坊"负责人。这个工作坊是一个独立的设计团队，致力于纽约布鲁克林地区 MTA 范德比尔特铁路停车场（又名"大西洋调车场"）的设计工作。基于这项工作，他是陈列出的出版物《一块接一块，简·雅各布斯与纽约的未来》（普林斯顿大学建筑出版社，2007）一书的撰稿人之一。

克莱尔·科尔布鲁克（Claire Colebrook）是宾夕法尼亚州立大学的英语教授。她著有《新文学史》（圣马丁出版社，1997）、《伦理学与表征》（爱丁堡大学出版社，2000）、《吉尔斯·德勒兹》（劳特利奇出版社，2001）、《哲学著作中的讽刺》（内布拉斯加大学出版社，2007）、《性别》（帕尔格雷夫·麦克米伦出版社，2004）以及《德勒兹：困惑者的向导》（康丁纽出版社，2006）。

特迪·克鲁兹（Teddy Cruz）出生在危地马拉城。在获得建筑学"罗马奖学金（Rome Prize）"及哈佛 GSD 的 MDesS-1997 奖学金之后，他于 2000 年在加州圣地亚哥开始了他的实践工作。他因对蒂华纳—圣地亚哥边境的城市研究而得到国际认可，并和"熟悉的家（Casa Familiar）"这样基于社区的非营利机构合作。他在住房与城市政策的关系，以及该政策所包含的城市的社会和文化项目上的研究也得到了国际认可。在 2004 年至 2005 年间，他是第一位詹姆士·斯特林（James Stirling）纪念性演讲城市奖主题的获奖者，该奖项由伦敦经济学院加拿大建筑中心授予。2010 年，他被选为威尼斯建筑双年展美国代表，现为加州大学圣地亚哥分校视觉艺术系公共文化与城市规划专业副教授。

罗兰·费伯（Roland Faber）是克莱尔蒙特神学院历程研究（Process Study）教授，克莱尔蒙特研究生大学宗教学和神学教授，历程研究中心联合主任，怀特黑德研究项目（2007 年成立）执行主任。他的研究和出版领域包括后结构主义，历程思维和历程神学，宗教比较哲学，宗教话语，文艺复兴时期的宇宙学、神学及精神性以及玄学。他著有《作为世界诗人的神：历程神学研究》（威斯敏斯特约翰·诺克斯出版社，2008）一书，并和安德烈亚·斯蒂芬森（Andrea Stephenson）合编《生成的秘密：与怀特黑德、德勒兹和巴特勒探讨》（福德姆大学出版社，2010）。

托马斯·费希尔（Thomas Fisher）是美国明尼苏达大学设计学院的教授兼院长。他曾就读于康奈尔大学建筑系及凯斯西储大学知识史专业，之前曾任《建筑革新》杂志编辑部主任。他在 40 多个不同建筑学院和 60 多个不同的建筑专业协会开办过讲座或担任过评判委员，并曾在各种杂志和期刊上发表过 35 篇图书章节和 250 多篇文章。他撰写的著作包括《在事情发展过程中：建筑实践的另类思考》（明尼苏达大学出版社，2006）、《萨尔梅拉建筑师事务所》（明尼苏达大学出版社，2005）、《莱克/弗莱托：建筑与景观》（洛克波特出版社，2005）以及《建筑设计和道德规范：生存的手段》（建筑出版社，2008）。

彼得·黑德（Peter Head），大英帝国官佐勋章获得者（OBE），英国皇家工程院院士（FREng），英国皇家艺术协会会员（FRSA），奥雅纳工程顾问公司（ARUP）董事。他是全球开发实践的捍卫者，这种全球实践证明了只要公共部门和私人部门采用了可持续发展的理念，那么我们在于公于私的建造环境中所投资的钱将发挥更大的作用。他是一名土木和结构工程师，并在大桥建造［他作为政府顾问因成功帮助政府建造塞文二桥（Second Severn Crossing）而获得大英帝国官佐勋章］、新型复合材料技术、城市可持续发展等方面成为世界公认的领军人物。他的作品曾获多项奖励，包括国际桥梁及结构工程协会（IABSE）功勋奖、英国皇家工程学院银质奖章以及"聚合物为人类服务"菲利普王子奖。他在2008年被美国《时代周刊》选为全球30位生态勇士之一，成为美国有线新闻网"重要声音"（Principal Voices）之一。

克里斯托夫·詹特森（Christof Jantzen），美国建筑师协会会员，"能源与环境设计先锋"认证专家（LEEDAP），贝尼奇建筑师事务所负责人。该事务所是一家建筑和规划公司，在德国斯图加特和慕尼黑，以及美国洛杉矶和波士顿都有办事处。詹特森凭借获奖的"绿色建筑"设计，包括LEED—铂金健赞中心，而被业界认可。他是华盛顿大学圣路易斯分校新型再生能源可持续性项目国际中心的I-CARES教授，他还在斯图加特大学、南加州建筑学院、波莫纳加州理工大学和南加利福尼亚大学教授设计课程，并在麻省理工学院、乡村设计工作室及康奈尔大学开设讲座。

珍妮特·劳伦斯（Janet Laurence）是一名澳大利亚艺术家，以其"特定地点装置（site-specific installations）"艺术最为出名，她的作品包含了一些国内外主要的公共的、公司的以及私人的收藏。她受托完成的公共作品有《无名战士之墓》（澳大利亚战争纪念碑）、《树之边缘》（悉尼博物馆）、以悉尼中央犹太教堂的窗户为主题的获奖作品《在影中》（2000年悉尼奥运会）、《澳大利亚战争纪念碑》（伦敦海德公园）以及《水幔》（墨尔本，CH2建筑）。她为日本越后妻有艺术三年展创作了永久性装置。她曾获得丘吉尔学术奖金、洛克菲勒住宅基金奖，还是阿奇博尔德奖（Archibald Prize）约翰·比尔德奖项的得主。

格雷厄姆·利夫西（Graham Livesey）是加拿大卡尔加里大学（建筑学院）副院长和环境设计院副教授。他从 1991 年起在该校教授设计、建筑史及城市设计课程。他是《加拿大百科全书》建筑类的专家顾问，《建筑和观念》杂志的编辑顾问，《建筑教育》杂志编辑委员会成员。他著有《通道：当代城市探索》（卡尔加里大学出版社，2004）一书。

艾默里·B. 洛文斯（Amory B. Lovins）是一名物理学家，落基山学院（Rocky Mountain Institute）院长及首席科学家，Fiberforge 公司名誉主席。他在 29 部著作和几百篇论文中均有研究论述，范围涉及能源、安全、环境和发展，并被蓝色星球（Blue Planet）、沃尔沃汽车（Volvo）、奥纳西斯服装（Onassis）、尼桑汽车（Nissan）、丰田新乡（Shingo）等机构或公司所认可。他还获得了米歇尔奖（Michelle Prize）、马克阿瑟及阿秀卡奖金、本杰明·富兰克林奖章、11 个荣誉博士学位、美国建筑学院荣誉会员资格、皇家艺术协会会员资格、皇家瑞士工程科学院外籍会员资格、亨氏公司奖、林德伯格（Lindbergh）奖、正确生活方式奖（Right Livelihood Award）、国家设计和世界技术奖。他建议政府和世界上的大型公司使用先进能源并提高资源使用效率，并向 20 个政府首脑进行了简要的介绍。他领导 29 个部门对价值超过 300 亿美元的工业设施进行技术性改造，以此达到用更低的成本来大幅节能。他最近的学术职位是在 2007 年任斯坦福大学工程学院的访问教授。2009 年，《时代周刊》提名他为世界最具影响力的一百人之一，同时，《外交政策》杂志也评选他为全球百名思想家之一。

斯蒂芬·卢奥尼（Stephen Luoni）是美国阿肯色社区设计中心学校（UACDC）的校长，他也是该校建筑与城市研究方向史蒂文·L. 安德森协会会长。他的设计和研究赢得了 70 多个设计大奖，包括建筑革新奖、美国建筑学院荣誉奖、国会新城市规划宪章奖、美国景观建筑协会奖，以上奖项均为城市规划和设计奖项。他的作品被收录在《奥兹》《建筑记录》《景观建筑》《建筑革新》《建筑师》《地点》《今日建筑》《规划革新》及《公共艺术回顾》等杂志上。

香农·梅（Shannon May）是加州大学伯克利分校训练有素的人类学家，在对发展中国家贫民和农村社区经济转型的研究和计划实施方面有着丰富的经验，她也揭示了本地和国际社区发展对策中成功和失败的潜在驱动力。她在整个中国以及非洲的撒哈拉沙漠以南地区进行了田野工作。她的学位论文题为"生态公民身份的实践：一个中国村庄的世界梦"，关注的是中国的一个现代化农村项目在生态和市场理性方面的集合，该论文在 2010 年出版。她目前在肯尼亚首都内罗毕工作，是一项可持续设计方案的联合创始人，致力于改善发展中国家的教育，使非正式聚居地的贫困家庭的孩子享受特权般的、高品质的、低学费的私立小学教育。

基尔·莫（Kiel Moe）是东北大学建筑学院建筑系助理教授。他曾设计、建造小型的研究性项目，并承建其他建筑师基于综合性材料与能源系统设计的大项目。他的著作包括《当代建筑的综合性设计》（普林斯顿建筑出版社，2008）和《建筑的热活跃表面》（普林斯顿建筑出版社，2010）。他是一位住在罗马的美国研究院研究员。

阿德里安·帕尔（Adrian Parr）是辛辛那提大学建筑与室内设计学院及女性性别与性研究学部的副教授，也是新南威尔士大学互动影院（iCinema）研究中心的杰出研究员。她著有《劫持可持续性》（麻省理工学院出版社，2009）、《德勒兹与纪念文化》（爱丁堡大学出版社，2008），她还编写《德勒兹词典》（哥伦比亚大学出版社，2005），并与伊思·布坎南（Ian Buchanan）合编《德勒兹与当代世界》（爱丁堡大学出版社，2006）一书。

尼克·西曼（Nick Seemann）是建设性对话建筑师事务所主管，其公司位于澳大利亚悉尼市，主要开发支持社区发展的建筑以及提供社会服务。他的博士后研究是由俄勒冈大学的霍华德·戴维斯（Howard Davis）教授指导，并研发出建筑研究的一种方法，将其作为社区发展研究的工具。

南希·B. 所罗门（Nancy B. Solomon）是美国建筑师协会会员，是一位建筑师兼记者。她发表了许多建筑方面的文章，并且是《建筑：庆祝过去，设计未来：纪念美国建筑师协会 150 周年诞辰》（视觉参考出版社，2008）一书的编辑。

卡尔·S. 斯特纳（Carl S. Sterner）是威廉·麦克多诺及其合伙人（William McDonough + Partners）公司的设计师和"能源与环境设计先锋"认证专家。他在辛辛那提大学获得了建筑硕士学位，并因其论文《可持续范式语言》获得"杰出研究"表彰奖。他此前曾在《绿色建筑》期刊上发表文章并在地方和全国会议上宣读论文。他的研究和设计兴趣是围绕着"可持续性"进行关键性研究——用社会的、文化的和经济所必需的条件来创建一个生态可持续（并且最终达到更宜居、更公正、更合理的目标）的社会。

肯尼思·苏林（Kenneth Surin）出生于马来亚（后称为"马来西亚"）并在英国完成学业，于 1977 年在伯明翰大学获得哲学和神学博士学位。他现为文学教授，任职于杜克大学宗教系并参与"德国研究"博士项目。他也担任杜克大学欧洲研究中心主任，现任该研究中心文学项目主席。他是《未曾有过的自由：解放与下一次世界秩序》（杜克大学出版社，2009）一书的作者，也撰写过其他一些著作和某些著作中的部分章节。

迈克尔·扎雷茨基（Michael Zaretsky）是一位建筑师，绿色建筑资格认证协会（LEED AP）会员以及辛辛那提建筑与室内设计学院助理教授。他的实践、研究和教学涉及公共利益设计、人道主义设计以及可持续设计整体方案等诸问题。他著有《零耗能设计先例：2007"太阳能十项"建筑与无源（直接利用太阳热能的，也被称为"被动式"）设计》（劳特利奇出版社，2009）一书。他是"罗奇健康中心"设计委员会主席，现在正领衔设计坦桑尼亚农村地区的罗奇村"零耗能"健康中心。

致谢

我们想向所有的撰稿者致以我们最深的感激之意，没有他们，这本选集将不会问世。特别感谢我们的编辑弗兰·福德和劳拉·威廉森在最初对这个项目的支持。该书的框架和写作编写得益于与辛辛那提大学女性性别与性研究学院以及建筑与室内设计学院的师生们无数次的商谈。我们尤为感谢杰尔曼基金会对该书研究工作部分的资金支持，以及新南威尔士大学（iCinema）互动影院的丹尼斯德尔法弗罗（Dennis del Favero）先生坚持不懈的支持，以及杰西卡·兰蒂斯在最终编辑阶段的仔细审读，他们的行动帮助我们从巨大的压力中解脱出来。最后，我们想要感谢我们的孩子们卢西恩、肖莎娜、耶胡达，是他们鼓舞着我们完成这一切事情。

前　言

人类的成熟期

——托马斯·费希尔

美国原住民奥吉布韦族（Ojibway）认为人类就像婴儿一样，依赖于地球上的其他物种而生存，这些物种不需要我们却也能活得很好。正如所有孩子依赖父母一样，我们不仅依赖于大地母亲，还有责任照顾她。[1]该观点强调了人类的自大，将自己置于生命金字塔的顶端，也强调了我们在利用和恣意消灭其他众多我们所依赖的物种时的幼稚。此外，它阐明了我们所面临的挑战：作为这个星球的孩子，人类将长大并学会相互尊重以及尊重如奥吉布韦族人所说的比我们年长的动植物物种吗？抑或将像莽撞的青年，悲剧性地毁掉我们赖以生存的东西？

我们作为一个物种的延续，出现这种可能性并不渺茫，我们甚至已经引发了科学家现在所说的"第六次（物种）灭绝"，这是人类到处拓展、水污染、大气变化等因素导致的。我们会发现现有的物种在40年后会消失掉一半，[2]而我们是残存下来的物种中最为脆弱的。正如卡尔·斯特纳所言，人类社会从未如此地全球相互联系，也从未在科技上如此高效，与此同时，人类社会也从未如此不易恢复：我们将要面对的这些破坏性的变化是当我们在数十年前后遇到这个行星的临界点（tipping point）时，在生理和心理上难以应对的程度亦是前所未有的。

我们可以揣测其中一些临界点可能出现的情况：我们无法预测的持续旱灾，我们不能阻止的大面积农作物灾害，或是全球性的我们还无法治愈的流行病。无论情况如何，它们都将迫使人类族群迅速成长。作为成年人，我们将不得不取消那些华而不实的政策，停止那种以牺牲自然、牺牲国家资源求发展，就业重于环境的"短视（short-sighted）"经济。我们应在我们的生态足迹范围内生活，这就要求我们现在大幅减少对能源和资源的"任性"消费（childishly overconsume）。我们应从长期被诱导的麻木状态中惊醒，承认人与自然、人与人关系的不成熟。

所有这一切促成了这样一本重要又迫切的书的诞生。这本书的作者们来自各个学科，让我们洞见人类成熟的样子。正如特迪·克鲁兹、迈克尔·扎瑞茨基、杜尔迦南德·巴尔萨瓦尔、香农·梅及肯尼思·苏林在本书中所述：这要求我们探讨约翰·罗尔斯（John

Rawls）的"我们活在一层'无知面纱（veil of ignorance）'之后"的想法，以及无论是人类还是其他物种，就某种程度而言，他们只有从自身行为中受益才算真正受益。[3] 人类的可持续性从根本上是依赖于人类社会的公平正义，以及企图增加贪婪或快乐所进行的不同观点的争论，这恰恰显示了不成熟的人性如何让其自身延续了那么长的时间。

作为一个物种，人类的成熟也有赖于我们明白那些常常独立的并被认为是有差异的事物之间所存在的联系。各位作者都认同该观点，无论是斯蒂芬·卢奥尼有关社会、生态与经济发展措施的整合，卡尔·斯特纳的（生态）恢复的综合系统（complex-systems）方法，格雷厄姆·利夫西的景观生态理论在当代城市的应用，杰弗里·贝尔对我们新政治现实下动态原料关系的关注，还是克莱尔·科尔布鲁克对该观点有其自身生态连接方式的关注。这些作者的文章表明了从成年人的角度对我们所处环境的分析，以此抵制将世界沦为确定分类（established categories）、固定特性（fixed identities）或是界定范围（defined territories）的诱惑。即使当它包括动态复杂性（dynamic complexity）、异质性（heterogeneity）和非线性（non-linearity）等健康生态系统的特点时，也仍然如此。

随着人类的发展，我们会意识到人类幼年时期真正有价值的东西，不是对我们为当下经济和社会所做的如此多的事情的妒忌和私心，而是对新体验和构建新身份的创造力、想象力和开放性。正如杰拉德·曼利·霍普金斯（Genrard Manley Hopkins）所言，这种新身份让"孩子……父亲成为一个男人"。你可以在贝尼奇建筑师事务所或是珍妮特·劳伦斯创造性的作品中找到，你也可以在阿德里安·帕尔富有创造力的言论中读到：美学可以为人们的政治行动和变化提供一种更好的方法；在罗兰·费伯富有洞察力的言论中谈到，我们需要文化象征的新体系来反映我们的可持续未来的多样性；在尼克·西曼的"建设性对话方法"中提到了保障性住房和社区项目设计；马歇尔·布朗提到了富有想象力的特定遗址重建的微观史；在基尔·莫的论述中，他提到了建筑物与人体之间的重要联系，它可以如人体一样，通过内部调节使表面升温或降温。

没有谁想被人称为幼稚，尤其是那些否认气候变化存在的幼稚的成年人。为此，人类的成熟程度如果要达到我们能如其他物种一般平等、平和地居住在这个星球上，人类就需要真正学会养育的技能。我们可能需要运用某种反向心理学（reverse psychology），例如，不是用"可持续性（sustainability）"这个词来促使人们接受它。我们可能要承认一点：自下而上的同辈压力比自上而下的规章制度更加有效，那些规章制度是没有谁在十来岁的年龄时就想要接受的。

总之，我们心中要有一个疑问，那就是吉尔斯·德勒兹（Gilles Deleuze）和菲利克斯·瓜塔里(Félix Guattdi) 曾非常巧妙地提出的："为何人类固执地为他们的土地使用权而争斗，好像那就是他们的救星一样？"[4]揭示人性内心那种不可持续实践以及在我们现行政治文化中对诸如自由和幸福这类词的奥威尔式（Orwellian）的误用是本书中所提到的那些人最重要的任务之一，他们正开始构建一个新的现实：人类的成熟期。

注　释

1. Basil Johnston, *The Manitous: The Spiritual World of the Ojibway*（New York: HarperCollins, 1995）.

2. Richard Leakey and Roger Lewin, *The Sixth Extinction: Patterns of Life and the Future of Humankind* (New York: Anchor Books, 1995).

3. John Rawls, *A Theory of Justice* (Cambridge MA: Harvard University Press, 1971).

4. Gilles Deleuze and Félix Guattari, *Anti-Oedipus: Capitalism and Schizophrenia*, trans. Robert Hurley, Mark Seem, and Helen R. Lane (Minneapolis: University of Minnesota Press, 1983).

第一部分　行为准则

1　致建筑界人士的一封信

——特迪·克鲁兹

在2008年秋我参加上一次威尼斯建筑双年展期间，当走过位于阿森内尔[①]的主展厅时，我想到了在那里展示的过剩建筑（the architectures of excess）与外部世界经济的不稳定性之间的巨大分歧。看到一些最"前沿（cutting-edge）"的建筑实践因为自由的市场经济和政治系统而主要以一种无声的形式呈现出来时，这是令人不安的。那些系统在当年的9月陷入危机，疯狂挣扎。在我看来，这种对比放大了我们这个行业在应对世界最紧迫的社会政治学和经济现实环境时的无能为力。在我离开这个展厅时，我产生了这个宿命论的想法。但是，最引起我共鸣的是，这个前所未有的危急时刻如何能实实在在地变成一种对建筑机构、实践和研究的期待及反思的机会。

我们在面临该危机的双重含义时，一种夹杂着悲观情绪的乐观主义（pessimistic optimism）推动着这个时期：一方面，有必要揭露一个全球化世界在经济、环境、社会及政治价值体系中存在的前所未有的矛盾；另一方面，如何让这种矛盾成为重新定义建筑制度的标准化观念的可操作性方式，以此鼓励扩大实践和研究模式。

做不同的安排？

我们强烈地感觉到这个时刻在召唤我们作出重要的改变，但这真正意味着什么？例如，气候变化可能被单单认为是环境危机，而将其放在现实中时，我们必须正视它是一种文化危机。透过所有这些危机，城市发展制度需要在产生一种与公众交流的不同方式时得到重新定义，这种需求必须产生出超越意识形态分歧和简化问题解决能力（problem-solving）的新的思维方式和行动方法。

可悲的是，当提及城市化问题时，我们看到奥巴马政府的进展日程计划甚至已被惯性思维所限定，增加就业背后的主要想法仅仅是让民众购买更多的汽车，或者仅仅通过修桥和建更多的路来证明在公共和交通基础设施上的"投资（investing）"。

---

① 威尼斯东北面的一处兵工厂。——译者注

我最近出席了由《不存在的地方》（*Geography of Nowhere*）[1]一书作者詹姆斯·孔斯特勒（James Kunstler）举办的报告会。他详细叙述了他以前所未有的方式横跨美国的旅行，谈到了这个国家不同的民众如何强烈呼吁找到解决方法。他随后表明他对这种迫切的要求持怀疑态度，认为正在找寻的解决方案只是为了维持现状，人们并没有从根本上反思（日常的）行为。

不同议程的先见之明

但是当我在这个"变化（change）"的时代令人沮丧的现状背景下反复思考这些问题时，我不可避免地想到右派政治和左派政治之间就政见分歧而持续进行的争论。我想就以下建筑范围内的分歧议程，做出三点目前仍有疑问的思考：

1. 一个与政治无关的形式主义项目，为了美学角度由超美学（hyper-aesthetics）构成，作为一个独立自主的项目继续推行先锋派艺术（avant-garde）理念。它"需要"与在实验形式研究中的关键性操作制度有一个临界距离（critical distance）［否则，我会主张说这是一个完全临近（radical proximity）的项目，它可以产生新的美学范畴，使社会、政治和形式之间的关系出现问题］。

2. 建筑特性的廉价政治，披上了新保守主义风格（stylistic neo-conservatism）的外衣，由同类的中产阶级的新城市主义（New Urbanism）抱负所支持，并受到尖桩篱栅和维多利亚式门柱（Victorian porches）的保护。城市主义的楚门秀/家园防卫（The Truman Show/Homeland Security）继续挟持着这场争论，却没有解决那些真正的、具体的阻挠实现城市化的问题：对社会和公共基础设施建设资金的回收以及将巨大财富地区与周边贫困地区割裂的经济缺口［我想表明我们所需要的是在研究中坚持不懈地再投入，对人口密度、社会和环境网络进行全新诠释的创新式三角定位（triangulation）；以及一种允许我们反思基础设施和"所有制（ownership）"含义的城市教学法］。

3. 社会正义在建筑学中的一个项目，尽管以最环保的方式进行表达，例如人性建筑

（Architecture for Humanity），但仍然将美学和设计的意义对立化，最终使得社会和形式系统间的间隙扩大。在此背景下，紧急救援（emergency relief）总是偏向于解决短期的问题，从长远看并非是为公众服务（我想再次表明思维的逆向性必将引出一个观点——建筑师们和即将成为房屋设计师的人们可以是政治进程、经济模式以及制度和裁判权相结合的设计者。最终，这种社会正义必然成为一种美学政治）。

　　我并非试图在此表明一种在这些不同议程中寻求妥协的预见。相反，我提出了一种对我们的不同方法和过程再语境化（re-contextualizing）的迫切需求。最终，城市发展是否被最新的地貌成因外壳、伪新古典主义门廊或是 LEED 认证的光电板所覆盖都不重要了。不改变构建我们社会经济学和政治根基的专属政策，我们的行业将继续屈从于无视的环境（visionless environments），它是被开发者的电子数据表，以及一个以所有制原则为前提的超个人主义社会（hyper-individualistic society）的新保守主义政治和经济的最低程度的城市化所限定的。不重新定义我们所指的基础设施、密度、混合使用以及负担能力，城市规划就不能取得任何发展。没有住房政策和经济的发展就没有住房设计富有意义的进步。作为建筑师，我们有责任想象反空间（counter-spatial）的过程、政治和经济结构，那会产生新的社交模式和公共文化。

注释

1. James Kunstler, *Geography of Nowhere* (New York: The Free Pres, 1994).

2 艺术、政治及气候变化

——阿德里安·帕尔

2009 年在哥本哈根召开的联合国气候变化大会上，由于民众的呼声，加之经济发达国家代表们坚决不愿在约束协议上达成一致意见，低收入国家的领导者们团结起来，共同反对这种利己的机会主义，因为它可能会导致这次会谈只是冷淡地象征性地做做样子。发达国家与发展中国家的真正分歧也显得过于陈旧和简单化，特别是许多国家开始指责是中国影响了最终协议的达成。这种持续的变化是因何发生的？还要发生多少飓风、干旱、冰冠消融、物种灭绝、温室气体排放和海平面上升等情况才会使全球公共资源开始进行统一的使用？

地球气候将成为我们留在这个世界上持续利用时间最长的公共资源之一。这些公共资源越来越多地被用于新自由主义私有化（neoliberal privatization）、竞争、个人主义以及自由选择下的神秘信仰之中。如果新自由主义是一首旋律，伴随着它的节拍就是身体偏执地抽动，这是尽力抑制民众吵闹的广泛的安全和监督机制。就像这次丹麦接待世界各国首脑，他们大概也投入了一亿两千两百万美元在首都的安保工作上。通过再调配全国的警力，哥本哈根组建了一支拥有 6 500 名警察的临时队伍来维稳，希望保护这个城市和与会代表不受示威者的干扰。在瓦尔比区（Valby District），36 个可以关押多达 350 名潜在捣乱者的笼子被安放在废弃的啤酒仓库中。另外，带铁栅栏的混凝土路障封闭了市中心的其他地方和一般公共场所。代表、官员及其他之前被核准的个人在最终进入会议谈判中心之前，都要经过一系列的安检点进行检查。清楚地了解在这种情况下出现的竞争原则是很重要的：自由与约束，外交手段与焦虑，独立自主和相互依存。正如我马上会谈到的，艺术在情感上对消除与他人间的分歧处于特别有利的地位，它可以改变我们在更大的社会领域中自我定位的方式，这些领域的特点是围绕环境恶化不断增加的讨论和随之发生的可持续生活的问题。

气候的变化是在公共资源与私有化发生冲突方面缺少政治透明度的征兆。虽然在哥本哈根气候会谈的前导会上（lead-up），本次会议的政治层面是定位于如何阻止全球变暖的建设性对话，但是仍保留了一个重要的未经质询的假设，它将被证明是这次对话中所遇到的最困难的障碍之一。鉴于气候变化将对人类产生直接的威胁，那么在前导会中这种局势的紧迫性则被认为将足以导致对全球公共资源进行抢夺这一行为的产生。我们相信当人类作为一个物种的存在受到威胁时，他们会谋求自身利益，这将激发世界各国的领导者们在外交上运用他们的实践智慧和技巧来达到一种富有意义的共识。这个假设显然是错误的。个人私利没有按理转化成集体利益。而且，这种逻辑不能基于新自由主义的观点来推测，它与相信社会服务应该留给市场来解决的观点如出一辙。所以基于此，如果没有一个能核实国家排放物的完善的系统或是没有一个合法的让各国对他们商定的排放目标负有责任的约束协定的话，那么无论富裕国家向较贫穷的国家投入多少钱，都不可能完全消除落后国家将遭受到的气候变化带来的负面影响。美国、欧盟分别为贫穷国家筹资 36 亿美元、106 亿美元作为气候基金（只列举几个例子），但这些气候基金在当下全球经济下滑的时期并不比发放到全球工人手中的工作薪酬更管用。两者都是不断迎合贸易保护主义者经济政策的一己私利和由公司承担风险的贪欲。换句话说，对于马尔代夫的人而言，收到这笔基金甚至可能会让其哭笑不得，因为如果他们的岛屿都沉到了印度洋海底，那么拿着这笔钱又有何用处呢？

我们至少可以说哥本哈根气候会谈的结果是令人恼怒的。这次会议始于一个历史的机遇，如果不是因为各国为了角逐自己国家和经济的利益而使这个迫切的问题陷入僵化，破坏了激活全球公共资源共有特征的可能性，气候变化问题最终是可以解决的。正是在这种情形下，艺术家们和示威者一道不顾一切地试图触发他们的共同设想。马克·科雷斯（Mark Coreth）的《冰熊项目》（*Ice Bear Project*）由世界野生动物基金会（WWF）资助制作了一头实物大小的北极熊冰雕，它被放置在哥本哈根市中心并开始渐渐融化。北极熊冰雕确实成为人类活动对环境而非人类自身造成负面影响的象征。人们可以去触摸这件雕塑，通过触摸，人类的体温将会使它进一步融化——这是展示生命从总体上看是如何在一个相互作用的变化系统中发生变化的一种易懂的方法。值得注意的是，最后剩下的是一具铜铸的北极熊骨架。在那时，哥本哈根当地和周围的艺术项目还有：千禧项目（Millennium Project）制作的《二氧化碳立方体》（CO_2 *Cube*），它是一个 3D 的雕塑，展示了 1 吨二氧化碳所占据的空间，这个量是工业化社会一个人平均每月产生的二氧化碳排放量；还有弗雷德·乔治（Fred George）用太阳能板制作的 2.743 2 米长的《太阳和平雕塑》（*Solar Peace Sculpture*）；维克多·索塔洛（Viktor Szotalo）和阿格尼索卡·格雷齐克（Agnieszka Gradzik）制作的《大树拥抱者项目》（*The Tree Hugger Project*）这一装置艺术，它包括由生物量（biomass）制作的一队人等待着去拥抱一棵树，这对原始森林（old growth forests）的消失是有力的解释。

有意思的是，所有这些艺术作品为穿梭在哥本哈根大街小巷的人们的示威游行起到了辅助作用，但是我仍怀疑在这种变化中他们能有多大效果。我在此所说的变化不是文字意义上的；它不是意味着要改变那些以示威者希望的方式暗中进行的谈判方向。那种变化是发生在政治和法律层面的。我所思考的是艺术如何在意识、知觉、感觉和想象力层面促进变化，更好地让我们为困难的转化工作做好准备，而这种转化是我们如何在行动上和意识上使我们与其他物种（other than human species）而非人类自己发生关系。刚才所提到的这些艺术作品是有教育意义的。它们没有对权力的问题起作用，权力与欲望结合在一起以不同的方式创造性地揭示了变化的过程。

服务于想象的艺术形式与有潜力激发我们对当前所存在的事物进行再想象的艺术形式有着明显的差别。后者如法国哲学家雅克·朗西埃（Jacques Rancière）在《美学的政治》（*The Politics of Aesthetics*, 2006）一书中所注解，它就相当于扰乱了感知的分配（the distribution of the sensible）。他解释道：

我把感知的分配称为同时揭示共同点存在，以及界定其内部各个部分和地位的感觉的不言而喻的事实系统。因此感知的分配建立于一个同时是共享和专属的部分。这种角色和地位的分配基于时间、空间和活动形式，它决定了有助于参与共同点和不同个体在这一分配中以某种方式占有一部分的方式。[1]

因此朗西埃预先假定存在一个美学的政治社会。如朗西埃所构想的，公共资源产生于知觉坐标（perceptual coordinates）的分配——它是可说的、可见的和可听的。通过这种感知的分配，一个社会是通过包含和排斥的过程所构成的。那些参与到这个社会中的人根据他们

图 2.1
朱莉·拉普，《库吉·保罗》，2003，选自《肉石》
系列作品。
数码打印，150 cm×126 cm。
由艺术家本人及悉尼罗斯林·奥克斯利9艺术馆提供。

所分配到的社会地位和社会功能行事。

按照朗西埃的构想，在这个气候变化的时代，艺术政治（the politics of arts）将假定已经在可见与不可见、可听与不可听、可说与不可说之间的一些重要部门开始运作。艺术的政治条件努力使那些仍然被排斥于知识、法律和社会地位的主要组织系统之外的人们可看、可说、可听。朗西埃思想的力量来自他对这个包含兼排斥的系统如何运作的最初描述。他解释这是通过感知的分配发生的。在这个方面，艺术成为政治主体化的一种模式。即是说，当艺术再分配这些可感分配的坐标时，它可以转化为社会的和认识论结构的等级系统。[2]

因为朗西埃的艺术实践有特殊的力量，它们是"可以干预实践和制作方法的全面分配的'实践和制作方式'，也在相互关系上维持存在模式和可视形式"[3]。所以在这个气候变化的时代和未来的可持续生活方式中，我们再次回到了艺术的问题上。可持续性，按照我对这个术语的使用，是把对非人类的关注与一种被认为是唤起未来解放的潜力的社会正义相结合，并把这种结合放在相关的历史框架中。它必然导致权力的共享，即意味着权力的有限实体与其他有限实体或主体共同参与；也会导致权力的情感理解，它强调共同冲突中临时和动态的特点。通过深入了解欲望和权力是如何联系的，艺术可以促使我们乐观地再想象我们与其他物种以及我们所生活的环境之间的联系。

其中的一个例子就是由澳大利亚艺术家朱莉·拉普（Julie Rrap）制作的《肉石》

（*Fleshstones*）系列作品。她表现了独立个体在更大的景观生态中——如水体、树叶、泥土、沙、石、风、水气、光和影中的寓意。我们最终会感受到石头的柔韧与感性。

另外，拉普给我们提出了一个有关补充性的问题：是人补充了环境还是环境补充了人？问题本身源于感知的再分配，扰乱了严格限制和将人与自然放在对立位置的坐标。《肉石》将人与自然间的创造性含义和困难的关联系统主观化，改变了两者的美学坐标。例如，通过参考艺术史，拉普选取了倾向于体现英国雕塑家亨利·穆尔（Henry Moore）作品特征的美学门类。

正如华特·本杰明（Walter Benjamin）所言，穆尔户外经验的评价是站在印象的对立面来定义美学。特别是在机械再生产时期，制作出的意象在艺术上使用了常用技术。为了让光和空气环绕在作品周围，穆尔作品中常常躺卧的抽象的身体形式可能被置于户外，但是仍有一种强烈的父权美学的味道孕育其中。[4] 他利落的雕刻技术在对石头进行造型和切割时，通过一种对男子汉力量的展示（穆尔在工作时的照片向我们传递的常见形象）凿刻出了人形。简·贝克特（Jane Beckett）和菲奥娜·拉塞尔（Fiona Russell）对此作了详细研究。她们声称穆尔所展示的这种"坚定不移的个人特征和作者身份"带有"匠人的美德和诚实劳动的理念，他的想法都来自男子汉主题"。[5] 除此之外，还有穆尔明显的男权主义艺术评价。例如，他因指责多纳特罗（Donatello）的青铜《大卫》（*David*）雕塑"削弱了西方雕塑作品的男子气"而受到赞赏。[6]

生态女性主义者卡伦·J.沃伦（Karren J. Warren）曾表明，那些男性主导的完全一样的结构剥夺和压制了女性个体的生活，也构成了对自然的破坏。[7] 她的基本结论是环境恶化是一个父权制问题，它与资源消耗、物种灭绝、环境污染等诸问题无关。我们不希望把对妇女在父权价值和结构的活动中所受到的历史性压迫称为环境问题。她说，妇女在环保运动中并非要用女性主导地位取代男性主导地位，而是她们渴望改变父系模式的权力——将权力凌驾于他人之上——用一种合作的方式——与他人共享权力。这一切都是为了产生社会的、文化的和政治的变化。

当我们运用朗西埃的逻辑来转变这些思想时，我们开始意识到父权的知识系统是如何通过我们征服其他物种的方法让遍及整个社会领域的感知的分配所知晓的。我们把景观想

图 2.2

朱莉·拉普,《理查德峭壁》,2003,选自《肉石》系列作品。

数码打印,132 cm×126 cm。由艺术家本人及悉尼罗斯林·奥克斯利 9 艺术馆提供。

象成对立项——形式与内容——因为我们建立的环境已经成为用钢筋混凝土建造的竖立的摩天大楼,而我们脚下的土地现在是一条不透水的沥青路。它在夏天的那几个月会导致地面温度明显上升,我们只得依靠空调来给身体降温。在轰鸣的汽车声中没有了鸟鸣,我们使非人类的物种销声匿迹。我们抹去了所食用的鸡和蛋在养鸡场所遭受的折磨,取而代之的是用一个漂亮、干净并且简单包装的纸盒来盛放鸡蛋,盒子上面还有一只快乐的鸡的视觉形象。这个形象可以勾起我们对当地农场主及非商业化农业生产的昔日记忆。对于生态女性主义来说,这种感知的分配是属于父权的。

所以我们再次回到穆尔的作品上,被改造过的地貌给艺术家提供了一个背景而不只是个环境。这是对人与自然、自然与人工、抽象与物质世界的凌乱分隔开来的感知坐标的补充,而拉普对这些分类了然于心。她让我们感到自愧不如,并用她设定在形式与意义、思维与身体、男子气与女性气质间的艺术张力引诱着我们。她使现代主义的形式纯度和抽象假定的清晰度与她面带笑靥、有时有轻微伤痕的男性躯体一起颤抖。那些酒窝和伤痕正是地表所出现的空洞和裂缝。在拉普富有想象力的融合中,身体上的伤痕正是黑暗所在、湿气汇集的地方。她嘲弄了父权逻辑,通过使用唤起戏剧中假想的分歧的方式来呈现现代主义者的身体相对于环境的幻想。

有了拉普的创作,硬朗的阳刚的躯体形象得以出现在石头上,而通过两者情感的结合,一个新的肉体的景观使得人与自然、男性与女性、软和硬、形式和内容都不重要了。《肉石》系列作品全是男性身体，是与凌乱和杂乱的原始自然力的对话——"约翰"将珍珠滩的细沙和大洋的狂浪结合在一起；"保罗的肚子"被放置在库吉海滩（Coogee Beach）海岸布满苔藓的岩石上；"理查德"的形态被转变并被放置到一块不知名峭壁正面黑暗而潮湿的角落里［这个影像类似于古斯塔夫·库贝（Gustav Courbet）的作品《源头》（*The Source*，1868）］。拉普用历史和情感打乱了父权感知的分配，渴望超越物质并以男性观察物体的方式来窥视女性躯体。

现在让我们回到一开始的问题：在这个气候变化的时代，艺术的政治潜力在哪里呢？我们现在比以前更需要弄明白，对围绕以人类为中心的气候变化，以及国际社会在应对这些变化时就具有约束性的方案一直不能达成一致等问题，应该如何提出富有创新意义的解决方法。[8] 艺术在气候变化问题上尤其能使我们思维敏锐，因为它以不同寻常的方式展现我们的日常生活和惯常思维，重建了我们的日常观念以及理解这个世界的方式。

艺术通过重新刺激我们的感官来挑逗我们的舒适带（comfort zone），例如在鲁丽（Ruri）的《玻璃雨》（*Glass Rain*，1984）这一作品中，美丽就变成了一种危险。鲁丽给观众呈现的是一组悬挂在天花板上的，剃刀般锋利的玻璃片。她将诱惑与抗拒交织在一起，散发出恐惧与焦虑的光辉，成功地将观众引诱进那个空间，尽管那里潜藏着危险。在她的《水之静》（*Acqua Silence*，2002）这一作品中，她向我们展示了一面屏幕墙，里面记录了涌流的运动效果和声响；这些运动效果和声响对应着城市交通的运行节奏和噪声。在《水之静》中，我们进入了一个介于自然和文化之间的神秘空间。

艺术巧妙地对我们熟悉的事物进行增减修饰，它促使我们去体验和想象寻常事物新的表达方式。例如在作品《难以言表的幸福Ⅱ》（*Unspeakable Happiness* Ⅱ）（2003）中，楚云（Chu Yun，音）把一连串鲜艳的彩旗挂在博物馆（北京尤伦斯当代艺术中心）的正面，对整个城市而言，这点细微的调整却带来了些许的惊奇。随着小彩旗的快速飘动，它们丰富的色彩和所产生的节奏给坚固僵硬的建筑物增添了几分活力。

艺术源于一种关注。例如，楚云在其作品《出租屋之光》（*The Light of Rented Rooms*，2002）中，用彩色纸糊满了贫穷的进城务工人员所居住的光线昏暗的出租屋。他解释道：

    我的作品很难和外部环境分隔开。它不仅仅关于一个特定的事件或问题；而是完全不同的外部环境如何引起我们不同的情感反应。对我来说，艺术创造旨在理解这些身体的反应和调整。这是我们和外部世界之间唯一的联系。[9]

自此之后，我们的观点就是，激活全球公共资源不会仅在我们对各种不同观点、方法和经验的分享变得更加开明时就发生，它还包括以开拓积极推动我们前进的新方向的视角来巧妙地利用这些观点、方法和经验的各种不同组合。正因为如此，艺术可以很好地促使我们再次激活自己。让我们随着历史的因素变化，在一个种类、一种社会功能或社会地位不凌驾于另一种的情况下，重新协调人与人、人与非人物种之间的联系。

    在本书中，艺术与政治之间的这种联系绝非说教性的。它没有传达一种政治纲要。它并非想要发现一个隐藏的普世真理，然后传达给公众，正如朗西埃如此聪明地评论，这是统治阶级的一种方法。当它"重新构建一个使想象的陈述成为可能的概念网络时"，艺术的政治激发了那种转化的潜能，"这种陈述是一幅令人印象深刻的画作或是一篇乐章，它使现实显得可以转化或不能改变"。[10]

    艺术可以激发我们的想象，让我们或笑，或害怕，或明显地抽搐。艺术指引我们观察世界或是感知世界；它没有给我们一个有限的政治日程、意识形态或是观点。对我们有些人来说，艺术让我们质询我们所持的信仰和设想，即"自由等于个人选择"这样被人广泛持有的观点。视觉艺术促成的概念的明晰与以我们从未想象过的方式使我们前进的情感的潜能是一种强有力的结合。它可以唤醒我们内在的忧虑和同情，对在应对气候变化上未能采取行动的僵局，它会一直激起我们一种义愤填膺的感觉。

    艺术有助于奇迹、惊奇的发生，有助于减轻困惑和强度。它可以在我们认为我们对环境感到冷漠时激发我们的热情。它可以使我们的感官兴奋，使我们惊讶并恍然大悟。这就是艺术纯粹的、具体的、直接的形式，但是它在某些方面仍然难以捉摸并且有点不可理解。艺术的政治潜力需要一种方法，这种方法可以改变感觉、意识、知觉和观念的标准化，从而打开一个让那些被排除在外的人可以为自己说话的空间。这个空间构成了政治基础。

注释

1. Jacques Rancière, *The Politics of Aesthetics*: *The Distribution of the Sensible*, trans, Gabriel Rockhill (London: Continuum, 2006), 12.

2. As Rancière clearly states in the Foreword to *The Politics of Aesthetics*, he is "concerned with aesthetic acts as configurations of experience that create new modes of sense perception and induce novel forms of political subjectivity." Ibid., 9.

3. Ibid., 13.

4. Following the analysis of how an aesthetic political field is created through a distribution of the sensible, I am less convinced than Robert Burstow is that Moore's open-air aesthetic implies a socialist anti-capitalist stance. See "Henry Moore's 'Open Air Sculpture': A modern, reforming aesthetic of sunlight and air," in *Henry Moore*: *Critical Essays*, ed. Jane Beckett and Fiona Russell (Aldershot: Ashgate, 2003), 143-172.

5. Jane Beckett and Fiona Russell, "Introduction," in ibid., 3.

6. Cited in Jason Edwards, "*A Portrait of the Artist as a Young Aesthete*: Alfred Gilbert's *Perseus Arming* (1882), and the question of 'Aesthetic'sculpture in late Victorian Britain," in *Sculpture and the Pursuit of a Modern Ideal in Britain, c. 1883-1930*, ed. David Getsy (Aldershot: Ashgate. 2004), 11.

7. Karren J. Warren, *Ecofeminist Philosophy*: *A Western Perspective on What It Is and Why It Matters* (Lanham, MD: Rowman and Littlefield, 2000).

8. *Rethink*: *Contemporary Art and Climate Change*. Senior curator Marianne Torp. Accessed January 3, 2010.

9. Chu Yun, Interview with Caroline Elgh, Bonnierskonsthall, Accessed lanuary 12, 2010.

10. Rancière, *The Politics of Aesthetics*, 50.

3 对珍妮特·劳伦斯就公共艺术与生态环境的采访

2010 年 1 月

——阿德里安·帕尔

在你众多的作品中，如《自然界系统》（*The System of Nature*）或《在阴影中》（*In the Shadow*），你似乎采用了一种全面的自然系统观（system view of nature）。就这点你可以再多谈一些吗？

我相信我们和周围的世界是不可分割的。我们不是有限的独立存在体（finite entities），而是多孔的生物（porous beings）。这强调了我们与我们所生存的这个世界是息息相关的，是同呼吸共命运的。我相信自然就像是一张网，网中有人类、动物和植物，他（它）们在这个生态系统中相互联系（一个生态系统并不依赖于人类而存在，如果人类减少一些，它可能会更加繁荣）。

我的工作主要和生态有关，其中之一就是帮助观察者感受他们与其他生命形式和系统

图 3.1
珍妮特·劳伦斯 《在阴影中》 2000 澳大利亚悉尼奥林匹克公园
材料：雾，木麻黄树林，芦苇，树脂，带不锈钢基座的长棍（高 2 ～ 9 米），文本（数字表示水中化学物质监测情况）。由艺术家本人及墨尔本 Arc One 艺术馆提供。

的相互依存性。我试图创造可以让我们浸入生命世界的感知空间，我知道这些空间是最基本的也是易逝的。通过模糊、透明和半透明的表达方式，我开始创造展现生命短暂却又让人深陷其中的环境。我对空间如何被减缓、多孔性和流动性（porosity and fluidity）的速度和节奏以及这些过程如何在环境中显现出来等方面感兴趣。我不愿从界限（boundaries）方面考虑，而是选择了隔膜（membranes）。

你是如何理解可持续性的？它告诉了你作为一名艺术家的工作方式吗？

我想，一句古老的老挝谚语可以回答这个问题，即："当河流干涸时，蚂蚁会吃掉鱼；当河水流淌时，鱼会吃掉蚂蚁。"对我而言，可持续性考虑的是一种存在于世界上的方式，这种方式转变成了地球自然发展的系统性。地球不能仅仅被简化成是物质，对我们来说，它也不仅仅是可供我们无穷无尽消耗和开发的资源。地球的系统性是对资源的一种生态认识。我所指的生态认识是以未来为导向、循环往复的，有别于线性的、历时性的。我的工

图 3.2
珍妮特·劳伦斯　《水幔》　2006
澳大利亚墨尔本市议会的 Council House 2 号楼（CH2）。
玻璃幕墙，6 000 mm × 5 000 mm。由艺术家本人及墨尔本 Arc One 艺术馆提供。

作或许没有直接表现这种认识，但是我尽力通过空间、时间和我使用的视觉语言来传达它。除了使用有机的、可回收的材料，我的工作还与我组合这些要素的方式，以及这些组合如何表现它们之间的复杂联系和对这种相互联系的深刻感悟有关。

我为墨尔本的 CH2 建筑设计的门厅玻璃幕墙就是一个例子。这幢建筑通过它的设计体现了生态复杂性。我的作品《水幔》（*Waterveil* 2006）是一个空间设计，它展示并揭示了水的转化与净化过程。它实际上是模仿了这幢大楼的污水处理过程，而这个过程常常是不为人所见的。这个作品使用了两层楼高的窗户来强化液体流经玻璃膜（glass membranes）表面时的纵深感。玻璃膜的表面是由层叠的玻璃板组成，上面刻有污水处理过程中所除去的那些物质的化学符号。通过不同的层级，这件作品表现了一种相互关联性（interconnectedness）。例如，它可以从这幢建筑物的里面和外面观看，处理的过程是循环的，其形式有创新性的变化。

你在你的作品中有直接或间接地提出气候变化及其带来的问题吗？例如物种灭绝、污染、废弃物、生态系统的崩溃，等等。

我直接提到了气候变化带来的问题，特别是像物种灭绝、生态系统崩溃、（动物）栖

图 3.3
珍妮特·劳伦斯 《灵丹妙药》（*Elixir*）
2003
材料：传统木屋，玻璃板（上面倾倒有颜料、植物及液体），棕色玻璃药瓶，浸泡在日本烧酎酒里的植物提取物，实验室玻璃。日本越后妻有艺术三年展（Echigo-Tsumari Art triennial）永久性装置作品。由艺术家本人及墨尔本 Arc One 艺术馆提供。

息地丧失等问题。我认为所有的这些问题都是源于人类没有全面的世界观。我们丧失了与其他物种共享这个世界的能力。Object 艺术馆（Object Gallery）是一个环形的空间，它曾是一座小教堂。在展出的作品《鸟鸣》（*Birdsong*，2007）中，我将 700 只来自澳大利亚博物馆藏品的（标本）鸟悬挂在齐脸的高度。它们都仰面躺在艺术馆中心的一个透明的双连环上。观看者可以边走边看到一系列不同种类的鸟，它们中有 70% 已经失去了栖息地，现在正面临灭绝的威胁。

气候变化政治学（climate change politics）似乎首先关注的是人的需求，它倾向于努力保持当前的生活标准。因此，其他物种栖息地的丧失问题并未在气候变化行为准则（ethics）的主要讨论中占有一席之地。我是反对这样做的。在我的作品中，我希望表达气候变化谈判是多角度和多维度的。

我的另一个作品《热带雨林面纱系列》（*The Selva Veil Series*，2005）是我居住在墨西哥恰帕斯州（Chiapas）的丛林之后创作的。在作品中，我录制了森林未来的重像（ghosting），现在它正遭受灭绝的威胁。印第安人正在砍伐树林腾出地儿来种庄稼。但是，这片土地会被大公司所拥有并开发它，从中攫取利益。这就将使当地印第安人的生活比以前更糟，他们会失去自治权。我将这视为"可持续性的社会政治学问题如何被滥用"的一个例子。跨国公司们关注的是短期的经济利益，在这个过程中他们推行的措施不仅在经济上损害了原住民的利益，还破坏了其他动植物繁衍生息的环境。

在日本永田（Nagata）附近的山区，在一间修复过的传统的仓库里我做了一件作品，名为《灵丹妙药》（*Elixir*，2003）。我将那间光线昏暗的木屋内部改变成了一个有反光玻璃的实验室。这样的一个空间让人感觉既像一个药房又似一个植物陈列馆（尽管是缩微的形式）。这是一件永久的特殊现场的（site-specific）艺术品，它是艺术、建筑和景观项目"项链（necklace）"上的构成部分。它将一个传统的、山地的、水稻种植的社区改造和重建成了一个充满活力的社区，这在目前是切实可行的。艺术在森林与传统木结构村庄之间实现了一种充满生气的结合。我觉得这是艺术语境下可持续性问题如何被用于实践，从而努力接受气候变化的不同政见的一个成功案例。

如果自然在你的作品中扮演了一个重要角色，那么能够在美术馆所限空间以外的地方进行展览对于你来说有多重要呢？

我既在一些诸如博物馆之类的专门机构举办展览，也在户外和其他一些与艺术无典型相关的场所展出作品。出乎意料的是，我作品中的自然性却是在美术馆的范围内得以呈现和扩大。这是因为美术馆的环境让我更直接地关注自然，创造一种艺术的体验。相反，如果艺术被置于美术馆外，在景观建筑的范围和氛围以及我们周遭的世界里展出，它常常会变得较难解读。我的意见是如何谋划作品的可视性。艺术馆的优势在于它如何安置艺术品并使其受关注。然而，我也认为艺术在美术馆外的公共环境中呈现是很重要的，在那里有更多不同的观众。这并非要忽视艺术在公共场所也有能力更直接地传达和扩大它和一个场地/现场的关系，同时引起对这些可能无法言表的关系的解读。

你的作品也关注记忆的物质维度和记忆的过程，在此我想到了在伦敦海德公园一角的你和建筑师唐金·祖莱卡·格瑞尔（Tonkin Zulaikha Greer）共同完成的作品《澳大利亚战争纪念碑》（*Australia War Memorial*）。艺术如何激发记忆与场地间的这种产出关系（productive relation）？

我认为艺术极有可能将我们和场地以及对现场的回忆联系起来，也有可能在观看者身上唤起一种创造性的回忆。我认为艺术有可能影响一个人的节奏感，激起一种"缓慢的"感知并产生影响。这种逐渐增加的情感可以诱使一个人融入艺术，而不只是欣赏它。这种缓慢的过程有一个最初的感知经历，这是身体的；这是通过合成的物质性产生的触觉意识，这种物质性构成了作品以及感知和回忆的过程——这是观看者会经历的感受。我对这种复杂的物质和创造性的回忆过程是如何产生作用的很感兴趣。《澳大利亚战争纪念碑》（2003）通过表面浮凸感的肌理层叠过程（textual layering）唤起了记忆，这包括将出生地和死亡地的名字交替编排在一起。熟悉的战役名称被抹掉，因为它们和数以千计的阵亡将士的出生地相关。

我对纪念碑如何利用艺术的形式找回、展现并保存记忆特别感兴趣。还有一个问题就

图 3.4
珍妮特·劳伦斯及唐金·祖莱卡·格瑞尔建筑师事务所　《澳大利亚战争纪念碑》
2003　伦敦海德公园（由艺术家本人及墨尔本 Arc One 艺术馆提供）

是借助于这些纪念碑，纪念是如何在当代世界起作用的，这个世界正在遭受记忆缺失，在那里没有机会去回忆。在众多的作品中，我都企图构想记忆的思考空间。我的许多方案都带有多样性功能：再造、纪念和博物馆化（museumification）。堪培拉战争纪念馆纪念堂里的《无名战士之墓》（*The Tomb of the Unknown Soldier*，1993）和伦敦的《澳大利亚战争纪念碑》无疑为观看者提供了一个空间，令其可以进入其中并体验这个艺术实体。悉尼博物馆的《树的边缘》（*Edge of the Trees*，1995）也是如此，它激起了对现场的回忆。同时，我想到了我在墨尔本博物馆的创作项目《静止的生命》（*Stilled Lives*，2000），也可以将其视为一种回忆，它是对所有被忘却的物种的纪念。

你有关回忆和场地的作品对环境恶化问题产生了一些有意思的关

联——如你在作品中所展示的现场感，你也展示出一种变化无常的感觉。你可以进一步阐释一下这些关联吗？

我在作品《在阴影中》（2000）的确探讨了这种关联。这是一件永久性的作品，它将一个工业污染空间重新转化成了一个健康、繁荣的生态系统。创作灵感在于艺术不仅可以实实在在地转化场所的有害因素，也可以重构一个修复的环境，使之成为艺术品本身或是其中的一部分。我的作品常常涉及变化无常的有机世界。

我对艺术的治愈和再生能力感兴趣。目前我正在为悉尼双年展（the Biennale of Sydney）创作一件新的作品，名为《等待：生病植物的治疗园》（*Waiting: A Medicinal Garden for Ailing Plants*, 2010）。正如在我之前的作品《细胞花园》（*Cellular Gardens*, 2005）和《心脏休克》（*Heartshock*, 2008）中一样，它展示了医学生命支持系统（medical life support system）如何护理和培育植物并使它们恢复生机，这就好比是对环境的再生和修复。

作为一名当代艺术家，你认为艺术可以成为改变我们与环境以及其他物种之间关系的催化剂吗？为什么？

我认为将艺术与之联系起来是很重要的，因为艺术可以被看作一种催化剂。如此多的艺术家们一直用他们的作品真实地预测着这种结果，但是由于当代艺术在社会上的地位所限，人们常常并不认可或重视它。总的来说，人们只有在回顾艺术史的时候才会去认可它。

艺术家常和研究者、科学家以及其他专家一起密切合作。他们能引发广泛的观众议论和事实真相。这样他们常常以创新的、好玩的、诗情画意的或是出人意料的方式间接地教育观众。

作为一名女性，你会从女性主义视角出发进行创作吗？

我想我作品中的感受性是从我对事业早期的意识中发展起来的，这种意识即一名女性艺术家在艺术史的线性"发展（progression）"中并未占有一席之地（a neat position）；她是处于这种线性叙事（linear narrative）以外的位置的。我发现女性在艺术史中所占据的这个"外部（outside）"空间是有潜在好处的。我过去常常谈到游离于艺术史之外，当然这是伴随着后现代主义发生的：所有这些其他的观点和事件都已融入主流叙事，扰乱了它并且从艺术创作中得到新的地位和经验。

我对炼金术的兴趣是在这次寻找的过程中产生的，同时也形成了一个全面观点。它使得我的作品无拘无束，与自然有一种共鸣。在那时，这与艺术世界的主流观点格格不入。这种"非主流"的观点给了我灵感，让我开始用生态保护的方式来思考和创作艺术。事实上整个西方的历史观都把自然与"人"区别对待，认为自然是从属于"人"的。从历史上看，女性和自然都被视为"另一类（Others）"。

你认为我们与环境以及其他物种间所存在的那种恣意滥用与被滥用的关系（abusive relationship）是一种文化态度的结果吗？这是一种受压迫的性别系统的延伸吗？

就某种程度而言，我想是的，是一种文化的和受压迫的性别系统（的延伸）。作为一个物种，人类似乎考虑的是超出需求的发展和进步，使用的方法则是控制环境和其他物种。这是否一直是一种纯粹的男性追求，我不确定。但正如我们所知，这很明显是西方文明的一个例子。

这些年来你和许多建筑师都有过合作。以你的经验来看，你有没有发现设计领域易于接受你创作和处理问题的方式，如你处理生态系统的

重要性和动物权益的方式？

我发现设计领域是易于接受我的创作的，有时可能是因为在我作品中体现出的空间性、物质性或整体性的美学价值。有些人对我作品的具体内容，即我对生态和动物解放的关注并不那么感兴趣。很讽刺的是，有一些人评论说他们喜欢我作品的"生态外观（eco look）"，但我认为这种评论把艺术和它的生态感受性降低为一种形式或暂时的风尚，就这一点而言是有问题的。建筑师们现在的确都在遵从环境准则，这确实极大地决定了我们身边的设计风尚。

你认为艺术可以是生态友好的吗？

是的，我确实认为艺术可以是生态友好（ecologically friendly）的。但是，它必须得是艺术，并以某种方式超越日常说教式的语言，否则它会变得像是其他形式的文献或资料。作为一名艺术家，要面对环境的恶化和其他物种遭受的苦难，有时很难找到这种平衡。

这次采访将刊登在题为《可持续设计新方向》论文集中，作为一名艺术家，你认为在可持续设计方面会有哪些新的方向？它们现在用于实践了吗？如果没有，你认为是什么原因呢？

新的方向是广泛存在的，目前有许多合作工作室正在就智能设计的作用、新兴技术、如何废物回收利用，以及如何将设计运用到实践中改善我们的生态环境等方面进行交流。我注意到气候变化工程师们正在加入许多项目。

我想全球的设计师们都非常愿意践行可持续发展原则，这样会产生许许多多富有创造力的想法和解决方案。我觉得现在真正的障碍是政府和政策依然保守，受制于"商业为重"的经济政治。这确实阻碍了推动许多创新项目改变的意愿。

你认为最近在哥本哈根举行的气候会谈会卓有成效吗？

令人遗憾的是，我认为他们根本就不会取得任何成效，这次机会被浪费了。它显然暴露了一个事实：对大多数发达国家来说，气候变化问题是关乎如何保持现行生活水平与经济增长的，这完全就是一个相互矛盾的问题。我们需要的是一个彻底的范式转变。这是改变我们与环境关系的唯一方法。

4 在布鲁内尔大学的演讲 [1]

——彼得·黑德

近几十年来，许多人逐渐意识到如果没有一颗健康的星球，人类就没有可以生存的未来。在阳光的照耀下，土壤、水和空气维持着这个巨大而复杂的生命系统。我们是这个生命网中的一部分，在几代人之后我们将把地球中蕴藏的大部分化石燃料能源消耗掉。值得注意的是，这些资源在从地下到大气的转移过程中正改变着它们的构成。我们的足迹从不断扩张的城市中心达到了世界各个角落。我们全球化的经济体系正破坏着这个星球生命的平衡——支持系统（support systems）——支撑我们的那些系统，也破坏了我们后代的未来。政府间气候变化专门委员会（Intergovernmental Panel on Climate Change，IPCC）称，到 21 世纪末，地球温度有 50% 的可能性会上升 5℃，这将会是如我们所知的文明的终结。

在这篇论文中，我想就下列重要问题给出一些新的答案：

·我们能否走向一种有着 90 亿人口的可持续的生活方式并创造一个生态时代（Ecological Age）？

·低、中、高收入国家分别需要怎样的政策和投资？

·在转向生态时代的过程中，工程师扮演了怎样的角色？

我先从我们所面临的问题谈起，我也会强调变化的机会。我会在这个方面花点时间，因为人们还未充分了解这些问题的重要性。然后我会通过精心设计的框架来展示我们在未来 50 年能做什么，特别是在北美地区。最后，我会就政策、变化、投资和工程师的作用等方面得出一些有利的结论。

背景

地球是一个封闭的系统，它从太阳获取能量并把能量释放到空中。在地面上，植物的光合作用把太阳的能量转换成碳物质。在人类的历史进程中，这些物质为我们提供了最基本的能量，也是我们食物链的基础。

工业革命将文明从农业时代推向了工业时代，使之进入依赖资源的城市生活方式。这时就有了各种焦虑的声音，如经济学家托马斯·马尔萨斯（Thomas Malthus，1766—1834）所言，人口增长在某个时候会超过我们自给自足的能力。许多这样的预测都证明依靠我们增加食物产量的非凡能力是错误的。现在，产量完全是依赖于化石燃料制作的化肥。现在的人口数量已是马尔萨斯当时预言时的7倍。

工业革命时期，土木工程师们骄傲于他们的职业为经济飞速发展所作出的贡献。我们站在像布鲁内尔（Brunel）和罗布林（Roebling）这样伟大的工程师的肩上，他们创造了如此多的基础设施来支持经济增长，推动城市生活。

工业发展和城市化一直都是不断前进的。土木工程师是设计的核心，负责完成能源、水、废弃物、通信、运输和防汛等方面的重要基础设施建设。能源消耗对人类发展的模式至关重要。在设计和建造这些系统时，我们创造了一个非再生化石原料资源消耗社会的硬连接（hard wiring）。

1998年世界野生动物基金会（World Wildlife Fund，WWF）开始出版双年刊《地球报告》（*Planet Report*）。2006年的《地球报告》显示我们正处在严重生态超标的环境。我们消耗的能源已经比地球能够复原的能源多出25%，并正在耗费我们赖以生存的原始自然资源。1990年，在这个星球上，平均每人有7.91公顷土地供我们生存；但在2005年，由于人口的增长以及具有生产力的土地（productive land）被污染，我们人均只有2.02公顷。在美国和英国，人们似乎没有觉察这种情况，每人正在使用的土地有6～10公顷——是地球资源值的3～5倍。

鉴于此，关键的衡量标准是看每个国家人口的"生态足迹（ecological footprint）"。这指的是地球表面的一块区域，它需要供给该区域人口生存所需的水、能源、食物、资源和废物吸收。

2007年10月，时任中国国家主席的胡锦涛先生在党的十七大会议发言中首次提出"建设中国的生态文明"。他将此描述为，更加有效地利用资源，使用可再生能源，人与自然和谐相处。由于环境污染、健康成本和原材料成本的增加，中国人已经意识到他们的工业发展模式很快将变得无利可图。

本文阐述了通向生态时代的进程。对于中国而言，这意味着从农业时代向生态时代的转变。但在美国，它是从工业时代向生态时代的转变。本文使用的信息来自奥雅纳公司（Arup）的变化驱动研究及其在全球的项目。它展示了我们如何完成这种转变。让我们迅速浏览一下经济的转变。

经济

根据现行的经济模式，我们使用的是不可再生资源，随意丢弃它们，污染和摧毁着维持我们生命的脆弱的生态系统。我们意识到全球经济体已如此巨大，以至于在提升每个经济增量（growth increment）时生态系统的损耗所产生的影响已超过经济增长的价值。因此，这种增长也许是无利可图的，我们或许不得不寻找一种最佳的增长规模，使边际成本（marginal costs）和边际效益（marginal benefits）持平。

关键任务是用更少的可再生资源和一种通过有效使用可再生资源获得增长的经济模式将人类发展向前推进。重视生态系统维护，我们才能开始修复我们以前破坏的环境。

长期的目标是达到一种可持续的生活方式，使用可再生资源和太阳能。我们需要在尽可能长的一段时期找到一种温和的转变方式，这样我们就可以在此期间使用化石燃料和核能，却对环境造成很少的污染。为了做到这一点，我们要有远见和清楚的目标。我选择的目标是：

· 到 2050 年，发达国家二氧化碳排放量比 1990 年的水平减少 80%，全世界总体减少 50%。这是 2008 年在日本召开的八国集团峰会一致同意的，也与政府间气候变化专门委员会（IPCC）就稳定地球温度的建议相一致。

· 生态足迹的变化到 2050 年在所有国家达到 1.44 公顷的全球土地份额。

· 提高全球每个国家的福利，达到（联合国）《人类发展指数》（*Human Development Index*）千禧发展目标。[2]

关键问题是我们是否能在采取措施的同时不损害我们短时期内的经济成就。让我们首先从一个低收入国家的角度来思考这个问题，然后再回到美国上来。

比如，非洲可能会把这种新的经济思维和技术的使用与发展结合起来，利用自己的可再生资源，而不需要去走高收入国家走过的弯路。非洲的一个关键性优势是用自己的发展模式去适应气候变化。我随后会给出一些例子。

在美国这样的一些高收入国家，我们需要改进。许多详细的减少碳排放的研究［如斯特恩和麦金西（Stern and McKinsey）］称所需的成本是可控的，不会有损经济增长。[3]例如，麦金西的报告称，在美国，到2030年，在不影响经济的可控成本下，温室气体排放可以减少1/3～1/2。这个结果现在正通报给经济计划制订者。

我们的确错失了许多有助于快速改进的机会。我们在发展模式中产生的每个问题都会涉及另一个依赖于化石燃料的困境。因此，我们不再创造大量相互依赖的资源消耗技术。在奥雅纳公司所说的"利益的良性循环（virtuous cycles of benefit）"中我们发现，要是我们解决了这个问题，社会的、经济的和环境的利益会大到令人惊讶。

这一堆问题导致基础设施的复杂化，并产生高昂的维护成本。相比之下，智能的、易于控制的简单化设施在降低生物循环（life-cycle）成本上更加有效。比如，在一个紧凑的

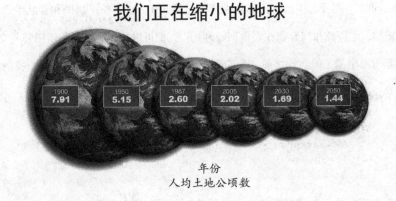

我们正在缩小的地球

| 1900 | 1950 | 1987 | 2005 | 2030 | 2050 |
| 7.91 | 5.15 | 2.60 | 2.02 | 1.69 | 1.44 |

年份
人均土地公顷数

图4.1 《我们正在缩小的地球》 奥雅纳公司图片资料（来源于彼得·黑德在布鲁内尔大学的演讲）

多用途开发区（mixed-use development），人们可以通过步行、骑车或是搭承公共交通设施方便地去工作、上学、购物和休闲。居民既节省了开支，又减少了出行时汽车尾气排放带来的污染，这样使得人们更加健康，社会保障成本也随之减少。这一切创造出一个更加令人称心如意的生活环境，也给开发者带来更高的回报。2008 年 10 月 1 日，时任（加利福尼亚州）州长施瓦辛格举行了一个新闻发布会，签署了 SB375 议案。这则议案将投入 200 亿美元用于基础设施建设来遏制温室气体排放——他明白规划和工程基础设施对于我们需要的环境改变至关重要。

世界上最宜居的城市，如加拿大的温哥华，已经开始提供支持温室气体减排的基础设施。温哥华的高速公路里程仅仅占一个典型北美城市的 1/10，因此它没有道路设施所产生的高昂维护费用。步行和骑车是出行的首选方式，对于长途旅行，温哥华有高品质的公共交通设施。

值得注意的是，人们在出行时乘车或骑车所需的空间明显少于自己驾车，而需要的停车空间则更少。所以减少城市中心汽车的使用可以腾出土地来修建住宅、公园和办公区，使土地更有价值；更不用说那些高速路占用的土地或许可以用来为公共交通建设筹资。

在现行的工业城市模式下，位于市郊低效的集中控制的发电站既生产电能也排放污染物，工业产品被消耗并废弃在垃圾填埋场，以化石燃料为原料的化肥被用来促进食用动植物苗壮成长，喧闹的高速路穿城而过，沿途是硬质景观（hard landscape）和快速排水设施（fast water run-off）。相反，生态时代的新模式将会是这样一番景象：居民和食品生产不会受到洪水的威胁；水资源和废弃物在当地回收利用；人们可以步行、骑车和使用公共交通设施；一切都是可再生的。但在此之前，我们先看看我们所面对的最重要的问题，我们从能源消耗和供给谈起。

城市

在我们现行的工业发展模式中，能源消耗在国内生产总值（gross domestic product，GDP）中成比例增长。由于生产是外包给中低收入国家，消耗最终还是会稳定下来。目前，美国和欧洲间能源消耗的差异（美国消耗更多）主要在于美国那些杂乱无序的低人口密度城市中心居民汽车的使用量。中国现在追求的生态时代模式的目标是将能源消耗率降低20%。他们打算通过建立生态城市的城市化模式来达到这个目标，这就需要修建高速铁路，并向能源有效性生产转向。

在大多数城市地区，对土地的竞争提高了住房价格中的土地成本成分，并且价格的差异由此扩大。

"人们移居城市不是因为他们将比以前富裕，而是因为他们期望比以前过得好。"[4]在城区中，有相当大一部分人住在贫民窟。许多移居城区的人发现很难融入其中并生存下来。增长的燃料和食物成本加剧了这种情况，他们糟糕的经济状况和缺乏购房能力常常导致无家可归和露宿贫民窟。对世界范围内贫民窟人口数量的估算是不容乐观的。根据《2006/2007 年度联合国世界城市状况报告》（UN State of the World Cities Report 2006/2007），世界贫民窟人口预计在 2020 年将增长到 14 亿，其中以非洲人口数量最多。

生态覆盖区域会极大地受到城市人口密度及人们生活方式变化的影响。因此，解决城市生活的问题需要从根本上改变土地的使用效率。尽管消费者会对食物和商品产生影响，

图 4.2　奥雅纳绿藻建筑（Algae building）
奥雅纳公司图片资料（来源于彼得·黑德在布鲁内尔大学的演讲）

但是城市密度、城市的多用途以及燃料的选择才是规划决策的主要因素。我从土木工程转向规划设计的主要原因之一，就是因为我意识到好的城市设计和规划是人类在地球有限容纳力之内生存的关键。

正如我之前提到的，城市密度对减少交通运输能源需求很重要。美国平均每个城市居民每年私家车的能源消耗是每个中国城市居民的 24 倍。城市密度有个最佳值，即每公顷 35 ~ 100 人，这样公共交通就是可负荷的，也有许多空间来建造城市公园和花园。所以，为城市改造（retrofitting）和新的建筑选择合适的人口密度的确重要。

资源效率：食物、水、能源和原材料

食物

随着人口增长以及气候变化负面影响的加剧，具有生产力的土地区域减少了。缅甸和印度的洪灾展示了粮食生产地是多么脆弱。另外，土质的恶化和过度放牧正削减我们目前所剩下土地的生产能力，迫使我们使用更多的化肥和化石燃料。但是，这仍然不能满足我们的需求，人均食物量首次开始出现下降。

供求的不平衡提升了食物价格。消费超过了生产，本是为未来储存的食物现在开始消耗。而且这种情况日益加重，因为之前出产粮食的土地越来越多地被用来种植生物燃料。化石原料价格也在上升。

随着财富的增长，人们吃得更多——特别是肉类。肉类的生产需要比粮食更多的土地和水。令人高兴的是，蔬菜和水果的土地产能能够通过采用低能耗的建筑和平衡土壤肥力来提高。这可以通过关闭城市生活与农村食物生产之间的资源循环得到帮助，同时也需要工程技术手段。

水

淡水资源对于农业、食物生产和人类发展都很重要。"如果当前形势持续下去，到 2025 年，18 亿人将生活在缺水的国家或地区，2/3 的世界人口将遭受水荒。"[5] 美国该问题严重。

　　水资源缺乏主要是由过度抽水、浪费水资源、水源污染及滥砍滥伐引起的。拉斯维加斯的公共部门正面临着这棘手的问题。严重的干旱问题在美国各地发生，人口增长受到威胁，急需彻底的解决办法。

　　主要的办法包括：节约用水，处理和回收利用城市废水，农业使用滴灌系统，收集和储藏雨水并将它作为"灰水"① 进行二次使用。野火的发生频率也与气候变化有关，成为全美另一大威胁。

能源

　　照现在的情况发展，世界主要能源的需求到 2030 年会翻倍；这其中大约有一半的需求来自印度和中国，如果我上面列举的改变没有落实的话。能源价格正在飞涨。煤炭消耗会超过石油和天然气消耗，预计全球需求在 2005 年至 2030 年将增长 70%。尽管顶着碳排放的威胁，全世界仍在兴建火力发电站，因为目前煤是最便宜的，也是我们拥有最多的化石燃料，可以比石油和天然气使用得更久。碳捕捉和储存加上新的煤炭气化技术，为火力发电站减排提供了机会。我们稍后再讲这个。

　　核能和天然气将继续在混合能源供应中扮演重要角色。它们的原材料供应有限，原材料价格也不可避免地会上涨。

　　至于石油资源，未来的前景并不乐观；科学研究强调指出，石油供给将不能满足需求。现在，我们正在消耗的石油量已经大于我们所发现的油田产出量，"石油峰值／危机（peak oil）"这个极富争议的概念已经出现。我们已经超越了石油储量的峰值，油价在 7 年间翻了 4 倍。油价不仅对我们的交通成本产生了影响，还直接影响了食物和商品的价格。诸如太阳、风、潮汐这样的可再生资源产生的能源未得到充分利用，并且相对价格较高，但是油价上涨了，这些能源就变得更实用了。

　　在沙漠地区，太阳能比我们现在从化石燃料中得到的能源更易获得。根据《2006 年联合国环境报告》（2006 United Nations Environment Report），有 64 万平方千米的区域

① grey water，浴室、洗涤槽、洗衣机和其他厨房设施排出的相对干净的废水。——译者注

可以为世界提供电能（撒哈拉沙漠超过了 900 万平方千米）。我们愿意建造将沙漠能源传输到城市中心所需的基础设施。加利福尼亚州已经开始这样做了，它签署了一份 900 兆瓦的太阳能收集器产生的浓缩能源合同。太阳能和风能在美国西南部有巨大的潜能。毫无疑问，美国电力能源将有很大比例可以来自可再生能源。

原材料

原材料的消耗正在激增，矿物的提取是以牺牲环境为代价的。每年，采矿对地表的破坏要大于自然风化。在一个典型的铝土矿，10 吨的废石和 3 吨的有毒泥浆只能生产出 1 吨的铝。同时，世界上一些大型的金属矿藏存在于建筑中、产品中以及市中心的基础设施中，这些金属矿藏可以根据生态时代的需要进行改造。

气候变化

越来越多的人住在沿海地区，他们也越发频繁地遭受到洪水和飓风的袭击。在许多地区，干旱和洪水影响着食品生产及其价格，然而市中心攀升的夏季气温也给年幼者、年长者和体弱者造成了威胁。遭受气候变化最大影响的国家和地区大多是中低收入国家和地区，而这些国家温室气体排放量非常小。

这些国家不具备最好的技术与资源来应对气候变化或减缓出现问题的频率。洪灾并非唯一问题。臭氧和热害引发的问题也使死亡人数迅速上升，这还将进一步恶化。

另外，我们都痛苦地意识到，全球变暖引发的飓风造成了越来越多的人力和物力成本损失，这是一个真正的忧虑。

现在我们有巨大的责任行动起来，减少碳排放和生态足迹。在改变的过程中，我们要确保用于保护脆弱群落的策略和投资能落到实处。

改变（adaptation）和缓解（mitigation）这种情形需要一起进行。鉴于越发频繁的风暴和海平面的上升，要优先考虑水资源问题和建设用于泄洪的基础设施。我们也可以考虑在城市地区修建植物屋顶（green roof）、公园和进行道路绿化，以此进行自然降温。

仿生学

总之，我们要找到一种与自然更加和谐相处的方式，那么我们如何才能尽快找到呢？贾宁·贝尼尔斯（Janine Benyus）在她的伟大著作《仿生学》（*Biomimicry*）一书中罗列了 10 条原则来指导我们。[6]

1. 多样化和合作。

2. 把废弃物作为资源使用。

3. 有效收集和使用能源。

4. 最优化而非最大化。

5. 节约使用材料。

6. 清理，不要污染。

7. 不要消耗（不可再生）资源。

8. 保持生物圈平衡。

9. 注重信息。

10. 使用本地资源。

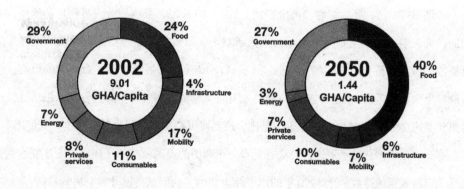

图 4.3
旧金山 2002 年和 2050 年的生态足迹　奥雅纳公司图片资料（来源于彼得·黑德在布鲁内尔大学的演讲）

这是一些成功的有机群落所采用的原则，而我们一条都没做到。我会用这些原则作为一张线路图来展示我们的生活方式要如何改变才能达到我们的目标。我们常常和诸如细菌及藻类这样的最佳自然群落一起工作。

先从高收入国家说起，这些国家有机会在一个新兴的资源节约型（resource-efficient）生态经济中提高生活质量，创造就业和机会。关键是要稳定通胀并为基本需求提供可靠供给。我对此曾使用的模式是根据伦敦和旧金山这样的城市中心区长期的教训和它们的气候变化行动计划来估算碳排放、生态足迹和发展指数。这个想法是通过方式创新（retrofitting）使这些城市从工业时代模式过渡到生态时代。我会用仿生学观点来展示这是如何完成的。

旧金山目前的生态足迹需要 4 ~ 5 个地球来承载，这主要是由于它是一个高汽车使用率城市。要在 2050 年达到人均 1.44 公顷的目标，旧金山大概要减少 84% 的生态足迹。当然这是极大的挑战，近似于减少 80% 的碳排放量目标。因此，所有资源都将减少相似的比例，即除了食物之外的所有方面（这可能会是一个过分要求）。

让我们先考虑一下如何运用仿生学原理，从而使得到 2050 年，人均生态足迹为 1.44 公顷，应该从"节约使用材料""把废弃物作为资源使用"和"不要消耗不可再生资源"开始。因为这是一个全球问题，我会考虑到低收入和高收入国家。

我们需要减少不可再生资源的消耗，方法是保持现有产品形式能最大限度地重复使用。如果不行的话，要么把它们再生产加工成一项新产品，要么回收成可使用的给料。英国的研究表明，为了达到一个地球的生活承载力，所有的产品需要来自 80% ~ 100% 的可持续资源，这需要用规定的品质标签（quality labels）来展示产品生命周期的影响。生产商应集中起来运用工业互利共生原则，也就是共享资源和整合供应链管理。据估计，这可以使英国全面减少 75% 的产品生态足迹。产品可以被生产商回收并重新生产或使用。

那么，让我们总结一下这些想法并看看一个典型的美国城市郊区如何改变才能达到奥巴马政府所希望的排放量比 1990 年的水平减少 80%。我们从街道开始，再到社区。

专用自行车道和公共交通的采用将把车库的空间用于建造更多的卧室和满足较高人口密度地区的需要。应当采用太阳能、风能收集器和自然的通风管道，以此来取代空调：

图 4.4
奥雅纳未来郊区花园式住宅影像图　雅纳公司图片资料（来源于彼得·黑德在布鲁内尔大学的演讲）

因为它们就像在硬质地面覆盖的绿色植物一样，可以起到降温、遮阴及减缓水分流失的作用。土地可以用来搞城市农业，开放当地的商店和市场供应本地的农产品。收集的水可以储存起来用于灌溉，这也可以减少其径流的速度。新的技术可以收集足够的太阳能，产生正能源[①]为房屋供能。人口数量在增加，并且越来越多的人白天都在周边活动。这些人在本地工作，将促进社区的团结，为年幼的孩子们提供家庭支持。年长的家长们也能以较低的价格在当地生活，获得住房空间，养育他们的孙子辈。街上将没有大型车辆，取而代之的是公共交通和带有人行道的自行车道。汽车俱乐部可以提供较小的电动车——已充好电随时可以使用，大大降低了车主的成本。基础设施投资可用于地埋式垃圾收集和当地街道的窄化和改造。街道种树可以给人行道降温，降低热岛效应。道路的维护成本也会下降。公共交通将延伸至大部分街道，整个景观将变得更加怡人和迷人，生态更加多样化。

在城区，公交服务网和通信系统会被采用，该系统将郊区内的高密度多用途开发区连接了起来，这是一种精明增长策略（smart growth strategy）。它们可以连接城市间的高铁和轻轨系统。步行和骑车区域也可修建绿色长廊，让食物在本地生长。另外，社区热力和电力方案能提供低成本、高效能的服务，包括来自废物转化的能源。

这一切都表明了各种不同的合作性的解决方案，它们将使城市社区更加健全、自足并

---

① energy-positive，即产生的能源多于消耗的能源。——译者注

且生活成本更低。清新的空气、更低的健康保健成本和减少的洪灾风险也会让人们受益。另外，更高的土地利用率可以使得更多的土地得以开发，从而促进经济变化。

在收集和使用能源方面，我所描述的改进场景涉及需求减少、供给侧效率（supply side efficiency）以及向更多再生性能源的逐步过渡。这也是旧金山气候变化计划所期望的。

减少交通能源使用和废气排放是一个关键挑战。城市地区私家车汽柴油消耗的大幅减少是必要的，部分原因是改善的空气质量和较低的运行成本所带来的健康利益的激励。以蓄电池和氢燃料电池为动力的轿车、货车、卡车和公共汽车占使用混合燃料车辆的一部分，氢燃料来源于天然气或其他资源。汽车（租赁）俱乐部让人们在需要时可以租借车辆，但公共交通应该成为人们出行的首选方式。按每辆小轿车承载 1.5 人计算，城市电车系统的节能效率要比其高 7 倍。城市地区物流的能源消耗可以通过使用城市周边统一配送中心来降低 70%，这些中心之间有城市间铁路和公路网连接，可以实现运输的零排放。

城市间出行能耗降低的关键是投资兴建高速客运列车网（最终依靠再生性能源）以及在公路上建立公共汽车和拼车（car-share）优先通道、改进交通信息和管理系统，当然，还包括提高车辆和燃料技术。

目前我们在欧洲有了高速铁路网，并且了解到在 600 千米里程范围内铁路出行方式比

图 4.5
奥雅纳美国郊区未来影像图　奥雅纳公司图片资料（来源于彼得·黑德在布鲁内尔大学的演讲）

航空更具吸引力。因此，在国际机场与主要城市中心间修建高速铁路将减少区域间航空出行量。

生物燃料怎么样呢？在日渐增长的社会与环境影响及高生态足迹的关注下，欧洲的政策制定者正在重新考虑他们的生物燃料目标。从米糠、粮食作物茎秆这类农作物肥料及吸收二氧化碳的藻类中提取的第二代生物燃料更加环保，可以降低生态足迹。当第一代足迹目标被提出时，我想生物燃料的吸引力会下降。

另外，一项提高发电站效能的计划正在实施，结合采用分散于城市的冷／热电联产设施（heat/cooling and power facilities），这将是一个引人注目的模式。热电站（combined heat and power，CHP）可以依靠煤气或是当地废弃物及生物能燃料运行。这些热电站可以通过地源热泵系统服务一大片区域。据估计，这一方法可以在能源供应中减少50%的废气排放。

放眼再生性能源的短期目标，一个有前景的商业方案是建立一个主要依靠再生性资源的电网，它将基于收集的太阳能、风能及废物能源进行运作。再生能源产生的氢气也可提供部分交通能源供给并作为一种再生能源的储存介质。这将需要新的供给基础设施，就像那些已经在上海投入使用的燃料供应站。

加速减少生态足迹的快捷方法是向客户们提供信息，以此来优化他们的日常生活，使之尽可能高效和舒适。例如，实时优化的公交行程计划。在某个时间某人询问去一个城市的某个地方，他可以得到实时的公共汽车或火车行程计划，并提高公共交通设施在使用时的安全性和便捷性。

改造城市

在高楼林立的市中心可以采用下列方法进行改造。

·新通信服务将使人们可以选择一种更环保、低足迹的生活方式。例如，实时交通信息可以在个人 PDA 上提供行程计划，在你到达汽车站或有轨电车站时就可以查到。

图 4.6
奥雅纳绿色植物覆盖的被动式外墙（green passive facade）建筑
奥雅纳公司图片资料（来源于彼得·黑德在布鲁内尔大学的演讲）

·我们现在知道我们未来生活的城市将是一个更加凉爽，有更高生活品质的地方。屋顶有种植的植物和食物，房屋能储备能源，人与自然和谐相处。

·关于污染。废弃物被当作资源进行良性循环利用，不会污染空气、水和土壤。健康成本将下降，生物多样性和碳汇（carbon sink）将增加。欧洲立法在推动变革方面一直都是有效的，但是滞后的却是在污水和废水的循环利用方面。如果我们在这方面立法，固体废弃物将在厌氧消化器中得以分解并产生能量和堆肥，废水将被循环利用来种粮食。

·家中的固定接水装置（fitting water capture）和灰水回收系统将为每户节约 30% 的饮用水消耗。它也减少了雨水的流失，因为这些水可以绿化屋顶，使之成为另一种良性循环。

·改造建筑以降低能源需求，逐步将建筑变成发电厂，用来收集建筑物表面和屋顶的能源，这将成为准则。

有一个要迅速处理的问题是火电站减少碳排放问题。碳捕捉和储存设备正在研发，更好的选择是地下存储。然而，找到所需规模的存储地是困难的。二氧化碳必须经过一个昂贵的高能耗的液化过程。一种更加可持续的选择是在一个缩短集成碳循环（shortened integrated carbon cycle，SICC）中关闭碳循环，这还处在研发初期。这样，二氧化碳从废气中被分离出来并被去污，然后通过一系列的生物反应器。在这些反应器中，光照、养料和海水让不同的藻类迅速生长并且吸收二氧化碳，释放氧气（有时还有氢气）。小的试验性植物已经在麻省理工学院诞生，并显示出它的存活力。不同种类的藻类植物将出售——一种用于当地市中心厌氧消化池，作为生物燃料来生产能源；另一种用于制药；还有一种供炼油。另一个生物反应器产生的氢气可以供给交通。在此过程中，副产品就有了价值，因此我们相信相比地下式储藏，这会有一个好的商业前景。

中低收入国家

发展中国家转型的证据基础是中国的生态城市计划以及库里提巴（巴西南部城市）和波哥大（哥伦比亚首都）辉煌的发展经验。在中低收入国家，关键问题是如何跨过工业时代，直接从农业时代过渡到生态时代。这里有一些初步的想法：

图 4.7
奥雅纳未来贫民窟影像图　奥雅纳公司图片资料（来源于彼得·黑德在布鲁内尔大学的演讲）

·城市开发可以设计成一系列的生活小区（village），每一个小区都是紧凑的多用途开发区，每公顷人口密度大于 50 人。

·开发区有绿地、覆盖植被的房顶、行道树以及高生物多样性来反映当地的生态。

·文化历史可以通过公共空间和建筑反映出来。

·优先考虑的重点是防止洪灾对人及基础设施的损害，也要保护粮食生产土地。这将纳入城市基本结构，并与水资源管理系统相结合。

·步行、骑车和使用再生性能源的公共交通可以是每个人在当地出行时的首要方式。货物也可通过环保型车辆运输。安静、清洁的车辆意味着城市能提供放松休息的地方。

·设立像医院和学校这样的社会服务机构，以便人们在社区就能享受服务。

·在没有电网的地方，使用太阳能、风能和废物能源等再生性能源来供电、供热和制冷，这是非常划算的。废渣可以用于未来的建设中。

·可使用当地大规模的自然可再生性能源。

·建筑物在设计时可以考虑只使用很少的基础能源并将其与城市食物生产系统相整合。

总之，这些模式表明城市可以使人们在环保范围（environmental limits）内享受现代的生活方式。

政策

现在我们来简要看看那些推动以上变化的政策。我们在迈向经济的生态模式时要提到 3 个方面的变化：

1. 随着全球经济达到一个最佳规模，自然资本越来越重要。
2. 鼓励资源的公平分配。
3. 通过减少所有非再生性资源消费的方式，促使效率由市场驱动。

政策在各个层面都有明确需求——全球的、国家的和地区的，而全球的是最困难的。[7] 在国家和地方层面，政治和技术的领导地位对推动可持续发展至关重要。在任何地方首先应该是建立一个明确的可持续的发展框架，包含社会、环境和经济情况的长期目标。然后，高质量的规划和设计可以使用建模工具，如整合资源模型设计（Integrated Resource Modelling），规划实现结果所需的基础设施和土地使用变化形式。下一步是建立合作伙伴关系和资金安排，这一步工程师会参与进来。

证据表明，全球过渡期的首批行动者正从地区经济层面和商业层面获利，因此完全有理由这么做。

《C40 克林顿气候倡议》（C40 Clinton Climate Initiative）就是一个全球合作的例子，它是为了将高收入国家的市中心按照本文中设定的方向迁移。这创造了全球购物俱乐部为新技术提供的大量订单。

金融解决方案要求在公共和私人领域以及社区团体与非政府组织间（Non-Governmental Organizations，NGOs）保持长期的基础设施合作，比如现在美国城市的公共建筑改造计划就开始着手减少能源需求，所需部分资金则是来自养老金。

我们仅仅是处在这段征程的开始阶段，因此需要学习、研究反馈和能力建设（capacity building）。奥雅纳公司（Arup）正在资助创建一个研究院网络来推动这个过程。这个网络最初只有4家：英国的泰晤士河口区（Thames Gateway），中国的东滩（Dongtan），南非的开普敦（Cape Town），澳大利亚的墨尔本（Melbourne）。每个研究院都与每个国家的研究团体进行合作。我们现在讨论的是墨尔本研究机构与美国西海岸城市旧金山的合作。

结束语

让我们回到那几个重要问题上来。是的，看上去到2050年，人们在环保范围内可以过上一种现代的、有吸引力的生活方式。这些范围需要一系列重要的基础设施，用综合变化来提高资源效能就能达到80%的碳排放减少目标。我已制定出一项政策框架和交付方法（delivery methodology），同时在工程师开始交付前用关键的土地使用规划来助推这一框架和方法的实施。

　　工程师有全球经验，擅长于多学科团队合作，这对取得成功至关重要。我们可以设计和提供这些新的综合的基础设施系统，但这项任务巨大。我们要培训和激励更多的年轻人加入这项挑战，争当 21 世纪的布鲁内尔。

　　我已向大家展示了我对未来发展的一己之见，我希望这是对未来的可靠构想。千里之行，始于足下，我希望向全世界介绍这篇论文，使全球的工程师团队一起来思考我们需要做的事情并鼓励年轻人加入这场挑战。毫无疑问，这是人类所面临的最伟大的挑战。

　　谢谢。

注释

1. Lecture is from a series presented at cities around the world. Accessed April 20, 2010.

2. UNESCO Millennium Development Goals. Accessed March 30, 2010.

3. See Stern Review, "Stern Review: The Economics of Climate Change", and McKinsey and Company, "Reducing US Greenhouse Gas Emissions: How Much at What Cost?"

4. Anna Tibaijuka, Executive Director of UN Habitat, Accessed May 1, 2010.

5. Committee on Earth Observation Satellites (CEOS). *CEOS EO Handbook*. Accessed March 30, 2010.

6. Janine Benyus, *Biomimicry: Innovation Inspired by Nature* (New York: Perennial, 2002).

7. The global models I describe are in sympathy with the Contract and Convergence proposal by Aubrey Meyer for carbon, and the Shrink and Share proposal by the WWF for Ecological Footprint.

第二部分　生态

5 生态现代主义与新劳动阶层的形成

——香农·梅

浏览任何一张总体规划图，它的功能很明显是标注建筑物与楼道、现代生活与自然环境之间的空间关系。初看并不起眼的是，一张总体规划图总是一种政治哲学的具体化。建筑间的关系以及大型建筑与环境间的关系是人与人、人与自然之间理想关系的物质宣言。总体规划图就是一个抽象概念向具体结构的转变。如果说格奥尔格·黑格尔（Georg Hegel）的哲学在它的时代是靠思维去理解，那么以此类比，建筑在它的时代则是用物质去构建。

在本章，我会概述威廉·麦克多诺（William McDonough）的生态观原则以便为黄柏峪（Huangbaiyu）总体规划图的意图和后果提供背景资料：这是 21 世纪享誉国际的生态城市化规划。黄柏峪曾是一个无人知晓的地方，直到 2006 年才出现在辽宁省的地图上。全球的环保主义者和记者都称赞黄柏峪是遏制全球气候变化战斗中的一个重镇。[1]首席环保评论员伊丽莎白·伊科诺米（Elizabeth Economy）曾把该项目称为"也许是帮助中国走上新发展道路的最豪迈的多国成就"。[2]当中美可持续发展中心[3]的麦克多诺及其合伙人在宣布那是"一个可持续发展的村庄，政府希望将它作为改善 8 亿中国农村人口生活的典型"[4]时，可以明确看出他们对黄柏峪项目的雄心有多大。

当谈及生态设计的需求时，麦克多诺常重复他的格言："设计是意图的首要信号。"本章探究麦克多诺的设计，以此揭示蕴藏在黄柏峪总体规划图中看似无害的生态设计所隐含的经济和社会学信号。我从麦克多诺赞成需要"下一次工业革命"说起，很明显，虽然他在这场常识的剧变中要求变革，但是他的感受力与在他之前的所有工业现代主义者不相上下，除了那些早期工业主义者在哲学和实践上的一点细微改变。这或许就是他成为 21 世纪初期最受欢迎的研究可持续性的权威人士的原因：他的传承多于改变。

自然曾经被人类所开发利用，然而对麦克多诺来说，自然应被视为人类存活的晴雨表。基于此，我称麦克多诺是一名生态现代主义者。在展示了麦克多诺作为对人类危害所做的必要缓解的设计案例，以及将之置于现代主义感受性的背景下之后，我要展示他的黄柏峪总体规划图。它将拔地而起，以生态之名，建立一种彻底的、合理的社会与经济的关系。

设计案例

在威廉·麦克多诺及其合伙人以及戴维·罗滕伯格（David Rothenberg）的文章《可持续性的意义》（"The Meaning of Sustainability"）中，他们确定了设计介入现存文明并将改变它的必要性：

> 可持续性的例子从世界文化的历史中不难选出……通常，没有一个设计或设计师会主导那个地方的人居。但现在已不是那样了。人与自然之间的相互影响已变得如此复杂，这种变化的速度和范围势不可挡……设计对我们的未来已变得至关重要——为了达到可持续性标准，我们需要在本地与全球、传统住宅区和新兴地球文化之间实现平衡。[5]

由于"变化的速度和范围势不可挡"，"小范围"的"对周遭栖息地环境极少破坏或无破坏"解决方案已不太可能。[6] 由于环境被想象成地球生态系统，人类现在已不再可能作为独立个体和占有一定空间的群体去*了解*该如何可持续地生存。那段时期已成为历史。他们暗示，现在的状况将危及将来。某个人——设计师——必须站出来，设计师要能在个人、家庭、社区为自己修建大型"传统住宅区"的需求与这个星球的危机之间进行调解。

麦克多诺把对现状的指责写进了 2002 年他与迈克尔·布朗加（Michael Braungart）合著的《从摇篮到摇篮》（*Cradle-to-Cradle*）一书。该书副标题为"改造我们造物的方式"，它是一个宣言，号召用新的方式思考生活，也是如何将他们乌托邦式的构想化为现实的章程。当下的生活方式被认为是一种从摇篮到坟墓的生活方式。在这种生活方式中，不仅消费性生活的废物正被"丢弃"，污染着我们的土壤和水源，而且我们为了追求生活品质而制造的那些产品也正导致我们细胞突变，金属粉尘充盈着我们的肺部。他们写道，工业革命的科技进步将我们和这个星球送进了坟墓。躲避这场灾难的方法将来自"*下一次工业革命*"，它寻求通过根除过去的实践和现在的继承范式来创造一个可持续的未来。

在本文中，黄柏峪总体规划图构建了一个全新的住宅区，而不是翻新现有的结构。麦克多诺的生态现代主义方法引领他和他的团队忽略了黄柏峪山谷除去一系列有限地质和水文条件外的所有因素，因为那正是他寻求改变的能源、土地利用、住房类型以及社区的存在形式。自我组织的可持续性社区可能再也找不到或无从寻找了——它们已是*历史*。像其他乌托邦式的革命一样，可持续设计必须否定当下的形势，才能使一个合理计划的、可持续发展的世界得以诞生。

生态现代主义的设计师

《从摇篮到摇篮》一书的中心论点是不能委托政府来保护公众利益，这个角色应该留给未受约束的产业，让产业接受设计的启发。与许多环保主义者试图通过政府管理与消费者行为变化的结合，在那些"麻烦的真相（inconvenient truth[s]）"上采取人道的行动所不同的是，[7]麦克多诺与布朗加将商业作为他们变革的关键。基于简·雅各布斯（Jane Jacobs）《生存系统》（*Systems of Survival*）一书的观点，他们总结如下：

> 护卫者是政府，这个机构的主要目的是维持和保护公众……另一方面，商业是每天即时的价值交换……任何形式的嵌合体……都是"可怕的"。金钱，作为商业的手段，将使护卫者腐化堕落。管理，护卫者的手段，将放缓经济。[8]

另外，他们还写道，"管理是设计失败的信号"[9]。如果规章制度是政府的唯一工具（麦克多诺和布朗加暗示）并且是设计失败的信号，那么解决这个星球危机的唯一方法是商业和好的设计。通过这一论断，麦克多诺和布朗加瓦解了现代主义的政府，授权设计和开发世界由政府*和*专家主导[10]变为*只*由专家主导，也并不是任何一个专家，而是设计师。由于设计师预言的会发生在我们身上的星球毁灭的灾难，因此实施他乌托邦式评论的手段是另一次不受约束的工业革命，由他自己领导。

持这种发展态度的人显然就是带着生态扭曲观点的现代主义者。在如何参与和实施文明上，现代主义的感受性有七个方面使之有别于其他观点。第一，现代主义者认为当代的社会结构和日常生活行为不是生命*应有*的生活方式。第二，现代主义者建立了人类生活*应*

有的替换形式。第三，他们相信人类活动的复杂性和组织结构是可以被认识的；人类行为的抽象过程是可以被创造的，这使得改变文明来实现他们想要的目标成为可能。未来可以被塑造并且这个模式已有例证。第四，他们认为通过干预的方式将达到预期效果。第五，一种绝望的紧迫感充盈着感官，在时间和空间上影响了他们的看法：用现在取代过去的这个项目一定是靠速度和规模来完成的。第六，现代主义者们的批判不是纸上谈兵，而是身体力行的。他们不是靠写，他们是靠建造。第七，环境要么被认为是为了储藏释放的并供人类使用的资源，要么是作为人类创造文明时被忽略的背景。简言之，现代主义者的感觉是批判和空想相结合的，它声称无所不知、无所不能。它怀着纯粹致力于人类文明进程的万丈雄心在迅速地行动。[11]

除了最后一方面，麦克多诺分享了这种感受性的各个方面。他不是把环境当作人类发展的背景，而是把它作为前景摆在最重要的位置。但是，这种倒置几乎没有改变现代主义的感受性。事实上，它强化了现代主义的其他所有方面。基于对当下星球毁灭恐惧的控诉，未来将成为一种未知恐怖的威胁——甚至是死亡和灭绝——如果不彻底改变当代社会形势和经济关系的话。以迅速的大规模行动来改变将地球生态置于危险中的行为的意愿作为生态义务（biological imperative）已产生了回响。

随着生态术语中所表达的"优质生活（good life）"受到威胁，政治上已不可能否认在人类未来名义下改变现状的需求。这样做可以唤起人们对生态框架中鲁莽自私行为的记忆，以此作为对一种以牺牲物种为代价来保持现状的要求的回应。不作为的后果是伴随灭绝的威胁，我所说的生态主义也许是生态主义最有力和最普遍的形式。它是詹姆斯·弗格森（James Ferguson）*杰出的*"反政治机器（anti-politics machine）"。[12]

麦克多诺在滔滔不绝地谈及他自己的一个资本故事时，对这种感受性进行了说明。我第一次听到这个故事是在2005年5月18日欢迎麦克多诺黄柏峪项目合伙人的招待会上。在自我介绍的时候，麦克多诺说："在《新闻周刊》（*Newsweek*）的采访结束时，[13]记者对我说：'我终于明白你是如何工作的了，你用现在时来谈论将来。'"

由于时态的遗忘，现实世界消失了，取而代之的是未来的存在。用乌托邦式的理想的语言来说，被忽视的是没有任何遗留。这如同它的过去和现在从未存在过；有的只是未来。

当未来的建筑物、街区、城市出现在平滑的纸张上时，建筑绘图和规划图增强了这种理想化差错的影响，当下复杂的社会和经济传承已很难体现。

本地环境，全球共识

如果现代主义努力寻求普遍的解决方案，那又如何与麦克多诺坚持的本地可持续性原则相协调呢？虽然麦克多诺所强调的规模与其主张的本地重要性之间看似是矛盾的，但是需要记住，对麦克多诺来说，他所指的本地总是针对环境而言，而非人。他在设计时，就像他常说的，他像一只鸟一样观察环境，并考虑在它的栖息地它想要什么。[14]

他采用现代主义者标界的技术工具——飞机，迅速地完成了地域的界定，并用生物的方式将之取代。虽然从飞机向飞鸟的转变也许看上去重要，但是对依赖于已有知识和制图技术来完成的透视效果毫无影响。它保留了一种空间的视角，这与一个人站在地面观察是不一样的。通过对"空间的再分配"，麦克多诺的鸟的视角可以说是"科学的"——客观、理性、全面——因为它恰好避免了特殊性和人为因素。[15]

这种象征性的替代强调了生态现代主义的专断倾向：因为鸟不会说话，所以不需要举行公开会议来试探它们所关心的问题。既然是人类及人类的生活方式摧毁了这个星球，为何一个可持续设计师会在鸟类身上寻找领悟？如果麦克多诺来建造人类世界，那么又会是怎样呢？它又会给数百万中国农村人口的未来传递怎样的信号呢？对于这些农村人口，他认为他的作品可以作为典型案例。

总规划图

尽管是想"为村民创造更高品质生活并且给孩子们带来更有希望的未来"，但在黄柏峪总体规划图中根本就未讨论村民或孩子。里面没有提及现有的住房结构、人际交往空间模式以及地理位置和亲属网络之间的联系；没有对现有劳动力类型及其谋生能力做调查；没有讨论土地保有期以及它与家庭收入的关系；没有讨论现存能量生命循环周期。总体规划的重点是建筑形式以及专家领导下的系统性城市规划。在农村建立一个生态城市将会改善居民的生活并且为孩子们带来一个更有希望的未来，这是暗含在此规划中的。与本地情况更复杂的关系并没有被认为是有必要进行考虑的。

我有意使用"城市"一词。在黄柏峪的总体规划中想要改变的不只是在环境意识方面的农村住房升级。它的生态目标是通过彻底改变家庭和社区组织机构来实现的。它是一种发展体制的蓝图，这种体制将看似毫不相干的问题——全球气候变化、对"农民"的贬低以及现代性的美学——统一起来，形成一种环境、经济和社会变革的方法。减少碳排放的愿望将满足把个人生存需要的责任转换为共享资源分配的基础结构。

这种转化必然导致另一种转化：从小规模的家庭生产所有制向市场化生产的劳资模式转变——转变为一种更加怜惜超越自我控制的劳力的生活，但是却要保证生活的便捷与富裕。新的经济依存增加了家庭的不稳定性，因为它们在物质结构上相互依赖，这个国家乃至这个星球都是如此。一种新的社交反映在地区公园和城镇中心中，人们在那里可以聚在一起交谈，因此就从"孤立的"个体转变成了一个社区。为了避免这个星球消失，"自然系统的有效性和优雅性"被认为是黄柏峪设计方案中的基本原则。城市结构独特的历史现象与市场关系作为生态需求被自然化了。

建造社区

在回应布伦特兰委员会（Brundland Commission）[16] 提出的可持续发展概念时，麦克多诺在总体规划中写道，他的"从摇篮到摇篮村落"的目标是"为村民创造更高品质生活并且给孩子们带来更有希望的未来"。[17] 虽然这个更有希望的未来大部分是通过使用特定的材料和能源实现的，但是这个规划有两方面需要空间顺序的重组：人类居住地的集中化，以便"最大限度使用有价值的具有生产力的土地"；[18] 以及"通过增加社区、便捷性和舒适性"来改善生活质量。[19] 这两个目标为自我和社会、家庭和经济的彻底重组确立了框架。

社区是该总体规划的一个重要概念。黄柏峪项目作为中美可持续发展中心美方联合主席麦克多诺和中方主席邓楠（音）之间的约定，是为了在中国农村地区开发"可持续社区"，它始于 2002 年 9 月。5 个月之后，黄柏峪被选址建造成为"中国农村社区复兴和可持续发展升级改造的典范"。[20] 这意味着目前中国农村居民的生活状况是不够完善的，也不是可持续的，尽管他们的生活或生活方式未在项目中有所描述。将他们描绘成"农村的"，这近似于一种退化，但在总体规划中没有提供其他解释。

以下是来自就职于一个中美可持续发展中心（CUCSD）附属机构"中国 21 世纪议程"（China's Agenda 21）的彭思珍（音）的评论。它是麦克多诺和他的合作者在黄柏峪规划上的独特观点。俯瞰一期工地和干涸河床（Dry Riverbed）以南，彭描述了我们正看见的情形：

住房和居民像谷粒一样散布各处，毫无秩序，非常混乱。但当这些住房和居民经过该规划聚集起来并且有一个综合的规划时，一切都将变得更好。居民在一起生活也会更好。这里将会建公园和一片湖泊，这样它将会成为一个可持续的社区。[21]

在《汉诺威法则》（*The Hannover Principles*）一书中，也就是麦克多诺和布朗加《从摇篮到摇篮》一书的前身，麦克多诺主张，一个"可以识别的中心"对一个"成功社区"的重要性在于：

起初的城市基于将不同社会阶层以及曾经在街上偶尔相遇的文化价值聚合在一起而建立。那样一种传统的生活方式能模仿吗？一个成功的社区需要有一个核心区，在那里，有一个供人们互动交流的可识别中心，这个中心被用来衡量社会和文化的人口特征。那里需要一个"井点（well point）"，未规划的交流会出现在那里。[22]

我在黄柏峪当地及其附近进行实地工作的这段时间，在这一项目的规划会议和解释性交谈中反复提及的一点，是关于黄柏峪地区社区缺失的既相互区别又彼此联系的描述性的主题。纠结之下，他们对期望的社会秩序形成了一种独特的构想。社区是由有合理秩序、集中住房和有助于增加人与人之间偶遇机会的正式公共空间共同创造的。

首先，一直有一种观点认为，因为黄柏峪房屋的分散，所以生活在其中的人们处于孤立的状态（其实并非是房屋的分散而是这些小村庄从未得到确认；参见图5.2）。那里没有社区——没有社交——人与人之间就这样被完全隔离。其次，社区作为一个有秩序的场所，它是通过清楚的、全面的规划来美化的。黄柏峪的小村庄（在许多中美城市居民的眼中看来）并非是那样的。再次，当下自给自足的家庭方式被认为是阻碍社区构建的。作为对埃米尔·涂尔干（Emile Durkheim）必然崇拜"有机团结（organic solidarity）"的力量的回应，[23] 家庭住户作为社区的一部分必须依赖于共有的基础设施，但是黄柏峪没有。最后，那里没有社区——没有友谊——没有公共空间。像那样的一个社区，居民之间只可能是作为陌生人在开放空间互相偶遇。

综合而言，这四点将社区描述为近似于将私人住宅转换为共享服务的物质结构的组织，并鼓励他们过一种亲近的、他人可以公开参与的公共生活。社区被想象成一系列公共的水流、燃气和人。

从指导建造一个社区的总体规划方法的视角来看，"建造"一词总是被理解为字面之意。具体的物理和空间关系对于一个幸福、友善、互惠的社区来说可能是必要的。关键是在那些为黄柏峪这个中国农村设计制图或实施建造一个可持续社区的团队中，没有一个人在中国农村或是黄柏峪居住过。他们对社区的理解是基于城市空间形式的。在每一个社区概念中，它是通过互惠的个人关系所建立的作为人际网络的"社区"与作为特定建成空间形式的"社区"的结合。这些建成空间是集中化的，共享公共基础设施并且构建出公共空间。

从这一点来看，社区不再是一个概念，而是一种物质形式；不是由个人活动创造的，而是客观的结构。正是这种结合使得将黄柏峪现有的小村庄视为社区缺失成为可能，并且可以通过采用之前不曾有过的物质结构来建造一个社区，从而解决这一问题。

可持续生活设计

"社区设计（community design）"始于新住宅区统一而集中的优点，这样的社会环境所带给居民的是有品质的生活服务。虽然山谷里现有的村庄在南北轴上延伸了4.5英

图 5.1

黄柏峪总体规划图 南北最大距离约 0.5 英里。现有的村庄按照它们以前生产队的号码来标记、罗列。例如，黄家社区被列为现有 3 村（图片来自威廉·麦克多诺及其合伙人公司 2003 年、2004 年资料）

里 [①]，但在设计模型上却将它缩减为半英里多一点。总体规划中指出，这种临近关系将保证"每一所住宅都可以步行前往劳务中心、中央公园及学校"。所有内部街道呈辐射状向新城镇中心伸展：商业建筑和政府大楼呈半圆形面向中央大公园和湖泊（图 5.1）。新的"休闲湖区"位于现有的两条溪流的交汇处，作为"新公共公园的中心装饰"。这是新城镇的

---

① 1 英里 =1 609. 344 米。——译者注

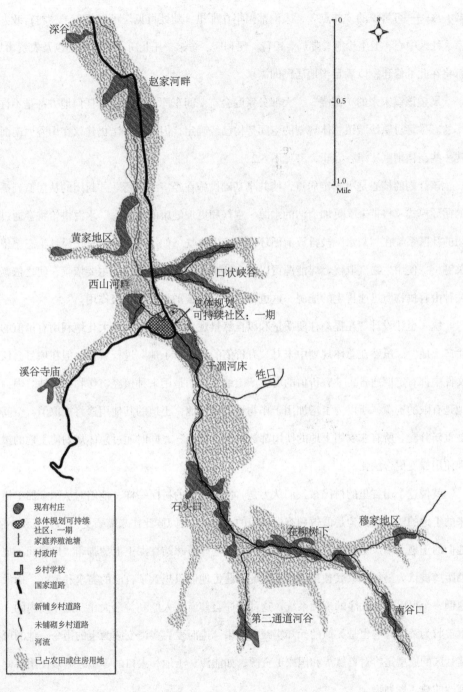

深谷

赵家河畔

黄家地区

口状峡谷

西山河畔

总体规划
可持续社区：一期

溪谷寺庙

干涸河床

牲口

石头田

穆家地区

在柳树下

第二通道河谷

南谷口

图例

- 现有村庄
- 总体规划可持续社区：一期
- 家庭养殖池塘
- 村政府
- 乡村学校
- 国家道路
- 新铺乡村道路
- 未铺砌乡村道路
- 河流
- 已占农田或住房用地

图 5.2
黄柏峪村落

核心区——可辨识的"井点",人们都聚集在那里,随处可见。可以想象,"村行政办公室、社区中心、卫生诊所、邮局、银行、便利店、餐馆、托儿所、老年中心以及农贸市场"都将在此处修建,以满足当地居民的需求。

展望该镇未来的"富饶",大部分家庭会有一间车库,而在镇上任何地方都是不许停车的。尽管对原始城镇总体规划的空间架构已经确定,但麦克多诺仍建议在山谷西南面多建一些高档别墅(溪谷寺庙,参见图5.2)。

该计划的核心是巩固定居点,使共享基础设施在经济上可行。"封闭的从摇篮到摇篮的循环模式(将带来)更加清洁的水源、空气和更加健康的人口。"水源供给将会通过封闭的社区系统在"灰水"被排放前循环使用。生物气(如沼气)设施是该设计生态愿望的关键:"使用生物气取代燃煤能源可以转变这个村庄对化石能源的主要依赖,使之依赖于一种由有机物质迅速再生的能源,这也将对社区的碳平衡产生积极作用。"[24]

统一也让设计"在提高住所质量和以自然景观为荣的同时,最大化地利用有价值的可生产土地"。虽然在总体规划中未对"有价值的可生产土地"进行解释,但在项目会议和文件中都有定期通告,"有价值的可生产土地"指的是用来种植经济作物的土地。因为土地是有限的资源,所以为了增加用于作物种植的土地,土地的其他用途将被取消,空间将被重新分配。所有非农用土地的使用都被归入"荒地",同时通过总体规划使土地的拨付和使用权变更合法化。

就像这个山谷里的村民被人们认为是"散居"着的村民一样,他们对从国家那里租用来的土地的使用被认为是低效和有损环境的。散居的人们彼此往来需要更多的大道和小径,他们的土地上本该是种植着高高的玉米秆而不是印着踩踏在泥土上的脚印。房屋间不规则的距离被认为是每个家庭独自建房产生的问题,他们只想到了自己的需求和偏好,而没有遵循一个可以创造秩序的理性系统,这种秩序会使所有人的利益最大化。调车场内的土地也被归为荒地,它也是类似的无知实践的结果。遵照麦克多诺变废为宝的指令,他的可持续社区的原型是将对自然(和国家)资源,如能源、土地和人口的零星、低效使用转变为理性的总体规划。

产生排泄物，形成有机团结

虽然通过降低铺设管道的成本和缩减距离减少能量损失使得密度较大的社区在共享基础设施时更加节约，但是通过对经济影响的衡量，这样的单位并不非得是城镇或城市。它也可能就是那所房屋。麦克多诺关于房屋建造的生态特点的讨论并非是要求某种程度的临近或是房屋之间的其他空间关系，而仅仅是成捆稻草或是对巴斯夫（BASF）化学公司的可延展聚苯乙烯绝缘材料的使用，以及对可回收砖块或生产压缩土块的维米尔系统（Vermeer's system）的使用。[25]

水资源使用和回收的有效系统应被用于住宅，包括从雨水的收集到灰水的循环利用。它不仅是对公共基础设施的使用，如将厨房和洗衣房的水再次利用来冲厕所，而且关系到房屋管道的路线设置。如果可用草料与所需燃气是均衡的，那么动物粪便和农作物废料的循环利用变为沼气用于做饭也可基于家庭实现。在家庭层面，很容易估计并确保所需的草料与燃气比率。如果能产生足够的燃气用于烹饪和取暖，那么确实可以要求每个家庭饲养足够的牲口来产生粪便用于提供家庭所需能源。从生态意识来看，水的使用只是要求重新布置管道，与之不同的是，家庭生物沼气能源需要一种特别的家庭生产形式：饲养大型圈养牲畜，它们通过能量贡献为饲养者提供一种附加的收入方式，以此证明饲养者在土地、饲料和水的开销上是经济节约的。

另一方面，城市分布式的生物沼气将每个家庭的劳动任务转换成了单一、共享的设施，解放了劳力，变成收取燃气服务费用。在中国，这种从家庭生产到分布式服务的转变将农村与城市区分开来。每个家庭不需承担自行生产水和气的任务，像城市循环系统这样的公共基础设施服务提供了人们生活所需，这样劳动力得以解放而进入资本市场的循环过程（参见表5.1）。

这种将个人进行约束却又使之游移于公众中的关系是中国城市生活的特征：城市居民通过政府经营的管网和电网获得生活资料；农村居民则自食其力。因此城市—农村的划分不应再被简单地认为是经济活动类型的区别，或是历史遗留的地理位置的区别。乡村的特点是有责任提供自己的生存所需，如住所、供热、供水和食物。城市的特点则是通过消费

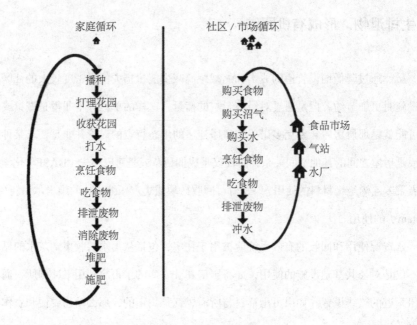

图 5.3
家庭和社区 / 市场循环系统中的排泄物—养分循环

循环被管理和测量。两者关键的区别在于是否提供给了公共基础设施。

然而，简单地认为公用设施就是通过解放劳动时间为就业创造机会是错误的。使用公用设施也需要劳动时间。水和能源输送到用户家里是需要付费的。这个费用是如何支付的呢？基础设施服务收取的费用来自我们劳动的工资所得。就像家庭沼气供给需要一种特殊形式的生产，它是基于有可用土地的假设和饲养圈养猪或者牛的附属产品，城市沼气系统则需要一种市场化生产体系。

市场化生产比付费劳动（所得）更多。市场化生产所需的内在连通性很早就表明是道义的和有经济利益的。有着不同政治倾向的社会理论家写过家庭生产向市场生产的过渡是作为人类发展的组成部分，它赋予了一个人为其家庭提供生活所需的特权。卡尔·马克思（Karl Marx）认为，"城镇和乡村之间的不同始于从野蛮向文明、从部落体制向国家、从个人所在地向全国的过渡，并且在世界历史上不断重演直到今天"[26]。受到查尔斯·达尔文（Charles Darwin）物种进化和生态环境对物种生存利益研究的影响，涂尔干写道，这种自给自足是"某种程度反社会的超然与不定状态"[27]，它不仅是"一种历史法则"[28]，还是"管束生态发展的法则"[29]。这样一"群"[30]独立和超然的人通过劳力的划分被改变成了一种有机团结的状态。这些进化的生物学观点被概括为历史时期的日常语言，用来授权干预一些人的生活：确保进展、发展的安全和铲除对手。

对于社会的存在来说，一个加速废弃物消除并且输送水和燃料的循环系统与促进劳力划分的那些机构一样重要。它也使社会的象征更加真实。随着公共基础设施的出现，个人的物质需求通过将自己的能力与相互吸收营养或排泄废物相联系的循环系统而产生。虽然总体规划在21世纪给黄柏峪带来了变化，但经济关系上的变化在18世纪末欧洲的大部分地区使得能源、水和废物循环成为必需。在那个时代和地方的新经济模式，如米歇尔·福柯（Michel Foucault）所写：

使得有必要通过先进的、出色的通道接近他们个体本身、他们的姿势以及他们所有的日常行为来确保流通效力。通过这种方法，即使面对管理多人时，也能够如同针对一个人那样有效。[31]

尽管福柯谈到通道时运用了修辞手法，但在读到通道时请按字面意思理解，实际上就像是连接城市住所所有空间的管道，装饰了陈旧结构，如同安装了管道来控制日常生活的状况。

下水道系统也是一种私有自然资源，或者用麦克多诺的话来说，是一种生物养分。它将它的有用特质从家庭向"大众"转移。一个以家庭为基础的封闭环循环变成一个在家庭和"社区"之间连通的循环，既是私有的也是公共的（参见图5.3）。这种媒介作用不仅构建了对劳动分工的需要，而且因为来自家庭的排泄物循环的外化，生活日常功能的中央控制成为可能。养分循环也是能量和财富的循环。

在自然环境中存活的中国新劳动阶层

为了试图将"孤立""分散""自给自足"的家庭建成"可持续社区"，黄柏峪总体规划保留了公共基础设施与市场生产之间的临时关系。在黄柏峪，沼气基础设施建立了生活密度，这会使原本大多数在这些山谷中维持家庭自产自用沼气的形式变得不堪一击。通过自己双手劳动却不需要付任何费用而获得的沼气现在要花钱购买了。当然，中美可持续发展中心（CUCSD）各国的合作者常称赞沼气工厂在解放"废物"处理时间上的重要性，这样人们就可以更加高产地运用他们的劳动时间，也就是去挣工资。

沼气工厂实际上所做的是增加生活成本，这样如果一个家庭想要保持"可持续社区"之前的生活方式，他们就必须要比从前挣更多的钱。尽管平均每户只有23%的家庭年纯收入是来自玉米种植，但是通过减少或是终止非经济作物的所有土地使用，可以有效地剥夺他们家庭生产的方式。总体规划的设计师们意识到示范生态城市的再造将减少自给自足的食物种植的土地，也不会像现在村子一样有地方来饲养各种动物。养山羊的畜栏被归为"荒地"，即使这些家庭通过放牧可以从羊绒中挣得49.5%的年纯收入。分水岭中用于水产养殖的水潭尽管没有做任何测试，却被视为污染太重而不被允许使用，但这些养殖户家庭85%的收入来自鳟鱼销售。[32] 自然作为一种审美的而非经营的资源，这个"可持续社区"强调了这一点并将两者融合起来。然而，设计师不认为这是个问题，因为这个设计的关键是要创造一个生态小镇，在那里居民将受雇于"恢复性商业"并从中获利，这也是麦克多诺下一次工业革命的一部分。

在为联合国环境计划写的材料中，麦克多诺和布朗加详细解释了黄柏峪"从摇篮到摇篮设计的前途"是从小农农业向商业的转变。"黄柏峪的人们会在当地各种企业找到稳定的工作，从可持续林业到养殖业到在沼气公司或是木材生产厂工作。希望自然的永久循环会使公众财富的范围扩大。"[33] 他们确实把"养殖业"作为一个当地企业，但是，村庄的合并，以及消除每户用于动物饲养和花草种植的"荒地"的举措可能将一个可自行养活家庭的农民逼上贫穷的道路。

"雇佣"一词的使用与养殖业结合在一起是重要的，因为不言而喻，它承认了中国在农村定居中心化上的国家利益：将家庭农场转变为共同农业租借地。个体经营的小农转变为在土地上劳作的领工资的工人，而这些土地曾是他们获利的来源。正如麦克多诺在当地的合作者戴晓龙（音）告诉来自建设部的记者："我们正在努力探索高效农业和集约耕作，种植高附加值的谷类、粮食作物和经济作物，然后我们通过联产土地农业提高生产力。"[34] 这条发展之路将土地的使用价值从家庭和集体土地转变成了商业投机。在每个案例中，农民都转变为了工人，而不是愿意维持股份的农民。

为了改善生活质量，家庭可以投资和获利的土地被转变为了工业股份。在向雇佣劳动过渡中，小农不再"靠天吃饭"，他们的工资不受季节影响。受益和损失的风险被转移给了企业。虽然这似乎是公平的交易，但应该想到的是在荒年之后农民依然拥有他的土地和牲口，他可以在来年从中获利。即使不能获利，他也可以靠他的土地作为保障维持生计。而当企业倒闭时，他就失去了工作，并意识到他所拥有的保障也是假的——它仍然取决于股票价格的涨跌。恰恰是股票上涨的时候他没赶上，而不利的是他的债务偿还分期比他受雇佣的时间更长。当股票下跌时，他被解雇了，一无所有，很难维持生计。

表 5.1
总体规划下现有小村庄家庭收入的有效来源

村　落	总体规划
小佃农农业 / 权益	小佃农农业 / 雇佣劳动
鳟鱼	—
山羊	—
桑蚕	—
蔬菜园	—
自给家畜（猪 / 羊）	—
经济作物	经济作物
雇佣劳动	雇佣劳动
合同工	合同工
散工	散工

如果不成为中国劳动阶层的一部分，家庭就不可能有能力负担起这种"可持续社区"的生活。本溪市该项目协调委员会的主任谢宝兴（音）告诉我，这个项目的方针是改变农村的生活模式，从而产生一种新的生产模式："我们必须改变农村，我们必须改变养殖的生活方式。通过转向制造业，他们的收入会增加。黄柏峪可持续发展乡村是国家的一次尝

试。"[35] 随着收入的增加，中国大部分人口最终可以从生产者变为消费者。

一种生态范式证明，黄柏峪总体规划通过自然化的手段彻底改变了经济和社会关系。总体规划的原则作为生态框架实际上是适应工业经济的某种特别形式的结构化——作为"生命有机体的最小需求"。居住区的统一、"荒地"转化为"有生产力的"土地，以及一个综合的废物利用和能源系统都以某种方式将空间和物质实体组织起来，以便促成一种从家庭生产向市场生产的变化，从"孤立"到"共享"的变化，从"乡村"到"文明"的变化。

结语

通过设计师绘制的作品，混乱变得有序，无理变得合理，废物被用于生产，不规则也变得规则。通过总体规划所介绍的一系列的传递方式——废物和劳动的循环系统——农村山谷里的小村庄变成了工业城镇。它是一个乌托邦，在那里，商品生产和分配的经济关系被看作一根天然丝线并串联起了一个社区，科学和技术不断加强对个体和社会的控制。麦克多诺的生态现代主义观使他相信他的介入根本就不是一种干预，而是一种对"生态系统"的简单恢复，使市场生产和城市管理作为人类存在的唯一正常形式自然化。

麦克多诺认为，如果设计是创造的第一个信号，那么黄柏峪的设计就是一个令人烦恼的迹象，即现代主义的危险——它与不害臊的工业化和城市化的情事，以及它的独断专横和去语境化实践——已经披着生态的外衣，回归到了设计的最前沿。如果可持续设计不会有意或无意地成为一个经济价值从自耕农向产业工人转变的计划，以及以生态保护为名对现有社区造成鲁莽的破坏，那么我们就必须开始深入了解生态规律的要求，同时认识到每个总体规划和发展项目在本质上总是一个管理和资源（再）分配的计划。

注释

l. Dejan Sudjic, "Making Cities Work: China," BBC News, June 21, 2006; *Harvard Business Review*, "The HBR List: Breakthrough Ideas for 2006," Reprint R0602B, February 2006,

1-28; *Addicted to Oil,* television/DVD. reporting by Thomas Friedman (New York: Discovery Times, 2006); "Deeper Shades of Green, " season 1, episode 5, in *e²: economies of being environmentally conscious,* television series/DVD, narrated by Brad Pitt (New York: Kontentreal/PBS, 2006); Alex Steffen, "Chinese Cities of the Future: Huangbaiyu, Tangye New Town, Guantang Chuangye," in Alex Steffen (ed.) *Worldchanging: A User's Guide for the 21ˢᵗ Century* (New York: Abrams, 2006), 275-276.

2. Elizabeth Economy, "Environmental Governance: The Emerging Economic Dimension," *Environmental Politics* 15, 2 (2006), 182.

3. The China-US Center for Sustainable Development (CUCSD) is a joint Chinese government and US business initiative to further sustainable development in China through business-led demonstration projects.

4. *HBR* (2006).

5. In William McDonough + Partners (WM + P) with David Rothenberg, *The Hannover Principles: Design for Sustainability*, 10th Anniversary Edition (Charlotte, NC: William McDonough + Partners/MBDC, 2003), 31-32; emphasis added.

6. Ibid., 31.

7. Al Gore, *An Inconvenient Truth: The Planetary Emergency of Global Warming and What We Can Do About It* (New York: Rodale Books, 2006).

8. William McDonough and Michael Braungart, *Crardle-to-Cradle: Remaking the Way We Make Things* (New York: North Point Press, 2002), 59-60.

9. Ibid., 61.

10. See Michel Foucault, *Discipline & Punish: The Birth of the Prison* (New York: Vintage, 1977); James Ferguson, *The Anti-Politics Machine*: *"Development." Depoliticization, and Bureaucratic Power in Lesotho* (Minneapolis: University of Minnesota Press. 1994); Arturo Escobar, *Encountering Development: The Making and Unmaking of the Third World* (Princeton, NJ: Princeton University Press, 1995); James Scott. *Seeing Like a State:*

How Certain Schemes to Improve the Human Condition Have Failed (New Haven, CT: Yale University Press. 1999); Timothy Mitchell, *Ruie of Experts: Egypt. Techo-Politics, and Modernity* (Berkeley: University of California Press, 2002); and Aihwa Ong, *Buddha is Hiding: Refugees. Citizenship, and the New America* (Berkeley: University of California Press, 2003).

11. See James Holston, *The Modernist City: An Anthropological Critique of Brasilia* (Chicago, IL: University of Chicago Press. 1989); Paul Rabinow, *French Modern: Norms and Forms of the Social Environment* (Cambridge, MA: MIT Press, 1989); and Scott (1999).

12. See Ferguson (1994).

13. See Anne Underwood, "Designing the Future," *Newsweek*, May 16, 2005.

14. Martin Pederson, "The Eternal Optimist," *Metropolis*. February 2005.

15. See Michael de Certeau, *The Writing of History*, trans. Tom Conley (New York: Columbia University Press, 1988), 75.

16. The Brundtland Commission's report, *Our Common Future*, defines sustainable development as "meeting the needs of the present while not compromising the ability of future generations to meet their own needs" (Oxford: Oxford University Press, 1987), 43.

17. William McDonough + Partners and McDonough Braungart Design Chemistry, "Huangbaiyu: Creating a Cradle-to-Cradle Village," unpublished duplicated material, copyright 2003, 2004 (China-US Center for Sustainable Development, rcvd April 13, 2005), 11 .

18. Ibid., l.

19. Ibid.

20. China-U5 Center for Sustainable Development, *Huangbaiyu Village Tour: Exploring Sustainable Design*, Accessed October 20, 2005.

21. Comment made to author by Peng Sizhen during review of "sustainable community" construction site, July 23, 2005.

22. WM + P with Rothenberg (2003), 42.

23. Emile Durkheim, *The Division of Labor in society* (New York: Free Press, 1997).

24. Extrapolating from a 10 percent randomized household survey of Huangbaiyu residents conducted by the author in August to October 2006, 0 percent of households used coal; by specific inquiry into the issue in 2005, only four households used coal (irregularly), or 1 percent. The assumption of coal use is emblematic of the designers' lack of specific research on the practices of local residents, and reliance on national or regional data.

25. See Shannon May, "A Sino-US Sustainability Sham," *Far Eastern Economic Review*, April 2007, 57-60.

26. In Fernand Braudel, *Capitalism and Material Life 1400-1800* (New York: Harper Colophon, 1975), 373.

27. Durkheim (1997), 4.

28. lbid., 126.

29. lbid.. 139.

30. Ibid., 126.

31. Michel Foucault. *Power/Knowtedge: Selected Interviews and Other Writings* 1972-1977, ed. Colin Gordon (New York: Pantheon Books, 1980), 151-152.

32. Household income data collected through author's 10 percent Household Survey.

33. "Towards a Sustaining Architecture for the 21st Century: The Promise of Cradle-to-Cradle Design," *UNEP Industry and Environment*, April-September 2003, 16.

34. Comment made by Dai Xiaolong during meeting attended by author, April 24, 2006.

35. Comment made by Xie Baoxing during conversation with authors, December 2, 2005.

6 回到花园

大西洋调车场的生态演变

——马歇尔·布朗

在布鲁克林的文化中心——纽约，有一块 8 英亩[①] 未经耕作的地带。它位于人行道以下 20 英尺[②]，铺满了铁轨。许多年来，在附近居住和工作的人们都未曾看到它。这块地现在被大家称为"大西洋调车场"——官方说法叫 MTA 范德比尔特铁路调车场（MTA Vanderbilt Rail Yard），它现在被用于长岛铁路公司的临时货栈和市郊火车的维修站。大西洋调车场品牌是纽约城市开发商布鲁斯·拉特纳（Bruce Ratner）的天才之举，他是森林城市拉特纳公司（Forest City Ratner Companies，FCR）老板。在 2004 年，该调车场突然成为一块当地居民和 FCR 公司之间充满仇恨的公开争斗之地。FCR 雇用了建筑师弗兰

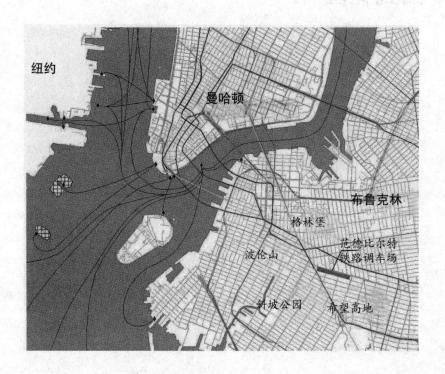

图 6.1

MTA 范德比尔特调车场定位图

---

① 1 英亩 = 4 046.856 422 4 平方米。——译者注
② 1 英尺 = 0.304 8 米。——译者注

克·格里（Frank Gehry）来设计并总体规划这块 850 万平方英尺^①的土地，其中包括 16 座摩天大楼以及一个篮球场。该项目在鼓号齐鸣中开建，同时得到了许多政要的支持，包括迈克尔·布隆伯格（Michael Bloomberg）市长、前州长乔治·帕塔基（George Pataki）和布鲁克林行政区主席马蒂·马科维茨（Marty Markowitz）。大西洋调车场是一个经典的 20 世纪 50 年代风格城市的重建计划，在最近这个房地产繁荣的时期，要用建筑的魔力对它进行重新包装，这成为纽约的一个标准。项目范围不仅包括铁路调车场，还包括临近的三个城市街区以及其间的街道。拉特纳 / 格里方案一公布，就宣布该项目区域的任何业主均会获得其物业的货币补偿。与补偿随之而来的还有胁迫，即那些拒绝出售物业的业主终将被州政府通过征用权¹依法驱逐出去。

该调车场供纽约最大的客运中心之一——大西洋客运总站使用，它占据着布鲁克林最繁忙的两条大道的交会处——大西洋大道（Atlantic Avenue）和弗拉特布什大道（Flatbush Avenue）。希望高地（Prospect Heights）和斜坡公园（Park Slope）是它南面的两个街区，格林堡（Fort Greene）是它北面的街区（图 6.1）。它的每个街区在过去的 20 年都变得越来越富裕。斜坡公园街区是纽约中上层阶级居住的地方；格林堡街区是布鲁克林音乐学院所在地，它吸引了世界各地的表演者和参观者；希望高地街区是该调车场所在的正式街区，所属身份地位不太明确，因为它位于其他几个街区的交会处。因此，该调车场就位于布鲁克林基础设施和文化的核心区域。那么要对其进行巧妙的开发就是一个典型的挑战，它也伴随着相当高的风险。

大西洋调车场是一个有着复杂历史和未来充满潜在希望的特殊环境。随着时间的流逝，它的地貌在人类居民的手中历经了繁荣和衰败。从畜牧农场开始，再到工业时代，直到最近，这个地方在使用和居住方面经历了巨大的演变。它未来的发展代表着一次特殊的机会来促进开发的真正含义。曾几何时，那么多人对环保主义对城市化意味着什么这个问题产生兴趣。也许我们正处在这样一个时期，这个时期对城市发展的考虑可能会从短期临时的获利转向在长期过程中对如何具体改善城市环境并丰富其文化进行更广泛的思考。那就是可持续发展。

---

① 1 平方英尺 = 0.092 903 平方米。——译者注

然而，在这场调车场战争中，可持续性的含义是难以捉摸的，它有多种具体的形式。首先，就问题本身的正反两方来看，这都是关乎纯粹生存的问题。房产被收回的威胁意味着许多业主和租户将被迫搬离。许多公司也将被迫迁移，甚至干脆关闭。另一方面，宣传组织布鲁克林本地创新发展联合会（Brooklyn United for Innovative Local Development，BUILD）和现行改造社区组织住房协会（Association of Community Organizations for Reform Now，ACORN Housing）为代表穷人、工人阶级以及该街区大部分黑人居民的共同利益承担责任。他们声称FCR项目会为该区的支持者提供很多就业岗位和经济适用房，这些人大都是失业者，并没有从布鲁克林地区的中产阶级化中获益。另外，因为双方间的战斗在场上持续了六年多，可持续性也开始意味着竞争双方的持久力。对于"开发不要破坏布鲁克林（Develop Don't Destory Brooklyn，DDDB）"组织的发言人丹尼尔·戈尔茨坦（Daniel Goldstein）来说，反对该项目成为他正式的全职工作，并且在征用权案件上担任原告。在长达5年的时间里，戈尔茨坦是唯一仍然在其自有产权公寓里居住长达五年的业主。在最终会被驱逐的威胁下，其他业主都已经将他们的物业卖给了FCR。同时，由于合法延迟阻碍了工程的进展造成其房地产市场下滑，FCR的股票价值也暴跌。在2009年，该项目更是遭受了重创，因为弗兰克·格里在传闻成本超支和方案几经更改后最终辞职。这种例子在大规模的城市发展中很常见，任何项目的最初版本都难于建成，并且就算不需要数十年，项目建设也会花费很长时间才能部分完工。

　　因此，大西洋调车场可能教会我们可持续城市化在其进程中是如何包含许多或更多的意义的，对于建筑技术和形式来说也是如此。为了项目完工，他们必须顶住复杂的公众谈判和抗议，同时也要在政治界和金融界作出改变。开发商小心提防这些困难，常常简单地将它们归入项目成本中，而不去反思问题的根源所在。FCR不是直接地扩大股东的范围，而是在项目发布前精挑细选了它的支持者并形成了政治联盟。面对这些在金融、政治和农业领域有影响力的人，许多或大部分反对项目的人很快就默不作声了，或是卖掉他们的房产后搬走了。FCR的老板布鲁斯·拉特纳因其良好的政商关系和精明的商业头脑而为人熟知。因此，人们，尤其是拉特纳和他的盟友们，都认为这个项目就是"板上钉钉"的事。然而，还是有些人选择了要和拉特纳先生作对，他们反对的情形比之前任何人预料到的都更加激烈。在政治方面，这种抵抗是由纽约市 35 区的政务委员利蒂希娅·詹姆斯（Letitia James）领导的。作为布鲁克林的终生居民，她在 2003 年 11 月入选政务委员会，这是她的第一届任期。作为政务委员会的新人，在詹姆斯就职时，大西洋调车场的交易就已经获得批准。FCR 并未曾明显想要获得她的支持，但她平民主义的政治倾向表明她会竭尽所能地和这个项目做斗争。居民的反对意见首先是在"开发不要破坏布鲁克林（DDDB）"组织形成的。如前面所提到的，丹尼尔·戈尔茨坦和其他 14 人在反对 FCR 的征用权诉讼中充当原告。尽管 DDDB 还是一个小反对团体，但是它已成为反对该项目的一个大同盟中的一分子。这是在众多发展项目中都有的例子，那些不能私下协商的居民和政客一样，都觉得自己会受到威胁，他们别无选择，只好决定战斗。这种对抗已成为城市发展过程中的一个常规性部分。但这有必要吗？

在和委员会成员詹姆斯[2]的合作中，我于 2004 年 2 月成立了调车场开发工作坊。我们的目的很简单：提供一种新的开发模式，使调车场经过一个较长时期变成一个环保、有文化内涵、产生经济效益的地方。我们不想去批评 FCR 的计划，但尽力去改变这种公共谈论，把它从表面的关注转为一种关于调车场未来以及开发对它周围地区所带来的意义更加实质性的交流。我们也把工作坊构建成一个开源的网络，可以吸引更多的支持者，接纳更广泛的声音和更多的智慧。和典型的参与性规划过程不同，它是通过"委员会设计"这种方法来达成共识。而我们却是聘用了不同领域的人，通过进行一系列能产生成熟意见和信息的研讨会，得到不同的且常常具有竞争性的议程。有了这样的知识基础，我们就尝试把关键概念和问题纳入任何一个最终的设计方案。我们（一开始）没有着手设计可选择的方案，而是向所有对这个地块感兴趣的人提供信息和交流的方式，甚至是那些赞成 FCR 计划的人。回顾过去，我们也许一直尝试着一种更生态的城市化。这意味在开发商、设计专业人士、居民和政客间构建一个更加有效的设计过程，让他们在改善城市环境方面更加积极。一个更加生态的城市化也将用短期的利益所得来换取广泛、长期的目标，即追求比由房地产开发驱动的现行系统更高层次的积极的生产力水平。

在写这篇文章的时候，这场介于大型开发商和地区积极分子之间的消耗战正处在僵局中。尽管诉讼在法庭上缓慢进行，FCR 仍抓紧拆除地块周围的建筑，甚至还拆除了调车场

图 6.2
开发商在调车场开发中的土地闲置——卡尔顿大道的封闭

上方的一座过街天桥（图 6.2）。现在，至少已有一座具有建筑意义的建筑物——沃德·贝克瑞大楼（Ward Bakery Building）被拆除。现在调车场被栅栏、空地和各种各样用于车位建造的碎石包围着。这种现象通常被称为"开发商土地闲置（developer's blight）"，这在大西洋调车场有着充分体现。在植物生态系统中，枯萎（blight）指的是由传染性和感染性的疾病引起的植物组织的变黑和枯死。在城市生态系统中，对它的定义比较模糊。据称，这种闲置是由于投机、操纵市场引起的，这其实是主观的选定，它适用于城市生态系统中极端恶化的条件。尽管缺乏清晰度，但这种闲置常常是整个地区生存或毁灭的决定性因素，特别是在征用权成问题的时候。闲置也是一种忽略：一个红字被用来宣告该地区的征用，这些地区正遭受撤资和被忽视的问题。最后，闲置是政客们和开发商们使用的武器，用来使该地区失去所有权，以便他们可以拆除、重建，然后通常以更高的价格再卖出去。在就土地闲置的争论中，不可能客观地定义历史街区和贫民窟之间的区别，或者废墟与刚被破坏的城区之间的区别。

在大西洋调车场的争斗中有一件讽刺的事情：FCR 是基于将该项目标明为闲置地而寻求征用权，但是他们过去 6 年在对该区域的拆迁中所做的将其创造为闲置土地条件的事情比做其他事情要多得多。考虑到该地区的现状，很难想象这曾经还算是一个伊甸园式的乐园。从 1825 年到 1830 年，在这块地方的北边却建立了安德烈·帕尔芒捷园艺花园和植物园（Andre Parmentier's Horticultural and Botanical Garden）。帕尔芒捷常被认为是美国第一个景观建筑师，他于 1824 年移居美国。在亨利·R. 斯泰尔斯（Henry R. Stiles）的著作《布鲁克林城市史》（*History of the City of Brooklyn*）一书中，有一段简要描述：

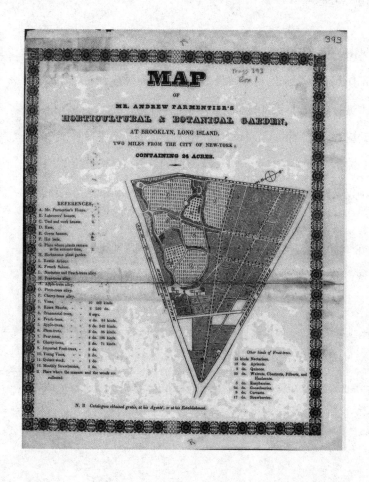

图 6.3
帕尔芒捷（Parmentier）园艺花园和植物园地图（感谢布鲁克林历史协会供图）

在纽约市停留片刻，他最终抵挡不住他对植物喜好的热情，投身于之前他几乎未曾涉猎的园艺设计。尽管纽约植物园迫切要求，但他拒绝了出任曾经著名的纽约植物园的主管一职……他于 1825 年 10 月 4 日花了 4 000 美元在布鲁克林选择并购买了一块面积 25 英亩的土地，位于牙买加路（Jamaica road）和弗拉特布什路（Flatbush road）之间。尽管这个位置很好，但是地面却铺满了岩石块，有一些曾用作围墙封闭花园。很快，帕尔芒捷先生就建起了一幢住宅和一间园艺房，并在土地上种植了许多不同种类的树和植物，有本土的也有外来的，实用又美观。花园很快变得越来越重要和美丽，吸引了来自四面八方的参观者。

花园中的葫芦桑（Chinese Mulberry）是由帕尔芒捷先生首次引进美国的，他对花卉的热情奉献精神既极大地满足了他的个人爱好，也使公众受益。[3]

帕尔芒捷花园的原始图（见图 6.3）明确显示了它位于老牙买加路（old Jamaica Turnpike）和弗拉特布什路（Flatbush Turnpike）之间。牙买加路最终变成了大西洋大道，弗拉特布什路是现在的弗拉特布什大道的东段。25 英亩的花园有各种各样待售的植物，尤其是果树，从苹果树、梨树到醋栗树，应有尽有。除了果园和田地，帕尔芒捷的花园还有他自己的房屋、工人房、温室、"简易凉亭"、"法式沙龙"。树与树之间有一条条长长的步道，这种布局形式使人想到花园不仅是一处景观，也是娱乐享受之地。它是一个既经济又环保，还充满文化气息的地方。

土地出让记录显示，在 1830 年帕尔芒捷先生英年早逝之后，这块地很快就被再划分并出售给其他不同的所有者。[4] 斯泰尔斯这样描述帕尔芒捷的花园是如何过早走向尽头的：

令所有认识他、支持他的愿望和抱负的人遗憾的是，他在生病不久后于 1830 年 11 月 27 日去世。他值得尊重的遗孀，现在仍住在这个城市，努力地维持着他的事业，但她却没能挽救她唯一的儿子的生命。儿子去世后，她只得处理了那些植物和树木，以及土地。曾经这里还是迷人的花园，现在被分割建成了楼宇和街道。[5]

到 1869 年，当下的街区结构已经形成，大部分土地都已细分为小块，建立了如今像希望高地那样的开发形式。[6]另外一个显著的增加物是顺着大西洋大道设置的一条新铁路线。大西洋大道铁路线从东河起至牙买加路止，它的建设始于 1832 年，由长岛铁路（Long Island Railroad，LIRR）公司负责。到 19 世纪 50 年代，由于难以想象的噪声和早年蒸汽机车产生的污染，铁路给周边的地区造成了许多困扰。正如亨利·斯泰尔斯所写的那样，"在大西洋街道上……蒸汽机车的使用被认为是使那条大街变得繁华的巨大障碍，在多年的巨大声响后，蒸汽机车终于被去除，长岛铁路也被赶出布鲁克林，搬到了它现在的所在地亨特尔斯波因特（Hunters Point）"。[7]随后，1859 年建立起来的布鲁克林中央铁路公司掌管了布鲁克林和牙买加铁路，在旧的隧道关闭后不久，开始在大西洋大道采用马拉式有轨电车服务。但是，不久他们就意识到，布鲁克林在驱逐蒸汽机车之后失去了巨大的基础设施资源，也与长岛铁路断绝了联系。在 1877 年，铁路线又被重新引入弗拉特布什大道，蒸汽机车重新运作，由长岛铁路公司运营。在 20 世纪初，电气化机车带来了巨大改变。就在这个时期，诞生了 MTA 范德比尔特铁路调车场。一条从弗拉特布什终点站到纽约东的隧道被修建起来，范德比尔特调车场也作为大规模基础设施转换的一部分。[8]所有通往这个地区的蒸汽交通在 1905 年都停止了。直到今天，长岛铁路市郊火车仍然到达现在所说的大西洋终点站（Atlantic Terminal），它从调车场一直延伸到对面的马路。回顾历史，铁路基础设施的诞生和演变对调车场周边地区有着巨大的影响。很明显，这种关系随着时间的推移会变得非常矛盾。尽管铁路的连接赋予这个地方的价值对于长岛的其他站点来说是重要的门户，但是与这种大规模基础设施的技术和空间存在随之而来的也有一些问题：空气和噪声污染、对身体造成的危害，重要的是，近 200 年来大西洋大道沿线几乎不停地在建设。

调车场演变的下一个重要章节在 20 世纪 50 年代展开，那时它被提议改建成了道奇（Dodgers）棒球队的一个新运动场。首次报道出现在 1955 年 8 月的《纽约时报》，由时任布鲁克林行政区主席的约翰·卡什莫尔（John Cashmore）发布。他在报道中说，"调查将研究交通堵塞、贫民窟拆迁、长岛铁路终点站及格林堡肉类市场的重新选址问题"[9]。新道奇运动场的提议是为了回应道奇老板华特·奥马利（Walter O'Malley）渴望有一个新的更加现代化的运动场所的需求。有意思的是，和现在大西洋调车场计划的策划人布鲁斯·拉特纳一样，奥马利也是一个职业房产开发商。

　　然而，正是臭名昭著的罗伯特·摩西（Robert Moses）[10]，他带头批判奥马利和卡什莫尔将道奇队迁至大西洋调车场的计划。奥马利想政府用职权来获取这个项目所需的土地，摩西却反对，声称征用权不能用来支持这样一个私人企业。但是，10万美元的研究费被用来委托研究这个项目的可行性。在多年的失败和失望之后，布鲁克林道奇队在1955年赢得了世界职业棒球大赛冠军。据说，道奇队离开布鲁克林所受的威胁是公众争论的焦点。这个计划在1956年7月产生并提交，包括建造新的棒球场和对周边地区的改造。运动场馆的选址，按照顾问工程师克拉克（Clarke）和拉普阿诺（Rapuano）在计划中概述的，不是按最初的提议修建在长岛铁路终点站的地址上。运动场被移到了斜坡公园里的弗拉特布什大道的南面，终点站那时却被指定为住宅和商业楼宇的新建区。长岛铁路火车站将被迁到大西洋大道对面的调车场，调车场位于第四大道（Fouth Avenue）和弗拉特布什大道的交会处，在那里将修建一个新的地铁广场，可以直接通往新运动场。《纽约时报》报道，"关于运动场该修建在哪里，建筑协调员罗伯特·摩西和顾问工程师之间有不同看法"。[11]
文章写道：

　　卡什莫尔先生说，摩西先生赞成现在的格林堡肉类市场的地址和长岛铁路在汉森段—格林堡段—大西洋大道—弗拉特布什大道线路的终点站……行政区主席说道奇总裁华特·奥马利和长岛铁路官方都支持摩西先生的主意。卡什莫尔先生说他赞成推荐的选址。[12]

摩西之后透露了他对运动场规划真实的矛盾心态，当他作为市长委员会贫民窟拆迁项目主席时提道：

　　让我们为了争论而假设……运动中心并不实用。假如工程师说没有足够的税收，而且你又不能卖债券。我没说他们会卖债券。我不知道。然后我们会在那儿实施Title I项目。余下的改进就可进行。我们可用这块地做一个住房项目——一个纳税项目。[13]

摩西所提到的"Title I"是指 1949 年联邦住房法令的 Title I，他以此为手段实施许多他最臭名昭著的项目来购买"闲置"物业，并将其以低价重新出售给开发商。这些物业被降低了的三分之二的价值将从联邦政府的财政补贴中获取。

回顾过去，摩西预告或引领着调车场下一阶段的演变——城市重建时代。瓦格纳（Wagner）市长做了最后的尝试，甚至连纳尔逊·洛克菲勒（Nelson Rockefeller）也尝试买下大西洋终点站这块地来亲自建一个运动场。但是最终道奇的交易失败了，他们在1958 年搬到了洛杉矶。在许多方面，道奇的惨败导致了现在调车场的争斗。许多同样的困难再次出现，特别是就专业运动场所是否有资格获得公共补贴的讨论。另外，据说因为道奇队的离开给球迷留下了难以愈合的心灵创伤，所以这个创伤一直被用作新建场馆并把NBA 的"篮网队"（Nets）引入布鲁克林的主要证据之一。

道奇队离开后的 10 年，调车场附近没有任何建设性的行动，直到 1968 年大西洋终点站城市重建区（Atlantic Terminal Urban Renewal Area，ATURA）的创建。《纽约时报》在那个时候对该地区非常糟糕的状况进行了描述：

> 一家人住在两间半斑驳的赤褐色砂石建成的小房间里，那是布朗斯维尔（Brownsville）或贝德福德—斯图伊芙桑（Bedford-Stuyvesant）最破败的地方……格林堡街区一排排两三层楼的建筑是在内战时期修建的，后来被改建成了肉类加工厂，这已有好长时间了。在天气好的日子里，人行道上弥漫着脂肪腐臭的味道，肉类切割通宵进行着……在大西洋大道开放的铁路轨道沿线的三个街区和一个废弃的铁路卸货站台上，甚至在白天都聚集了流浪汉、瘾君子、醉汉和妓女。[14]

这个重建计划需要"新建设 2 400 个中低收入家庭住宅单元……格林堡肉类市场的搬迁，14英亩城市大学新巴鲁克学院的教学用地，两个新的公园和诸如日托中心的社区设施"。[15] 我们已经从纽约早期城市重建项目中汲取了一些严厉的社会和政治教训，ATURA 计划旨在为普通公民更多地投入再开发过程提供途径。结果，格林堡非营利改进公司（Fort Greene

Non-Profit Improvement Corporation，FGNPIC）被授予住房改造赞助代理商资格。这个机构主要是由当地居民组成，他们被约翰·V. 林赛（John V. Lindsay）市长组织起来并赋予权力管理开发区。FGNPIC 最终成功地完成了大西洋大道 3 幢 12 层合租公寓楼的建设。尽管令人印象深刻，但它只是曾经收费的单元房中的一部分。通过让原有居民缴纳预付金这种开发商典型的获利方式，他们是可以租得起这些单元房的，至今都还有些人住在那里。如果说不是一种模式，那么从某种程度而言，FGNPIC 也为调车场工作坊当下的工作提供了灵感。

总之，ATURA 开发在实现过程中是缓慢的，主要是未能给格林堡肉类市场找到一个新地址，从而阻碍了开发的进展。据城市教育中心（Center of Urban Pedagogy）就 ATURA 发展史的研究，该肉类市场在 1976 年最终被取缔了。[16] 这个项目的组成部分之一——巴鲁克学院，尽管到 1977 年左右还在运作，但最终由于内部反对和那个时期纽约严重的金融危机而没落。

到 1985 年，布鲁克林作为一个投机性开发的地方引起了新的关注。那年一家当地大型开发公司——罗斯合伙公司（Rose Associates），宣布打算在 ATURA 建造一个多功能楼区。在那时，它还是布鲁克林打算建造的最大的楼区。[17] 曼哈顿办公区租金的上涨造成了开发的压力，这就立刻使得布鲁克林的位置看起来比以前任何时候都更有吸引力。很巧的是，总部位于克利夫兰的开发公司森林城市集团公司（Forest City Enterprises），FCR 公司的母公司，最近宣布打算在布鲁克林市区建一座大的办公楼宇，称为都市科技（Metrotech）。和建成的都市科技不同的是，罗斯合伙公司的计划遭到了来自当地居民的诉讼，他们以该项目的环境影响评估不充足以及没有正确估计格林堡街区增长的交通数字为由攻击该项目。罗斯合伙公司最终从该项目中退出并将开发权移交给 FCR，这就标志着拉特纳公司开始参与 ATURA 建设。

1993 年 12 月，FCR 开始建造大西洋购物中心，一幢两层楼的大型框架结构建筑，它是 ATURA 里面即将建成的第一个主要商业中心。该购物中心不是建在长岛铁路终点站上面，而是在它的正东方。整个建筑呈 L 形，一边沿着格林堡广场，另一边靠着大西洋大道。开发区长久以来被人们所诟病，因为它背朝着大西洋终点站第一期住房项目，堵塞了南边尽头的埃利奥特南广场（South Elliott Place），并且在这个项目的东面，紧邻住宅区的地方没有提供任何入口。从它开业起，大西洋购物中心就一直没能留住旗舰店面承租户。2004年《纽约时报》的一则评论写道：

> 大西洋购物中心和其他商场不一样。没有开敞的、多层次的门厅……这儿有空无一物的巨大广阔区域和闲置的不知通向何方的走廊。本是家具装饰的公共区域……有一块块又宽又长闪亮刻板的地板砖，空荡荡的墙上只有一个刺猬标志，五颜六色地为那些已不复存在的店面打着广告。[18]

据拉特纳自己说，"商场内店铺的分离和缺乏聚集的场所是故意的……是由胆小的国内零售商的需求和城市商场失败的观念所驱使，因为它们对闲逛的年轻人具有吸引力，而这些年轻人吓跑了顾客。"[19] 尽管第一个项目的质量存在问题，但布鲁斯·拉特纳得到了另一次机会，用大西洋终点站证明了自己。大西洋终点站直接建在长岛铁路终点站上面并于2003年完工。开发区由一个大型室内零售综合体构成，上面是高层办公楼，下面是新整修的中转站。大西洋终点站开发区连同比它稍早一些建设的大西洋购物中心及都市科技办公建筑群一起，靠近弗拉特布什大道，它使得FCR作为一家重要的大规模开发商在布鲁克林市中心站稳了脚跟。

但是在ATURA这个难题中，最后也是最大的一块单体区域仍然是MTA范德比尔特铁路调车场，它前后延伸半英里，面积达8英亩，直接位于住宅和零售综合体前面，要花很长时间才能完成。自FCR在布鲁克林市区开始工作的20年间，该地区的经济和文化发生了变化：调车场周围的地区，特别是格林堡和希望高地，在本质和认识上经历了一次非常彻底的改变。它们曾经被认为是危险和不受欢迎的地区，但现在已经变成了具有各种信仰的纽约人对街区的选择。因为曼哈顿地价在20世纪90年代变得越来越昂贵，更多的年轻职业人士、中产阶级以及富人们开始搬到调车场附近的地区。这个地区的人口统计变化很快，相应的还有地区文化的变化。更重要的是，布鲁克林已不再被简单地认为是曼哈顿附属的行政区了。如果把它当作一个独立的城市，布鲁克林将是美国第四大城市，这个沉睡的巨人终于开始开发自己的文化、提升自己的身份和经济水平。布鲁克林正在繁荣，即使 FCR 已经发展壮大，但它的 2003 年的大西洋调车场计划对许多已经认同近期的繁荣，或是已经习惯了躺在他们脚下的铺满空铁轨的调车场的人们来说，还是引起了他们不小的震惊。事实上，大发展的效力已经在过去 10 年加快了速度。调车场的话题被再次提起只是时间问题。

巴鲁克学院上一个主要的调车场计划已经搁置了近 20 年，根本没有任何特别强大的政治或金融支持。然而，FCR2003 年大西洋调车场计划是个不同的例子，对于许多人来说，它看起来似乎从一开始就是一个既成事实：对当地生态的大规模转变，其结果不可预测。在当前的状况下，调车场已经在希望高地、格林堡和斜坡公园街区间形成了一个深坑，行人们很难通行。在拉特纳 / 格里总体规划中的街道封闭和车辆禁行区似乎因封闭几条街道和创造私有空地加重了这一问题，这样也使得公众可能有或可能没有免费进入私有空地的权限。另外，还有一些严重的问题，例如来自篮球场那边的汽车交通的增加如何影响本就堵塞的弗拉特布什 / 大西洋十字路口。这个区域的人们的哮喘发病率已经超过了正常水平，这个项目被认为可能会加重该地区的空气污染，而目前的大运力公共交通却没有任何改进。最终，还要考虑建造本身，它应该要维持 10 年或更久。所以从许多处在这个项目区域中或是项目附近的人的观点来看，大西洋调车场的开发看起来可能是一场环境灾难。尽管该项目的缺点明显，但《纽约时报》前任建筑批评家赫伯特·马斯卡姆（Herbert

图 6.4
2004 年 3 月在格林堡首届调车场开发研讨
会上的讨论

Muschamp）却在一开始就支持拉特纳/格里的计划，他写道：

一个伊甸园在布鲁克林产生。它会有自己的篮球队，也会有一个被高层办公楼围绕的球场，以及公寓楼、商店、良好的公共交通、漂亮的天际线，下面是6英亩的新公园用地。实际上，它几乎具备了城市天堂的一切。[20]

面对着聚在一起支持 FCR 项目的政治和媒体力量，我们组建了调车场开发工作坊，其目的是从一个新的视角来处理这个地方的问题。那时我们还不知道关于这个地方的历史和发展，从一开始我们就意识到在媒体上所普遍接受的讨论是非常肤浅的。FCR 强调要把弗兰克·格里和篮球引进布鲁克林，这被看作一个惊人的标志，却没有提供关于对他们计划中的空间和环境含义的理解。因此我们设计了这个工作坊来填补这个项目真正的知识空缺。2004 年 3 月，在我们的第一个工作室，我们让设计师和当地的股东一起讨论，并且我们双重考虑的是让公众关于调车场的讨论发生迁移和拓宽（见图 6.4）。我们的目的是用一个更深入的关于这个地方空间、环境、计划性的、社会和经济的前途的讨论，来推翻选择职业运动还是建筑美学的过于简单化的辩论。我们起初并未意识到这点，而是在讨论关于调车场和它周边区域的生态前景。FCR 为他们项目设计的口号是"住房、工作和篮筐"。我们的策略是要对话不要口号。我们要求人们思考他们的家，即想想如何在更长的时间内让更多人可以买得起房子而不是考虑建房子。我们没有讨论就业机会，而是将这个对话转变到职业上，即学校、教育和公共空间对新的当地经济来说应该是项目的组成部分。我们没有审视提供娱乐的篮筐，而是审视娱乐消遣和身体健康如何以公共空间网络和运动设施形式成为这个项目的组成部分。在过去 6 年，这些想法在个人和组织机构的网络之间传播，他们致力于用《关于范德比尔特铁路调车场社区开发责任原则》（*Principles for Responsible Community Development on the Vanderbilt Rail Yards*）文件来支持那个未来。那份文件是围绕调车场开发工作坊[21]所产生的想法而制定的。

在我们当下的资本主义社会，"反开发"的主张在政治上显得无能为力。然而，城市发展的传统方式偏向于无限制的发展理念，现在我们认识到这会产生各种问题。面对这个矛盾，也许我们必须重新将发展定义为质的变化，而非不断强调单纯的量变。对发展的一种更广义的定义和理解是不将其仅限于用砖和砂浆成型的房地产金融，它将更贴近当下和日益增长的对健康和城市环境质量的思考。直到本章发表，调车场的未来也不见得会更加清晰。即使诉讼已如布鲁斯·拉特纳所愿被解决，当前的经济危机却仍然严重制约了大西洋调车场项目的可行性。充其量，篮球场可能是原方案中唯一能够留下来的项目。同时，即使诉讼顺应了当地居民的意愿而得以解决，FCR 仍然持有调车场周边的大块地产。所以，他们所有人的命运毫无疑问地会因可预见的未来而缠绕在一起。各方的协作直到现在都是主要的障碍。但是，合作无疑是打破目前僵局、走向生态发展新时期的方法：就像帕尔芒捷花园一样，在那里人类与土地的相互影响可以再次成为一种集文化、经济与环境为一体的富有成效的经营活动。

致谢

　　特别感谢本文作者以及 IIT 格雷厄姆资源中心（IIT Graham Resource Center）的金·索斯（Kim Soss）为本章节提供的重要研究协助。

注释

1. Eminent domain is the power of governments to take private property for public uses with just compensation.

2. Anna Dietzsch, architect, and Alexander Felson, landscape architect, eventually joined me as full collaborators on the project. Ronald Shiffman and Tom Angotti, planners, have served as advisors.

3. Henry R. Stiles, *A History of the City of Brooklyn II* (Brooklyn, NY: Subscription, 1867), 173.

4. The land grant records for New York City blocks 1118—1121 and 2001 correspond to the MTA Vanderbilt Rail Yards which are held in the research library at the Brooklyn Historical Society. The staff and collections of the library were indispensable in the researching of this

chapter.

5. Stiles, (1867), l73.

6. Matthew Dripps, *Map of the City of Brooklyn* (New York: M. Dripps, 1869).

7. Henry R. Stiles, *A History of the City of Brooklyn III* (Brooklyn, NY: Subscription, l867), 570.

8. Hugo Ullitz, *Atlas of the Borough of Brooklyn, City of New York* (Brooklyn, NY: E. Belcher Hyde, 1903−1911).

9. "Dodgers May Get Assist From City," *New York Times,* August 25, 1955.

10. See Robert Caro, *The Power Broker: Robert Moses and the Fall of New York* (New York: Vintage Books, 1974) for more on Moses' history.

11. Charles G. Bennett, "Big Dodger Stadium Outlined to Mayor," *New York Times*, July 25, 1956.

12. Ibid.

13. "Housing Favored If Sport Site Fails," *New York Times,* December 24, 1956.

14. "Renewal Raises Brooklyn Hopes," *New York Times,* June 24, 1968.

15. Ibid.

16. Rosten Woo, Eric Schuldenfrei, and Marisa Yiu, "ATURA Movie," Center for Urban Pedagogy. Accessed February 26, 2010.

17. Alan S. Oser, "Brooklyn Launches Its Biggest Office-Building Effort," *New York Times,* January 27, 1985. Accessed February 26, 2010.

18. Diane Cardwell, "Different by Design, Soon to Be Less So; Rethinking Atlantic Center With the Customer in Mind," *New York Times,* May 26, 2004. Accessed February 26, 2010.

19. Ibid.

20. Herbert Muschamp, "Courtside Seats to an Urban Garden," *New York Times,* December 11, 2003. Accessed February 26, 2010.

21. *Principles for Responsible Community Development on the Vanderbilt Rail Yords* may be found at the dddb.net.

7 构建重组生态

城市基础设施中的三角测量方针、模式及设计

——斯蒂芬·卢奥尼

温度和降水不再是某种个别、野蛮力量的产物，而是某种程度上我们的习惯、经济和生活方式的产物……户外的世界和户内一样，山丘就如同房子一般。

[比尔·麦吉本（Bill Mckibben），《自然的终结》（*The End of Nature*）][1]

规划和设计原则中一直面临的最大挑战是在以人为主的生态系统中的设计。因为我们的环境已不再是由"自然"支配的——即不受人类技术的影响——城市的设计将处理生态联系与管理的问题。为了实现一个低能耗的未来和维持自然系统制造的供给生命的生物地球化学过程，设计的任务是在传统的广泛激发项目开发的计划之外，提供生态服务。这需要当前设计思维的扩展，习惯上是关注分散项目的产物，而非社区进程和场地的整体设计。城市设计、景观建筑、建筑、土木工程以及环境规划等作品的专业化使城市与自然系统之间常常相互排斥，尽管这种看法在消退。自然的终结作为一个独立的门类激发了一种新的意识，它迫使设计词汇专用于*语境的生产*（*context production*）——拓扑结构的组成或是通过关系网络来定义一个项目的设计范式。重组的设计范式提供了新的程序设计方法在语境生产中去掉环境问题的核心，共同产生*城市的生态*（ecology of the city）。

在阿肯色州大学社区设计中心（University of Arkansas Community Design Center，UACDC）设计方案中的重组想法被进一步检验之前，向生态的转变作为一种概念框架对探索新的规划协作是有用的。回顾生态的现代起源，哲学家弗雷德里克·米盖鲁（Frederic Migayrou）质疑我们将生态学简单理解成景观或是生态系统。他提醒我们，生态学是一门关于居住的重要科学，它基于不断增长变化和连通性。"生态"一词，源于希腊语 *oikos* 或房屋，它被 19 世纪的科学唯物主义者认为是用来描述有机体及其所处环境间的关系。"*oikos* 将居住地的概念定义为一种基本的相互关系，一种直接的语境化的价值……并且被认为和所在地的形式以及居住有关。"[2]居住地作为一种构建过程，通常通过重叠的关系网和资源网由生物来实施，它在自然与城市之间没有区别。有趣的是，生态和经济，后者指家庭管理，都在 *oikos* 中有相同的词根，并且暗示一个连续的变化系统。的确，米盖鲁提出：

　　生态学作为一门科学是基于所有自然物的否定。它用城市产品使自然成为相互关系的一种组成元素。这标志着自然作为它自身的一种不确定领域的结束。现在自然被解释为资源、资源的开发及生态——oikos 的无限扩张——将其限制在有限的界线中。[3]

居住地具有无限扩张的倾向。对米盖鲁来说，这解释了结构的"可变性原则"驱使 oikos 和生产环境。自然和城市规划在一个"没有外部构造希望的连续的环境中"[4]服从于同一个无休止转换的系统。这个星球环境的城市化是通过社会—环境的相互影响来产生城市、气候变化、基因改造、资源开采、农业、陆地范围的水文工程等的。它在离散设计项目方面不服从自给自足形式的意识形态。相反，环保主义者，一群传统上对城市怀有敌意的人，现在必须要在他们的模型中解释人类居住地的生产，并且将设计认识论融入真正的生态工作，去解决人类主导的生物圈所带来的问题。尽管在农业和原始主义意识形态方面有它的马尔萨斯倾向，但生态学提供的不只是一种景观保护的分析框架。适合的管理、显现、反馈、重组及多样化，所有这一切驱动了一种居住地的可变性原则，扩大了设计的学科包容力，以此来保证生态的交易经济。设计被推向实践的更高类别，然后服从于接下来的测试。正如自然的技术创造"导向生命的条件……在那里每一个行为——呼吸和繁殖、哺育和死亡——有助于土壤形成、水源净化、空气过滤和营养物循环"[5]，我们通过《仿生学》（Biomimicry）一书的作者贾宁·贝尼尔斯（Janine Benyus）的话提问："这种行为创造了导向生命的条件吗？"[6]

建造重组的生态

　　在这个星球上，城市化的加快必然导致新的管理问题，这将引起设计解决方案的改进。重组设计将来自生态、工程、农业、城市设计和社会政策的衡量标准整合到那些不太可能分别存在于母学科中的设计模式中。就像源自生物学的重组概念一样，基因物质要么通过进化，要么通过改造，从一个物种上被移植到另一个物种上，创造出新的交叉的结构，使其具有在原始机体中缺少的表现性。同样，设计的学科包容力通过吸收另一种方法（元学科）被加强，使得协同进化计划方法渴望得到当地社会和环境能量的反馈。

在重组过程中使用图表、总体规划图或部分规划图进一步阐述设计文化的传统方法，将强化设计思想，使之朝着一个主要基于几何原则的固定产品形状、构成或是类型发展。解决离散产品中的固定属性对于在环境产品中采用网络智能属性激发设计模式而言是不够的。作者凯勒·伊斯特林（Keller Esterling）发现在"空间排列的结构表现"中，启发性的发展逻辑以基础设施、机场、办公室和其他服务经济综合体方面为例进行了说明。这样的空间排列是"通过计时和相互作用的协议来调整的，地位特殊但非建筑的正式形态属性，而是所有受时间、连接模式和多成分变化协议影响的技术指令系统……具有强大的空间意义"[7]。重组设计在结构表现上接受这种组织，以此统一协调对自然生态系统服务的保护，以及涉及能源使用、清洁水源、废弃物管理、物质和人的移动的问题。但是不像伊斯特林的"非场所"例子和它们的功能主义意识形态，重组思维引入了关于公平、身份、等级和宜居性的人类学讨论。

UACDC 正在开发全套的场地建筑（place-building）设计样式，包括流域城市化、以公共交通为导向的开发（transit-oriented development, TOD）、街道绿化、共享街道设计、"大盒子"（big box）城市规划、低影响开发、森林城市化、环境敏感性公路设计以及智慧增长规划（一种压缩城市食物供给链同时提高营养摄入的城市农业模式，这种模式现在还需发展）。通过对算法逻辑和建筑师克里斯托夫·亚历山大（Christopher Alexander）所说的"关系综合体（relational complexes）"的运用，这些重组模型解决了在循环的环境问题中的矛盾。重组设计深入研究了环境的模块性，强调了基础设施成分间的相互联系。考虑到多系统间程序化和交互性的协议，这些重组模式通过整理和排列包含生态群落交错区、基岩、横切面、图谱以及环境资源的表格等各种开发方式，对政策、行政和设计进行三角测量。不管项目环境如何，这些拓扑结构构成了一组常规的颜色和组织并被用于改造住宅样式，以便提供城市和生态服务。

UACDC 的使命是通过教育、研究和增强物理环境的设计方案，从而在阿肯色州加

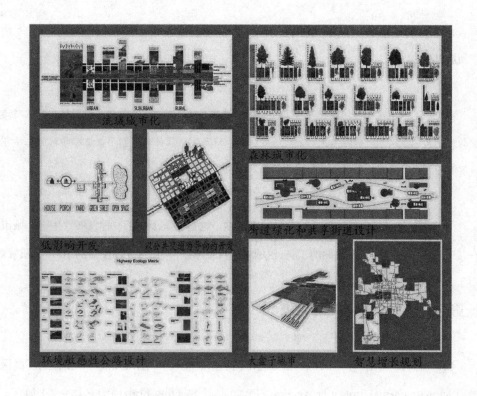

图 7.1

阿肯色州大学社区设计中心（UACDC）场地建筑设计模型 （UACDC 图片资料）

快创新开发。作为费·琼斯建筑学校（Fay Jones School of Architecture）的扩展中心，UACDC 正在开发一整套应用于阿肯色州社区开发问题的重组设计方法理论。UACDC 设计方案采用了三重底线，将社会和环境的措施与经济发展相结合。UACDC 与客户、合作者以及政府机构多边合作，建立学习网络，用以推动创新发展、政策中的三角测量开发、最佳管理实践和设计。重组开发将生态衡量标准植根于顽固执拗的规划常规中，用于管理土地使用政策和基础设施建设。

下面描述的 8 个设计样式中有 4 个关注的是社区问题类型的结构处理，它们均和 UACDC 的计划相关。该计划打算在一个价格合理的住宅区进行低影响开发，主张在住宅开发中建立共享街道网络，为一所学校的校园进行水域再造工程，以及建设一项地区轻轨系统。尽管所有这些都是为了直接处理宜居性问题——虽然并非都是节能的——但是如作家大卫·欧文斯（David Owens）在他关于以城市需要作为可持续生活的唯一选择的案例中所陈述的：

在一个人口密度大的城市，真正重要的环境问题不是公寓楼建筑的碳足迹问题，而是对诸如教育、文化、犯罪、街道噪声、臭气、老年资源以及休闲设施的可利用性这些传统的生活环境质量的担心。所有这些影响着人们是否愿意住在高效的城市中心。[8]

不止简单地计算 BTUs 消耗的产品效能问题，这些模型迈向了一种发展性生态，城市在其中变成了生产性新陈代谢的工具，这回应了贝尼尔斯对"创造导向生命的条件"的质疑。

低影响开发：公园，而非管道

城市暴雨排泄第一小时的污染指数通常高于未处理过的污水的指数。[9]据美国环境保护局（Environmental Protection Agency，EPA）估计，每年有超过 10 万亿加仑（1 加仑＝3.785 411 8 升）未经处理的雨水流入我们的地表水。由于城市和农业的发展，大部分污水来自非点（污染）源。非点（污染）源是 76% 被污染的湖泊和 65% 被污染的溪流的主要促成因素。[10]城市水文中的污染物负荷包括来自汽油、机油中的碳氢化合物、重金属，以及来自草坪的肥料和杀虫剂。它们依靠来自不透水的地表的雨水径流得以汇集并传送，最终流入溪流。不幸的是，EPA 的水域指示指数显示美国只有 16% 的国家水域为优质水资源。[11]然而，就像所有的有机系统一样，一旦挥发性因子被中和，水域就具有自动调整修复能力。

低影响开发（Low Impact Development，LID）使来自城市雨水径流中的非点源污染自我代谢，补救其对土质和普通水域卫生的有害影响。LID 是一种生态的效法自然的雨水管理方法：通过一种植被网将水保持在原地，管理当地降水。LID 的目的是通过运用渗透、过滤、储藏和蒸发等技术手段将雨水净化，以此维持一个地方的预开发水文管理体系。与传统通过管道、集水池、挡板和通往某一点的水槽来运输雨水的管道—池塘输送基础设施不同，LID 是通过分散的处理景观来治理污染的雨水。这些处理景观通过相连的沉淀过滤器、树型框过滤器、雨水池、生态调节沟、渗透池和湿草地网络来改善水质。LID处理网络是在那个地方景观的生物承载力范围内设计的，通过渗透和蒸散作用来处理和重新分配降水。传统的土木工程管道铺设除了阻留和储存雨水之外，没有任何生态维护功能，本质上是将水污染转移到了各个地方。的确，大部分发达国家对废物和污染的解决办法一直是把它从一处带到另一处。LID通过在事先设计好的景观中的反馈和自组织过程管理水质，展示了一种置于当地气候、土壤、植物和动物群落中的场地限制技术。

"居住地小径（Habitat Trails）"项目建立在罗杰斯（Rogers）地区一块5英亩的地盘上，共建有17栋价格合理的住房，这是在阿肯色州的第一个LID项目。项目规划始于一项综合的绿色街区横切面（Green Neighborhood Transect），以此战胜以市场为导向组织的专业化细分开发工作。重分（subdivision）是形容零碎的市场利益相关者在官僚式开发中所扮演的角色的一个恰当的词，这些人包括金融家、投资者、开发商、设计师、工程师，还有居民和业主协会、保险公司从业人员，甚至在市政授权过程中有机会参与的各种人员。在房地产商品链中，每个利益者因最小化自己的时间、责任和投资而获利，却不去实施可持续的、整体的开发模式。然而，我们的客户"人性化居住地（Habitat for Humanity）"则完全不同，它是一个全业务非营利的住房提供者，负责管理、资助和修建住宅并与业主共同管理街区。因为住房服务可以融合在整个项目生命周期中，所以居住环境产物的5个主要组成部分——房子、门廊、院子、街道和空地——形成互相联系的景观，用于雨水径流的生态管理。由此可见，LID展示的三重底线解决方案完全不同于主流商业模式。

项目横向运行的基础设施建造时未用管道、集水池、挡板和水槽，每直线英尺的街道成本从400美元减少到250美元。LID一个完整的家庭设施——典型的是在个别场地使用自主的最佳管理实践（best management practices，BMPs）——是连成网络，再通过备用的、分散的多样化配置使生态服务最佳化。通过与消防和公共工程部的合作，30英尺宽的道路铺设被改成18英尺宽的沥青快速路，并且附带铺设一条9英尺宽的碎砖和草皮铺筑带，将其作为可渗透性的停车场地面，另外还增加2英尺的草皮铺筑带供紧急车辆通行。街道公路用地被设计成海绵的功能，在处理过程中缓慢吸收雨水并通过梯级渗透和路基渗透来去除沉淀物从而循环利用雨水径流。在前院，邻近的绿树、成排的生态调节沟通过湿地植

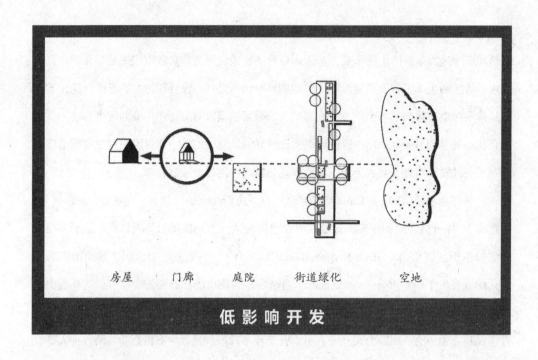

房屋　　　门廊　　　庭院　　　街道绿化　　　　空地

低 影 响 开 发

图 7.2

"低影响开发"场地建筑设计模型　（UACDC 图片资料）

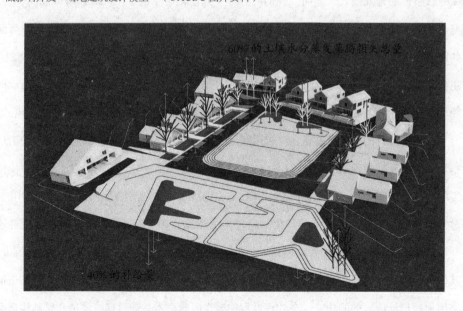

图 7.3

"居住地小径"项目水文解决方案　（UACDC 图片资料）

物群落根系层的微生物活动来处理径流，这取代了耗能的工业化草皮草坪。生态调节沟通过与侧院相连来输送屋顶的径流。该地区还有一块长有本地野花和草的草地，可提供含水层补给并容纳百年一遇的暴雨径流。汽车场和碎砖铺的车道在渗透雨水径流的同时，将地表的不渗透性降到最低。后者是一个重要的项目目标，因为指示物显示，"当不渗水区域在水线中达到10%，溪流生态系统就会开始表现恶化的迹象。当覆盖超过30%，就是严重的、不可逆转的恶化了"[12]。景观远非一种装饰环境，它构成了软基础设施，通过这些设施，重要的居住服务得以实施。

既然建筑业在房屋单元建造中最根本的规则是成本最优化，那么下一个业主可承受的领域就是基础设施。不幸的是，LID 作为一项非标准的水源管理系统，在大多数地方是不合法的。"居住地小径"必须为项目实施保证近 30 个分区差异，与周围的开发项目相比，该项目现在在减轻城市径流方面的记录上已显示出卓越性。示范是改变既有模式和经济困难的第一步。对于所有住房市场等级来说，非营利领域的社会创业精神将会成为 LID 样板的主流。

绿化街道和共享街道设计：在街道种植植被

"在交通中，我们艰难地活着。"[13] 尽管街道是城市化区域中主要的公共空间，占其表面区域的 25%，但是现在它们的设计与管理是独立的技术问题，如有不当便会损害到社会生活。自从 20 世纪初美国交通运输工程（他们中许多人都有铁路建设背景）的专业化，交通运输已成为道路设计的唯一目的。在被政府和工程师集中管理之前，道路在当地由毗邻业主建设、设计和维护，他们看重在重要公共空间所进行的玩乐、会议、贸易、集会及休闲方面的大量社会交流。[14] 随着毗邻业主生态被新的通勤文化所替代，道路设计普遍局限于一种仅提供每小时、每条车道通过最大车流量的"服务水平"上。但是，来自以汽车为主的道路的负面外在因素已经很多。仅就安全性而言，据美国国家公路交通安全局统计，美国去年 ① 一年就有 3.7 万多起交通造成死亡和近 250 万例交通造成人员受

①　原书如此，并未明确是哪一年。——编辑注

伤的事故。在这个被交通世界抹去的社会世界，《交通》（*Traffic*）一书的作者汤姆·范德比尔特（Tom Vanderbilt）将此叙述为"艰难地活着"。去年[①]在美国有 4 300 多名行人（在过去 15 年共有 76 000 人）死亡，大部分人如范德比尔特强调的，"是在合法穿越人行横道时（出事的）"[15]。目前，一个未被承认的健康问题是"世界卫生组织预测，到 2020 年，

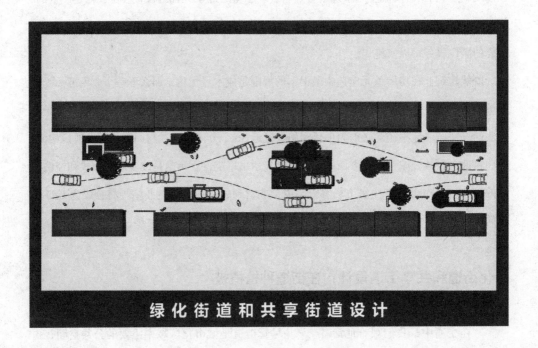

图 7.4
"绿化街道和共享街道设计"场地建筑设计模型 （UACDC 图片资料）

道路死亡将成为世界第三大致死原因"[16]。

　　绿化街道、共享街道及环境敏感性公路设计是恢复街道非交通功能，以此增强街区设置的场地建筑模式。共享街道是多功能重组中最为彻底的项目，为花园般而非运输通道似的社会生活提供了新框架。共享街道在英国被称为"家园地带"，在整个欧洲和日本被称为"生活体验街"。它在荷兰语中被称为 *woonerf*（"住宅院子"），是由汉斯·莫登曼（Hans

---

① 原书如此，并未明确是哪一年。——编辑注。

Monderman）三十多年前在荷兰开创的。共享街道包括从楼前到楼前的整个公路用地。在共享街道中，街道被设计成毗邻建筑物生活起居和商业活动的城市扩展空间，并通过不使用交通管制装置和信号的社会活动或潜在的社会活动来缓解交通拥堵。普通街道仅仅分配了司机的优先通行权，但是没有传达风险或是告知安全性。在共享街道，合法的优先通行权转移到行人身上，迫使骑自行车的人和驾驶汽车的人同样像行人一样守规矩。共享街道的设计时速最高为 17 英里 / 小时，这是司机和行人不能进行眼神交流的临界值。这证实了莫登曼所言：“如果你想要司机像他们在居民区中那样表现，就建一个居民区吧。”[17] 共享街道的形成反映出司机的社会行为类型。

　　共享空间原则挑战了交通工程学中绝大多数已经被接受的原则，即司机拥有畅通无阻的权利。在探究什么可以使司机减缓速度时，交通缓和权威人士大卫·恩戈维奇（David Engwicht）指出了三个交通工程师回避的因素：谋划、不确定性和顺应。[18] “不确定性，就像谋划，让我们与即时环境紧密相关。”[19] 作为更自由的交通环境，共享空间消除了那些分离交通模式的障碍，为广场创造一个连续的地貌。这些障碍包括凸起的边石和人行道、交通信号、材料划分以及又宽又直的行车道。这一设计准则与一本被讽刺性地称为“绿色书籍”的《公路和街道的几何设计政策》（*A Policy on Geometric Design of Highways and Streets*）中所说的完全相反，该书是由美国国家公路与交通运输协会制作的关于公路和街道设计的“金科玉律”。书中，树木被认为是固定的有害物体（FHOs），而人行道却被称为“自动修复区”，这对行人来说是件不好的事。的确，行人作为交通模式中令人讨厌的东西被认为是“阻碍”和“干扰”。[20] 尽管如此，存在一个有关安全的悖论，因为与提供相同等级服务的传统街道相比，共享街道更安全。[21] 正如所证明的那样，公路标准和模式分离在当地街道的普遍应用导致了车辆以更快的速度行驶，使驾驶员放松警惕，不遵守社会行为规范。因此，对于指挥与控制型的权力机构而言，替代社会自组织的更加智能的街道设计识别标志需要重新恢复曾在这些重要公共空间中所给予的有益于生命的服务。

　　波切斯盖普斯（Porchscapes）是阿肯色州费耶特维尔（Fayetteville）地区一个有 43 间单元房的价格合理的 LID 地区开发项目。它采用了共享街道几何构造作为多用途景观来组织小批量开发。共享街道包含雨水处理花园，同时为该地区提供了一个私人庭院才能享受的舒适的开放空间系统。设计成遮阴的花园客房可以使朴素的起居空间得到延伸，共享街道广场包含运动场、小型公园、休闲草坪和雨水花园。广场三面被建在街道边起屏障作用的带门廊的大型房间围绕着，它们是"街道之眼"，让人们有安全感。在梳理这种设计与安全之间很好理解的关系时，恩戈维奇注意到："居住街道的交通在很大程度上被管

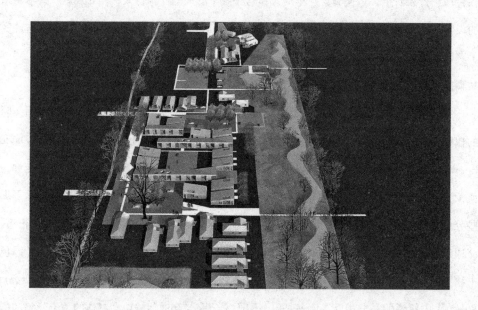

图 7.5
波切斯盖普斯社区鸟瞰图 （UACDC 图片资料）

图 7.6
南共享街广场鸟瞰图 （UACDC 图片资料）

控着，达到了居民打心眼儿里想从他们的街道撤离的程度。"[22] 双向交通被分开，并沿着狭窄的交通快速路在行人聚集空间周围再次会合，增强了广场的私密性。快速路的几何结构，以及让行人在机动车道甚至该地区 1 400 英尺长的主街道上慢跑和散步有助于缓解交通。街道的几何结构及路宽的视觉压缩迫使交通事务由社会协商解决，而非作为给司机的附加权利被放弃。

这个共享空间网络的准备工作形成了整合渗透性、图案和雕刻为一体的表面，力求营造一种场地感。碎砖块、印花和彩色的沥青、混凝土的草坪铺筑材料、塑胶人行道和活动场所、湿地植物、彩色横条的斑马线，以及经过修建的草皮拼块所构成的共享空间在外观上可以满足各种需求。街道作为一种平面媒体，向司机传达了使用的生态性的信号，同时也要求行人具备自发性和社交性。作为 LID 的一部分，街道是一种生态资源，它通过各种无须灌溉的景观来输送、渗透和处理雨水径流，并用色彩、机理纹路和植物装扮使街道变得生动有趣。与传统街道相比，共享街道更安全、更环保、更凉爽（因为降低了热岛效应），并且有助于解决各种各样的停车问题。更重要的是，共享街道作为一种交通解决方案并不是要清除汽车或是隔离交通，而是在创造新的人居环境时，为集中在一起的各种服务提供一个重组的方法。

流域城市化：从"野化"滨水自然结构到塑造城市

虽然水是大多数维持生命活动的媒介，但规划者却从不知道该用它来做什么，因为它的河流动力学原理阻碍了其开发潜力。当城市溪流和湿地没有被排干、改道或是用管道引入地下时，它们就会成为运输废弃物和（水路）货运的渠道。滨水（溪流）系统是因其后勤价值得以经营管理，却没有任何生态价值，结果造成了长期的环境恶化或"城市溪流综合征"。这种以发展为中心所产生的后遗症仍然存在于全美 50% 的河流和溪流中，66% 的湖泊、水库和池塘中，64% 的海湾和河口处，并且美国环保局（EPA）将本国 82% 的海域和滨海水体归入环境恶化区域，这意味着它们都未达到供饮用、游泳和垂钓的水质标准。[23] 但是除了水质问题，我们也通过不断增长的环保意识开始认识到，一个正常的滨水系统提供了 17 项综合生态服务，它的价值不再是游离于人类发展系统之外的。受损的水体不能提供综合的维持生命的服务，生态经济学家罗伯特·科斯坦萨（Robert Costanza）列出了这些服务：煤气控制（碳鳌化）、气候调解、气流扰动控制、水控制（洪水控制）、水供给、侵蚀控制、土壤形成、营养物循环、废物处理、植物授粉、生物控制、避难所（栖息地）、食品生产、原材料、基因资源、休闲以及文化价值。[24] 滨水居住地的生态功能直接关系到标准地貌结构，它管辖着溪流、沉积物流和养分交换——或者也叫溪流新陈代谢。

　　基于生态科学，流域城市化提出了滨水地带的"野化"，以便在构建由连续公园、地区开阔地和行人设施组成的非常便利的城市网络时，恢复其失去的生态功能。沿着街道和街区的构造，正常的滨水结构可以在构建城市生产性生物交换和能源流动中起到基础性作用。滨水系统的重要成分，不管它是第一级上游源头溪流还是第十一级溪流，都像密西西比河（Mississippi River）一样，包括一片漫滩、一条滨水河岸及一条溪流通道。如所有湿

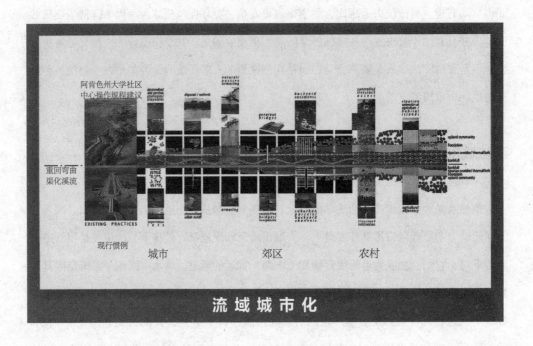

图 7.7
"流域城市化建筑规划"场地建筑设计模型　（UACDC 图片资料）

地生态一样，漫滩在生物量生产、有效养分循环和能量流动时是最具生产力的。[25] 但是漫滩是在城市开发中第一个被破坏的典型的滨水成分，因为它的面积广阔——根据以往的经验，漫滩是溪流河道宽度的 10 ~ 30 倍——所以，像密西西比河这样 1 英里宽的河流会有 30 英里宽的漫滩。漫滩的再造恢复了和蓄洪（减少财产损失）、气流扰动控制以及成百上千倍增长的居住地物种相关的有价值的生态服务。快速增长的湿地植物群落，它们对周期性洪水泛滥具有耐受性，生长出深根结构并吸引厌氧微生物前来活动，是用植物修复城市水源的理想方法。漫滩除了提供大量的城市水处理池（和传统理解相对照，湿地是最清洁的水资源之一），还是营养丰富的食物库和极好的基因库。伴随着反复出现的洪水淹没期，漫滩通过产生的微生物群落不断处理着分解物层，为城市农业创造理想的肥沃土壤。

滨水河岸是重要的生态群落交错区，能避免来自高地植物群落的带入沉积物过多地进入溪流。在城市地区，河岸通常没有植被覆盖，甚至表面还进行了硬化处理，这使得重要的碳螯化作用不能完成。但是滨水河岸需要多样性的植被来控制沉积物，提供阴凉处，调节浅水温度，这对重要的水陆酶促交流是很有必要的，因为水生生物也会受到温度变化的影响。考虑到水会产生自然漩涡，正常的溪流河道通常交替出现有侵蚀和沉积地带的蜿蜒的河道，它使水流和沉积物放缓。同样，标准的河流水力学在纵切面重复着湍流—深潭—滑行（riffle-pool-glide）的法则，为这个系统制造氧气。城市溪流的种种表现表明这些关系破裂引起的恶化，最终破坏这个系统的承载力。修建建立在传统土木工程上的沟渠化河道这一行为在生态系统自组织中不是明智的，沟渠化河道会在不知不觉中丧失生态功能和自我修复的固有能力。

校园水景项目（Campus Hydroscapes）是一项建一条 2 000 英尺长的滨水地带的改进方案，它是为阿肯色州大学校园内的大学支流（College Branch）溪流修复工作提出的。由于无人管理，大学支流呈现出城市溪流综合征的经典缺陷——山洪、侵蚀的河岸、增加的营养物和污染程度、过度沉积、高温以及水生野生动物的消失。来自新道路、建筑物、停车场以及运动设施的洪峰水量远远超过了溪流的承载力，对公路和校园基础设施的完好无损构成了威胁。该计划建议将溪流作为校园运输、住房和休闲之外的另一项需要解决的问题进行全面修复。现有的能容纳 1 400 多辆车的停车场依然保留，并采用新的校园联合运输交通设施，以及建设一个访客／生态解说中心。在这个新校区设计方案中的导向标志上，有一条大道，它是原来的两倍宽，拥有"绿色"停车场、漫滩公园和休闲设施。这种方法采用生态原则去管理正常的滨水系统，而不是采用极端的工程解决方案，那只会加重城市和生态系统的功能障碍。

　　三个流域规划选择显现出生态服务的进步水平，作为一个规划平台适应各种不同的预算和机构的意愿。一种方法可以不断使用，或者三种方法分阶段相继使用，以达到最佳解决效果。当加入独立的雨水管理设施时，每种方法都恢复了漫滩在溪流沿岸对水的保持力。需要不断投资的水文像素方法（Hydrology Pixelation approach）将雨水设施分布在各处，使对现有土地使用的改动最小化。停车场地表的作用就是一个处理雨水的筛子，通过当地的雨水花园补充地下水。一个新的流量衰减的土堆（flow attenuation mounds）在扩大的溪流地带提供了附加的休闲和生态计划。

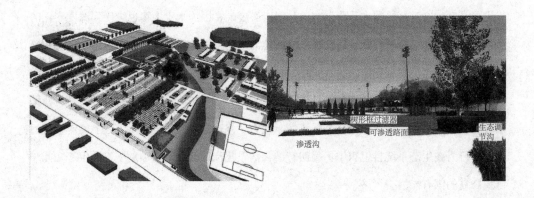

图 7.8
水文像素（Hydrological Pixelation）解决方案图示 （UACDC 图片资料）

　　滨水带（The Riparian Bands）这一处理方法将土地的使用进行了分类，并且在新的可渗透的地表内尽量不使用硬质表面的停车场。当汽车停进雨水收集花园时，这是最有效的处理布局。这个被绿色植物覆盖的停车场是为 50 年一遇的洪水设计的，同时支持扩大的处理功能，保证有高质量的水流出。一个新的漫滩公园提供了一个扩展处理缓冲区，同时支持相关的教育、休闲和生态功能。

完全湿地（The Total Marsh）规划方法是通过在分离蓄洪时用构造湿地取代地面停车场来最大化雨水处理服务。停车场、来访者中心和教室从扩大的滨水地带被移走，整齐地排列在新的大道上，悬浮在湿地上。城市湿地也作为独特的校园大门的特色，是这个"自然状态"最佳大学的恰当元素。

公共交通导向性发展：最优化的社会交通网络

随着物质的变化，现在人类与包括地质、海洋和冰川力量在内的大自然为敌。[26]货物和人的运输从根本上改变了我们的生态足迹，给地球生态施加了前所未有的压力。交通运输及它的土地使用方式决定了我们城市的本质，我们如何生活以及我们最终实现可持续性发展的能力。由于现代运输系统对汽车的过度依赖，在公共交通模式中，移动性胜于使用性——速度和距离胜于便捷、公平和选择。但是，事实是自从 19 世纪后期，公交公司就被郊区房地产开发商承包，这些开发商还将运输经济和远离城市的土地开发挂钩。从那时起，"短距离的市中心顾客实际上补贴了长距离的郊区顾客"[27]。如今的情形也是一样的，比如收取的汽油和汽车税[28]占维护公路成本的 25%，而通往市中心的市郊火车的平均票价占了铁路维护成本的 30%。[29]历史上所有的交通运输系统的运营都是亏本的，相关的问题涉及附加利益（和负外部性）以及参与每笔运输投资的最佳用途。

轻轨是所有方式中最有效的机动化运输模式：经济、大众、环保。在《火车时代：铁路与迫在眉睫的美国地貌重塑》（*Train Time：Railroads and the Imminent Reshaping of the United States Landscape*）一书中，作者兼环境历史学家的约翰·斯蒂尔戈（John Stilgoe）评论道："无论他们知道与否，数百万的美国人都活在等待火车的经济状况中。"[30]斯蒂尔戈按时间顺序记载了全美范围内城市间客运铁路服务的复苏，以及它在促使城市步行地区复苏中所扮演的角色。与其他机动化交通运输模式，如飞机、公共汽车或小汽车不同，单一固定的导轨系统（如轻轨、有轨电车）促使市场建造可供步行的多用途的地区。轨道运输不仅优化了地区运输效率，还使市中心复兴，降低了一个地区土地和能源消耗的足迹，并且除了在郊区兴建大型综合零售中心，它也有助于地区经济发展。包括铁路在内的交通运输系统提供了更多的运输选择，在降低道路堵塞和个人交通运输成本的同时，也让更多的人能够享受公共运输。如斯蒂尔戈所言，铁路聚集了人口，它是最有效的最高负荷的运输系统。小汽车和公共汽车作为运输模式分散了人口，没有创造经济和社会的利益群体。[31]

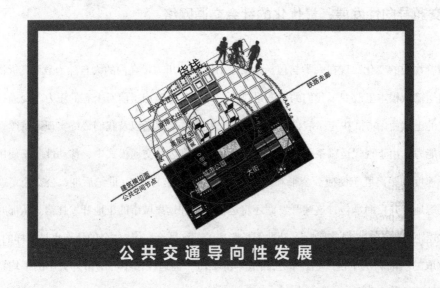

图 7.9
"公共交通导向性发展"场地建筑设计模型 （UACDC 图片资料）

要建设一个市中心轻轨车站，在其半英里半径内的每英亩土地至少需要有 12 幢住宅单元[32]（是郊区每英亩平均 4 幢住宅的 3 倍）。铁路建设的可行性也需要在一定半径内有就业中心、商业中心和其他非住宅用地，因为如果距车站的步行距离只有半英里，人们可以骑自行车到达，而不需要其他交通设施。因为和地区的便利连接，公共交通导向性发展拥有了最佳的市场价值。如果人们生活在一个拥用有活力的街道、步行舒适和土地综合集中使用的环境中，在半英里的半径距离内，许多人会选择步行，而不是开车。种群集中是物种健康和复原的关键决定因素，人类也不例外。在描绘居住特点与人口稳定性之间的联系时，规划师伦道夫·赫斯特（Randolph Hester）提醒我们注意在研究群聚的生态科学中所产生的被人遗忘的阿利效应（Allee effect）及其收益递减阈值：

在某些情况中，尤其是在植物间最为显著，某个值在扩散时降低了对阳光和食物的竞争。有时动物也是如此，但是集中的密度和伴随的"物种内的初级合作"常常更重要。简言之，阿利发现对于一些社会性动物来说，聚集过疏与过密同样有害。对于那些种类，恢复依赖于在一个小的集中的空间中相对高的人口密度。[33]

虽然我们认同理想的人口密度会根据居住条件和城市的承载力波动，但是我们也开始意识到铁路与步行能力是相辅相成的解决方案，它比一个完全局限于考虑选择火车还是公共汽车的运输解决方案有更多的选择。可持续的公共交通要求步行或骑行两种方式中的一种。许多城市，也包括小镇，在公共汽车出现前的几十年就有很好的综合铁路服务系统（收取当天的包裹和一天两次的邮政服务，这战胜了联邦快递的当代标准）。自 20 世纪中叶以来，市中心铁路被公路、汽车业及石油利益的联盟排挤掉，[34] 聚集带来的多重居住效益在事后越来越明显。现在由于缺乏每天日常的身体锻炼，生活中的疾病使健康成本增加；汽车（每年的费用超过了 100 亿美元[35]）使得空气污染加重；人口的激增导致土地的消耗，这造成了生态破坏，更别说其他许多杂乱无序的扩展不可估量地损害了社会资本。一波联合运输项目正在全美范围进行，加速了土地消耗和财富创造间的分离，重构了繁荣与智慧能源使用及城市发展的关系。

《阿肯色州西北的铁路运输构想：生活方式与生态》（*Visioning Rail Transit in Northwest Arkansas：Lifestyle and Ecologies*）[36] 是一项宣扬政府和民众支持建设轻轨系统的研究。阿肯色州西北部（Northwest Arkansas，NWA）是一片小城镇区域，这里不仅有纵横交错的铁路，而且在 19 世纪后期发展了客运线路。目前，有一条主干道仍然保留着。这条有时用于当地货运但未得到充分利用的铁路线连接着 3 个地区历史城市中心及其主要就业中心。2/3 的人口仍然住在离这条铁路 1 英里内的区域中。提议要求使用轻轨设施恢复该地区的这条干线，预计到 2050 年当地人口将从 40 万增长到超过 100 万。NWA 在美国人口增长最快的地区中排名第 26 位，有 1 所靠公共划拨地所建的大学以及 3 家世界 500 强公司——沃尔玛、泰森食品和 J.B.Hunt 运输服务公司——都是强大的后勤补给公司，它们的壮大和迅速增加的供应商支持群体保证了该地区的扩张。仅沃尔玛公司总部招募的员工就占该地区 8% 以上的人口。然而，由于缺乏强有力的规划，NWA 的扩展是杂乱无序的，只是基于对未来高速路扩张的期望。在前文所提的铁路运输构想（Visioning Rail Transit）中建议，鼓励将一部分这种新的扩张行为转向为公共交通导向性发展方式。

图 7.10
之前与之后：阿肯色州斯普林戴尔（Springdale）轻轨交通 （UACDC 图片资料）

项目展望了围绕轨道交通运输发展社区的可能性，建议如果 NWA 是逐渐形成其扩张区域而不是追补式发展，它可以采用一种智慧的增长模式。尽管在运输网络中不局限于简单地创造更大的效能，但研究还是通过考虑 4 种规划方案来解决相关生活方式的可能性和多重利益，也就是所说的"交通杠杆作用"[37]。如果在 NWA 提供小汽车出行以外的交通模式选择会怎样？如果铁路让 NWA 古老的市中心焕发生机又会怎样？前文所提的铁路运输构想把 NWA 从一片在非生产性竞争中对文化和经济资源相互竞争的自治城市改造成一个连接良好的都市区，并将其作为一个重要的经济合作单位。这项研究的智能增长平台处理了住房支付能力和新移民人口方面出现的问题，这些人口在阶级和种族界限方面提出了空间诉求。该研究将交通规划放在社区开发中，以此建立和维持一种场所意识，这最终关系到人类规模与交流。

结语

技术系统，包括城市的发展，与起决定性作用的社会力量共同发展。重组的设计需要关注新学科和社会结构的发展——学习网络——来实施设计方案，探寻网络才智。这种智慧基于多种成分之间的转换，其中一个变量表现出另一个变量的功能，它反对在当代基础设施中普遍存在的"指挥与控制"管理的不变性。道路、水体、交通及住房的指挥与控制发展通过专业化劳动力群体的思想倾向所呈现的单一变量使能量最大化。这样的社会技术组织，包括设计"接受了 *oiko* 法则的结构变异"会怎样？[38]

4个规划举措中的每一个都需要一个强大的风险共担组织网络，这个网络应集非营利机构、政府机构、基金会以及代表各种利益的以营利为目的的专业人士为一体。既然这些既定的支持者知道重组方法的好处，但为何他们各自的项目会感到困难甚至无法实施？科学和技术研究专家安尼克·霍姆尔斯（Anique Hommels）为分析在自然环境中导致驾驶无情（driving obduracy）的复杂成因提供了一个框架，特别是用在社会框架和经营心态的制约作用中：

> 当某些思维方式围绕一个人工制品被建立起来，它们就变得难以被忽视，更别说改变它们。这些方法中蕴含着一种假设，即因为某些思维方式狭隘或者难以适应，所以设计的技术会变得执拗或是缺乏灵活性。这意味着固执是社会群体之间互动的结果，而不只是由物质因素导致的［如花销、权利、特别的利益及持久性］——互动受制于具体的思维方式。[39]

为了战胜冷酷无情的实践网络，仅通过形式意识来进行设计是远远不够的。设计文化的有效性将由学科工具来衡量，它们因研究、公共政策的情报和参与塑造领地的新认识论而变得复杂。这项赌注很重要，因为可持续性的状况是一个资源生产力及其空间管理的问题，本质上是设计的问题。

注释

1. Bill McKibben, *The End of Nature* (New York: Random House, Inc., 1989), 47-48.

2. Frederic Migayrou, "Extensions of the Oikos," in *ArchiLab's Earth Buildings: Radical Experiments in Land Architecture*, ed. Marie-Ange Brayer and Beatrice Simonot (New York: Thames & Hudson, Inc., 2003), 20.

3. Ibid., 22.

4. Ibid., 26.

5. Janine Benyus, "A Good Place to Settle: Biomimicry, Biophilia, and the Return of Nature's Inspiration to Architecture," in *Biophilic Design: The Theory, Science, and Practice of Bringing Buildings to Life*, ed. Stephen R. Kellert, judith H. Heerwagen, and Martin L. Mador (Hoboken, NJ: John Wiley & Sons, Inc., 2008), 37.

6. Ibid., 40.

7. Keller Easterling, *Organization Space: Landscapes, Houses, and Highways in America* (Cambridge, MA: The MIT Press, 1999), 3.

8. David Owen, *Creen Metropolis: Why Living Smaller, Living Closer. and Driving Less Are the Keys to Sustainability* (New York: Penguin Group, 2009), 319.

9. Craig Campbell and Michael Ogden, *Constructed Wetlands in the Sustainable Landscape* (New York: John Wiley & Sons, Inc., 1999), 123.

10. Vladimir Novotny, vol. XI of *Nonpoint Pollution and Urban Stormwater Management*, Vol. XI (London: CRC Press, 1998), 2.

11. U.S. Environmental Protection Agency, "National Water Quality Inventory: 1998 Report to Congress," USEPA, Accessed February 1, 2010.

12. Metro, *Green Streets: Innovative Solutions for Stormwater and Stream Crossings* (Portland, OR: Metro, 2002), 16.

13. Tom Vanderbilt, *Traffic*: *Why We Drive the Way We Do* (*and What It Says About Us*) (New York: Alfred Knopf, 2008), 21.

14. Clay McShane, *Down the Asphalt Path: The Automobile and the American City* (New York: Columbia University Press, 1994), 67-79.

15. Vanderbilt, *Traffic*, 197.

16. Ibid., 18.

17. Quoted in David Engwicht, *Mental Speed Bumps*: *The Smarter Way to Tame Traffic* (Canterbury, Australia: Envirobook, 2005), 49.

18. Ibid., 18.

19. Ibid., 29.

20. Vanderbilt, *Traffic*, 112.

21. Michael Southworth and Eran Ben-Jaseph, *Streets and the Shaping of Towns and Cities* (New York: McGraw-Hill, 1997), 117-118.

22. Engwicht, *Mental Speed Bumps*, 11 .

23. U.S. Environmental Protection Agency, "Watershed Assessment, Tracking & Environmental Results," USEPA, Accessed February 1, 2010.

24. Robert Costanza, Ralph D'Arge, Rudolf De Groot, Stephen Farber, Monica Grasso, Bruce Hannon, Karin Limburg, Shahid Naeem, Robert O'Neill, Jose Paruelo, Robert Gaskin, Paul Sutton, and Marjan Van Den Belt, "The Value of the World's Ecosystem Services and Natural Capital," *Nature* 387 (May 15, 1997), 253-260.

25. Campbell and Ogden, *Constructed Wetlands in the Sustainable Landsccape*. 47.

26. Paul Hawken, Amory Lovins, and Hunter L. Lovins, *Natural Capitalism*: *Creating the Next Industrial Revolution* (New York: Little, Brown, 1999), 2-14.

27. McShane, *Down the Asphalt Path*, 196.

28. Jane Holtz Kay, *Asphalt Nation: How the Automobile Took Over America and How We Can Take it Back* (Berkeley: University of California Press, 1998), 120.

29. Thomas Garrett, *Light Rail Transit in America: Policy Issues and Prospects for Economic Development* (St. Louis, MO: Federal Reserve Bank, 2004), 6.

30. John Stilgoe, *Train Time: Railroads and the Imminent Reshaping of the United States Landscape* (Charlottesville: University of Virginia Press, 2007), 14.

31. Ibid., 13.

32. Hank Dittmar and Gloria Ohland, *The New Transit Town: Best Practices in Transit-Oriented Development* (Washington, DC: Island Press, 2004), 38.

33. Randolph T. Hester, *Design for Ecological Democracy* (Cambridge, MA: The MIT Press, 2006), 201.

34. New Day Films, *Taken for a Ride*, 1996.

35. Hester, *Design for Ecological Democracy*, 205.

36. University of Arkansas Community Design Center, *Visioning Rail Transit in Northwest Arkansas: Lifestyles and Ecologies* (Fayetteville, AR: UACDC, 2007).

37. Peter Newman and Jeffrey Kenworthy, *Sustainability and Cities: Overcoming Automobile Dependence* (Washington, DC: Island Press, 1999), 87-88.

38. Migayrou, "Extensions of the Oikos," 25.

39. Anique Hommels, *Unbuilding Cities: Obduracy in Urban Sociotechnicol Change* (Cambridge, MA: The MIT Press, 2005), 26.

8 斑块结构、生态系统及当代城市

——格雷厄姆·利夫西

城市包含无数互相联系和重叠的生态环境；它们也位于更大的生态系统中，这些系统包括周围的农田。今天，城市是疯狂的资源消费者和废物生产者，也是目前如气候变化等全球环境问题的重要制造者。长久以来，城市中心一直是各种创新的发源地并依赖于商品、人和信息的广泛支持网络。[1] 城市利用的网络总是很广泛；然而，它们中的大多数是预先确定的线性系统，如分配和交通运输系统（公路、航运、漕运及废物处理网络）。随着城市努力变得更加具有可持续性，并通过更有效的方法使用它们的创新和生产能力，它们需要更好地相互连接和具有更多的功能，并且除了已建立的渠道外，还需要形成更多有效的流动。换句话说，城市需要在生态保护方面发挥更大的作用。毫无疑问，为了解决这些问题，城市地区必须通过开发可持续能源、提高人口密度、减少消耗、清除废物、恢复生态来改变它们的运作方式，并用一种更适合环境的方法管理自己。[2] 今天，许多城市都在认真处理这些问题；但是，如赫伯特·吉拉德特（Herbert Girardet）所指出的，这些问题在中小规模的城市中心比在当代的大城市更容易解决，在大城市复杂度系数更高。[3] 本章不是重申上面提到的众所周知的观点，而是通过审视理查德·T.T. 福曼（Richard T.T. Forman）及其他人关于景观生态学理论的发展，来研究可持续性的一些更广泛的问题和当代城市结构。

景观生态学作为一个独立的研究领域出现已有好几十年了，它从诸如生态学、地理学、生物学、动物学、林学及景观建筑学等学科中兼收并蓄。在景观生态学中发展起来的分析技术最初考虑解决的是"网络的单个元素，如补丁和节点、缓冲区、通道及连接；或是网络的动态性，如移动、流量、迁移、分散、分段存储和连通性"[4]。这个相当简陋的方法已经为生态分析演化出完整的综合的框架，它在研究性能或非城市环境的生态效果时被采用。尽管如此，景观生态学为研究当代城市的生态行为提供了强有力的理论和技术。[5] 在他们开创性的著作《景观生态学》（*Landscape Ecology*）一书中，福曼和米歇尔·哥德龙（Michel Godron）以"斑块（patch）""廊道（corridor）"和"基质（matrix）"为重点的架构为分析生态学提供了一种结构性方法，这些要素也是景观生态学中使用的基本空间类型。

斑块被定义为有别于周围环境的表面和区域。但是，它们在其定义特征中又有很大区别。作为一块界定的土地，斑块有成分异质性和空间异质性，并在地貌中由干扰产生，要么来自自然界，要么来自人类活动。[6]福曼和哥德龙确定了多种类型的斑块。"干扰斑块（disturbance patch）"是由景观中局部受到破坏而形成的，这样的例子如城市森林受到风暴的破坏或因伐木留下的林间空地。"残余斑块（remnant patch）"与干扰斑块相反，它是出现在景观干扰事件后，在本地残留下来的斑块。"环境资源斑块（environmental resource patch）"是景观中非正常的斑块，或者是在一个更普通的景观中形成的与周边基质不同的斑块。这些通常是一个系统中大量的稳定的斑块，这个系统提供了营养和其他资源。"引入"斑块或"植入"斑块，就像那些在农业和城市地貌中所发现的斑块，是典型的人类活动的结果。由不同庄稼田构成的农业景观和由不同功能街区构成的城市景观就是引入活动导致的景观分布不均的例子。最后，"暂时性"斑块或者说那些因临时社会活动导致的斑块或者环境的变化，是景观动态变化的另一因素。通常，一个地方的人类居住行为会造就一个普通的斑块系统（patchwork system）。在一个斑块系统中，有许多因素决定了个体斑块的多样性和健全程度。特别是界限或边缘的种类、斑块的大小和形状，以及更大的景观基质是一个斑块重要的功能特点。其他更深层次的因素，如构成、年代、异质性及类型也对斑块和景观的运作方式至关重要。它们中的每一项都决定了斑块的功能以及它如何与邻近土地及一个全面的系统相互作用。这样的系统出现在人类居住地。

由福曼和哥德龙确定的另一种基本拓扑结构就是廊道。廊道既连接又分割景观，在景观中比比皆是并最受人类干预的影响。像斑块一样，它们也分为各种类型：干扰廊道、残余廊道、环境资源廊道、植入廊道和再生廊道。正如福曼和哥德龙所强调的，廊道的类型依赖于它的宽度、连续性、节点或交叉、曲度、连接度及其他因素。[7]就像一个斑块系统，廊道系统或廊道网络有一个基于系统结构的功能有效性。网状结构的廊道元素创造了一个网络，在这个网络里网格尺寸和节点（交叉）类型确定了系统的功能。一个廊道要么是有别于周围景观的一条线性带状地带（如贯穿森林的一条路），要么是剩余部分（如在一片农业景观中留存下来的一排树林），或者它可以是植入状态。在农业景观中，一种普通的廊道拓扑结构是灌木篱墙或防风林，它可以调节风和能量流动，同时能维持动植物的多样性。随着廊道宽度的增加，生态多样性和复杂性也随之增加，这被称为"宽度效应"（Width effect）。[8] 廊道的 4 个功能如下：①为各种物种提供栖息地；②成为移动的通道；③在地区间成为一个屏障或过滤装置；④成为"周围基质环境或生态影响的源头"。[9] 廊道拓扑结构在界定城市结构和功能方面起着主要作用，特别是作为移动的通道，例如那些在街道系统中体现的以及相邻土地间的屏障。

第三，福曼和哥德龙将基质的存在确认为景观要素的一种（森林、农田、城市发展等）占据景观一半以上的面积，虽然其他因素，如连接度，可能会起作用。[10] 基质是范围最广的空间系统，它对一个景观的生态有着最大的影响。景观基质有各种特性，只要能影响整个景观的连接度和阻抗力，这些特性就决定了诸如能量、水、废物和有机物等要素的生态流。[11] 在一个城市或郊区景观中，基质在很大程度上可能由各种不同景观类型的树篱斑块和廊道组成。

当研究一个特定景观或生态系统的生产率时，景观生态学家从净生态系统生产力（Net Ecosystem Productivity，NEP）角度来衡量，或是衡量在一个系统中生产者、消费者和分解者的全部活动。一个有效的系统是随着时间的推移"动态稳定的"，即使整个系统在不停转化，它也不会失去平衡，否则该系统各方面的比例就会失调。[12] 在景观生态学中，综合景观的功能是由斑块、廊道和作为空间及结构元素的基质相互作用决定的。在自然灾害中，景观有或快或慢的变化，比如说森林就是一个例子。一个景观的稳定性依赖于许多因素，包括系统的抗阻力以及从变化中的恢复力。封闭、疏松度、邻接及外形是决定一个景观健康和有效的一些因素。久而久之，景观可能会在稳定与不稳定状态中波动，但最终趋于动态稳定性或是生态平衡。[13]

城市化使景观不断变化，产生新的生态。景观的生态生产力依赖于系统中所有要素的整体联系。在城市中，一个复杂的城市生态的许多方面是精心设计的，不允许有整合流程。为了使城市变得更加具有生态可持续性，必须开始诱导跨城市的整体流动，换句话说，在城市中贯穿斑块、廊道和基质系统。关于这点的一个例子是，在许多城市环境中雨水径流的标准化处理。雨水在这些环境中通过沟渠流进通向河流和海洋的雨水排水沟，避开了大量的生态变化机会。城市从物质和功能上分割了都市元素。最初，我们建议城市需要变得更具多功能性、更具空间动态性，或者构成这个城市的斑块（城市街区、公园、休闲场所、商场、商务花园、交通运输中心及各种机构等）需要更好地相互连接以便更好地可持续发展。从理论上说，这意味着通过创造和当地生态系统更加融合的环境，对资源与能源的需求影响以及对废物的制造可以降低到当地水平。

斑块系统

人类定居通常会导致景观受到干扰，也通常导致外来的新生态物种取代本地固有的生态物种。这些物种常常是入侵性的，并不太适合本地生态。另外，在人类定居之前就有的或存在于邻近未开发地区的复杂生态系统常常被人类创造的相对简单的生态系统所代替。城市由广泛的流动物组成，它们包括物质、信息、能量、有机物、营养物和水等。它们由从风力到机械化运输的各种方式来推动，并可能被容纳或疏散，被引导或随机分配。在过去，城市一直受高度管道化的流动物控制，这意味着它们常常是没有生态生产性的，因为流动物是被高度控制的，通常不能合并成为广泛的生态系统。城市也是由经过长时间进化的高密度斑块和廊道系统组成的聚生景观。市中心往往是分布不均、一成不变的环境，每片土地在斑块的构成上都是高度一致的。城市环境中高密度的街道系统意味着城市街区被相互隔离，换言之，在构成交通和分配网络时，廊道也起到了界线的作用。

市中心被楼宇和使交通变得困难的硬质景观占据着。福曼和哥德龙指出，郊区景观更加多元，相对来说廊道或基质元素更少，在那里"斑块"数量达到最大并且植物多样性相对较高。[14]大部分当地城市是城市与郊区景观的结合，拥有大量的斑块。然而，郊区景观拥有更多的机会，这是由于它们有较低的楼宇密度和相当多的绿色空间。因此，主要由交通网络界定的斑块系统成为当代城市的背景基质。当代城市低的或是负的生态生产力是由于在分布不均的景观中缺乏连接度，在那些地方，廊道系统网络和锐边阻止了交错的流动物。由于有更广范围的斑块类型和相对开放的组织结构，我们认为郊区具有更高的生态可能性。布伦达·凯斯·希尔（Brenda Case Scheer）强调了这一现象，她将城市景观拓扑结构分为"静态型（static）""灵活型（elastic）"或"场地型（campus）"。[15]静态型拓扑通常反映的是市中心街区系统。灵活型通常和未规划的以及不稳定的郊区环境相关联，导致产生不确定的或"几乎看不见的和正在理论建设的"[16]空间。场地拓扑属于规划的开发，如机场、公寓楼和各种机构，它是一种介于静态型和灵活型之间的拓扑结构。灵活型和场地性拓扑可能占据了最大的生态可能性。

斑块的内在特性差别很大，可以形成基质或不同要素的整合体，其中这个综合系统是界定地块的拼凑。城市作为综合的生态系统或景观是在持续变化的，因此它们受制于每天、每季和每年的变化周期性。一个景观内的异质性、多样性、灵活性、流量以及进化是生态功能的重要指示剂。人类活动，特别是对能源和非再生资源的消耗及之后的废物排放和处理，常常对景观间的流动产生巨大影响。城市化进程总是与人类对景观的管理有关，定居者很少或根本不知道他们对生态、特定景观或其中的要素产生的各种影响。最终，如果一个城市景观中贯穿各要素的生态流能更有效，那么城市将变得更加可持续发展，在那里资源和废物的管理能以一种更综合或功能更复杂的方式来处理。仔细研究一个城市的景观生态特别是其斑块和廊道运作系统，是了解城市环境及其相关地域生态复杂性的一种方法。由于环境分布高度不均，期望更加可持续发展的当代城市就需要厘清斑块间的内在联系。在《土地拼块：景观和地区的生态》（*Land Mosaics: The Ecology of Landscapes and Regions*）一书中，福曼认为在地区层面的工作是实现可持续系统的最佳方式。他写道：

> 在均衡状态中包含了各种不同阶段的许多斑块的大块区域被称为移动的拼块（*a shifting mosaic*）。尽管整个区域保持稳定，但时间一长，不同地方的斑块就会出现和消失。除了考虑移动拼块的变化，斑块动力学（*patch dynamics*）关注在一段时间中引发斑块及其内部物种变化的事件或动因。一次近瞬时扰动是典型的继发结果。从形成到"顶级"群落，每个斑块均显示出方向性。受扰动影响的斑块形成率与斑块内部的演替率之间的平衡决定了整个拼块变化的速率和方向。因此，该拼块可能会或快或慢地降级或升级，也可能处于稳定状态。[17]

它采用了"斑块动力学"的概念，整个概念作为理解景观功能的一种方法被用于景观生态学中。在高度斑块化的环境中，如城市，斑块结构系统被建立，它创造了不断重组的基质或拼块。显而易见，城市及郊区环境中的斑块和廊道系统充分衔接或彼此限定。虽然在较大城市系统中的一块特定斑块在较大的廊道网络中有它的位置并由该网络提供服务，但是两者间的内在关系往往是刻板机械的。整个系统的功能依赖于单个斑块的构成、界线（通常是廊道）的结构以及在景观内部和外部运作的流形式。大的斑块比小的斑块支持更多样的生态。但是，一连串的或是拼接的小斑块可以使用像一个单独的大斑块一样的方式来运作。斑块有许多形状和尺寸，由诸多因素导致。它们包括：①紧凑斑块形状，像方形，储存能量，但是有扭曲边缘的斑块加强了与邻近生态的内部联系；②当斑块与其他斑块互相连接时，它的功能发挥得更好，或者它们又可渗透边缘；③斑块的相对大小以及边缘（或界线）的长度决定一个景观如何抵抗物种流、能量流和物质流。斑块的边缘维持一个有别于其内部的生态系统。一个具体斑块的功能也依赖于它在整个系统中的位置，包括它直接邻近的地区和它的本地环境。因此，各种尺度和背景基质的所有方面影响着一块特定斑块的行为。在一块以斑块为主的景观内，当各种流在整个系统中建立时，布局就显现了，并且可以采用各种形式显现出来。

斑块结构系统是包含群落属、力、剥蚀和沉积一整套不停变化的概念。例如，若干斑块可以形成一个群落或是一个更大的斑块。这就像用一床由斑块连成的被子所创造出的效果，各种斑块连接在一起形成形状和样式。斑块被子中的每一块有它自己的位置和特征，可以在更大的系统中作为限定区域存在或是混合进更大的样式中。正如福曼和其他人所暗示的，对于一个景观，特别是对于一个开创变化或结构组织的斑块结构来说，有许多的外部和内部因素。这些可以得到人类和非人类动因的支持或者作为一个整体从系统中显现出来。例如，单独的斑块在一个更大的斑块结构中可以起到补偿条件作用，或者它们就像病毒那样入侵、利用、推翻或内爆一个更大的系统，这和福曼及哥德龙认为的干扰概念或是植入斑块相一致。一个表现稳定或很长一段时间内都处在稳定状态的系统会突然崩溃或发生改变。在当代斑块结构的城市里，人们寻求一个走向连续的空间，在那里生态流可以完全整合，并且斑块结构的样式将会成为决定性因素。在较大景观中，尺寸、形状、位置、边缘条件和斑块构成对理解一个动态稳定的系统至关重要。这意味着一个城市斑块结构系统中的样式将会由生态因素决定。

因此，一个城市，作为一个主要由斑块和廊道组成的系统，可由具体的斑块和廊道组成（如一个公园或街道），或是作为一个不断重新调整的互动元素的斑块结构系统。一个城市总体结构内的特定斑块包含一组特别的有机物、元素和根据系统使用和执行进行编码的空间。依靠斑块内的相互作用及它与更大斑块系统的相互关系，一个特定的斑块要么独立于更大的系统，要么在更大的斑块结构内对性能变化方式起作用。如果一个斑块是孤立的，并且功能单一，正如在城市环境中常见的，那么它的生态潜能或内在连接力就不强。为了使一个斑块在一个更大的生态基质中高效运作，边缘必须是可渗透的。这与景观生态学是一致的，它指出了斑块和斑块结构的运作是由包括尺寸、形状、多样性和边缘条件等诸多因素决定的。城市中边缘的失效对于生态功能性来说是非常重要的，就像外部流运动的创造抑或阻碍系统性的廊道或渠道。在当代城市中，如果背景基质变成具有不断自我重组能力的功能性斑块结构，那么它将像一个具有物质、有机物、能力及废物的高流动度潜能连续空间系统那样运转。在斑块和斑块结构之外是特定系统内边缘或界线的功能。在城市中，廊道的功能是作为运动、分配和交流的渠道，同时也在相邻土地斑块中起屏障作用。

如上面所言，高度斑块化的城市常常在通过它们扩展的廊道网络支持流动的生态流时受阻。激活一个斑块结构系统的方法是选择性地减少或改变系统中的边缘，这包括交通网络、财产分配、分区制度及基础设施系统。实际上，这一直是当代郊区细分中的例子。在那里，有对均匀应用在市中心常见的街道网络的背离。像所有复杂的机构一样，城市遭受了不断变化的过程，它可以改变边缘和激活斑块结构。这些变化包括扩张力、崩溃、形变以及迁移。这些变化的过程会通过打洞、切割或分裂减少的方式来改变或划分一个现有的景观。其他力量会导致一个景观崩溃可能性的增长，或者在尺寸上的缩小，或者元素的完全丢失。作为高度斑块化的景观，城市也高度碎片化。许多景观，特别是城市和郊区的，都一直处于完全的碎片化，这导致了居住地丧失、孤立及生态破裂。最终，斑块尺寸、连接度和界线长度在界定一个景观的空间成分时是决定性因素。[18] 作为人造景观，城市景观一旦建成，改变就相对缓慢。最终，城市由许多种类的斑块生态组成，从小的斑块，如绿地空间、停车场、建筑物；到大的斑块，如城市公园。

随着城市环境中廊道系统和分界（地界线、区划、基础设施）的扩展使用，结果是无限制的边缘长度。福曼写道："在可持续性问题中，人类是边缘物种……他们通过分割土地极大地增加了边缘界线，我们忽略了大斑块的重要价值，于是损害了我们的景观。"[19]换言之，当人类定居一块景观时，他们在景观要素（街区、街道、公园、场地等）之间创造了许多意外的、精确的边缘条件。景观要素间边缘的孔积率和界线或边缘的结构（轮廓清晰的、模糊的或者重叠的）对一个景观的总体功能和相互连接非常重要。要素间的界线决定了相邻土地斑块间流的数量。边界越复杂，复杂交替变化的可能性越大。[20] 在每个生态系统中，景观结构与流在景观中的运作方式之间有直接的关系。由于相对来说没有被打断，越同质的景观往往越支持连续的流。然而，景观中有着大量边界的流会依靠边界的可渗透性。边缘受到各种各样活动的影响，它们本身就是栖息地，不同于邻近生态，因为边界常常包含高度的多样性。受太阳、降水和风影响的微气候条件在来自斑块内部环境的边缘条件中非常不同。通过它们的作用，人类对一个景观边缘的创造和维护有巨大的影响。不管是在农村、郊区还是城市，这些边缘常常是生态流的屏障。跨越边缘和边界的运动与流动的控制是由风和水流或者是运动（动物、人类和机器的）所决定的，因为所有的边缘都是过滤装置，包含某种程度的渗透性。[21] 生态学家在决定一个景观的有效性时，往往会研究那个景观内在流动的受阻情况。根据福曼对景观抗力的描述：

> 由于景观结构特点的影响阻碍了物体（物种、能量和物质）的流动。因为分割空间元素的界线通常是物体加速或放缓速度的场所，所以有人认为边界跨越频率（boundary-crossing frequency），即每单位路线长度边界的数量，是衡量抗力的有效方法。[22]

在一个系统中抗力是知晓流动的一种方式，流动物以一种互相协调的方式运动，或者它们被不可渗透的阻挡物阻碍。

城市具有高度的异质性和同质性，并有许多轮廓清晰、通常不可渗透的边界，它们阻止来自预先设定的通道以外的流动物的进入。这使得流动物"跃移（saltatory）"或受阻。这关注的是流动物如何链接、如何畅通无阻，以及在一个景观中如何互动。但是，跃移的流动物也在一个景观和要素流动之间有更多的互动。[23] 在自然景观中，边缘往往是曲线的和复杂的，由软的凹面或凸面构成，有很高程度的咬合（inter-digitation）或互动，以及越过边界的流动物。在由人类干预而发生严重变化的景观中，边界往往是硬质的、直的、轮廓清晰的、能阻碍有机物的、能量及物质流的，等等。[24] 因此，穿过一片景观的生态流既是斑块、廊道的功能，又是边缘的类型。两个生态系统间的软性边缘创造了一种混合状态或是"生态过渡带"，它的作用是一种内部系统。这作为生态系统间的过渡发生在扩展了的自然景观中。在当代城市中，由于它们硬质的边缘，城市要素（斑块、廊道、基础设施等）的功能性分割通过区域规划和规划体制被增强，并被广泛使用的"缓冲"增强：

> 作为一个区域减轻或减缓对另一个区域的影响，缓冲的概念在土地使用的讨论中很常见。它叙述了两个不相往来的地区合并成一块。一块分割两个地区的缓冲区有时用于最小化负面的互动，有时用于减少一个边缘中急剧的梯度变化。缓冲可能会抵制或者吸收那些流动物。这也是与通过雕琢和管理边界的多种方法来实现的两种相同的功能。[25]

用于许多当代城市的缓冲技术在功能上隔离了城市要素，同时与生态过渡区有理论上的相似性；但是，它们不是扮演相同的角色，而是表现得更像一个独立的要素，并且不是一条密集的边缘或边界。实际上，功能性城市区划的使用是用来阻挡地块间的流动物。当代城市中缓冲系统的软化是另一种方式，这种方式鼓励跨界流动。

如上所述，边缘的种类，特别是在一个斑块系统或基质系统中，是很重要的。景观要素间的边缘和界线有五种相互连接方式：栖息地、过滤、渠道、资源和嵌入。这表明边缘在与较大系统相互作用的方式中要么简单、要么复杂。依赖其宽度、构成和相邻斑块，边缘或是边界状态可以增强或阻止流动物，也可以作为空间顺序起作用。该空间顺序支持生态系统作为资源、废物和有机物管理的一部分。边缘，就其构成来说，可以是生态系统间占有内部区域的有机物的一个位置，也是一个屏障，是一种便于自由运动的开发状态，和（或）生产或储存物质、能量和营养物的位置，等等。由一个斑块结构或是基质中不同的边缘状态所引起的可渗透性方面的差异决定了流体程度与种类。[26] 这些特点和廊道的功能作用极其相似，如上面明确解释的。在边缘构成和特殊斑块的功能间存在一种直接的内部关系；边缘基于斑块的大小和形状、方向和气候、系统中元素的相对年龄、有机物的活跃性、斑块的总体构成以及各种邻接物的结构，有不同的特点和厚度。尽管景观中人类创造和维护的边界是相当稳定的，但边缘和界线随着时间的变化，依赖活动空间的力量会增长或缩减。[27]

城市生态中的相互连接性

城市居民往往生活在一个相对稳定的系统中。但是，城市不断遭受物质、社会和生态流的力量，并被各种结构、强度、政治和官僚的政权、天气形态、地质力量、自然灾害、虫灾等影响。城市和郊区环境的潜能就在于通过让城市更有效地适应能量、物质及信息流和社会系统来提供更环保的连接。换言之，运行的整个场所可以被激活不是依赖于独立的、互联较弱的、不能提供整个城市系统功能的网络。构成郊区和城市环境的土地斑块可以再度使用，因为现在它们常常死气沉沉或起消极作用。界定大部分城市斑块的界线是基础设施系统，它们是特定方向的通道流，但又往往是交叉流的重要屏障。城市景观中边缘和界线的高等级与有效城市生态的发展背道而驰。系统内外的力量汇集在一起，创造了一个新的联盟、一个新的解决办法或一个新的配置形式。

为了提高斑块化景观的连接度，斑块结构应变得活跃，或者一个转变的方式系统和变化的解决办法必须出现。界定城市斑块结构的廊道系统在城市提供了一项重要功能，但是，这些也起着边缘和界线的作用。换言之，廊道系统也应被解读为边缘，这将把它们描述为更复杂的城市结构。斑块结构变得有活力的能力依赖于个体斑块与使用中的斑块结构之间的边缘结构。为了使郊区和城市的斑块与廊道结构更好地连接起来，廊道必须具备一个系统运作那样的功能，成为分配网络的一部分；还要作为一个可渗透边缘的系统，允许交叉流、栖息地和资源 / 嵌入。虽然郊区和城市景观往往高度斑块化，但郊区更容易维持一个功能性斑块系统。由于斑块相对的不可渗透性以及固定的廊道系统在数量上的优势，市中心更有抵抗性。令人遗憾的是，城市斑块往往缺乏活力。因为它们的功能被限定，位置也被准确限制，它们常常以孤岛的形式存在。为了产生流动和相互连接性，细分城市数量众多的边缘必须瓦解。城市中的每一斑块都有直接运动和流动的潜能。

一个景观中一些典型的人类干预增加了景观的异质性；但是，过多的干扰导致景观生态的同质化。郊区和城市斑块结构往往是生态同质的或单文化的，常由引进的或是入侵的物种与（或）类型组成，有明确的限制界线，不允许交叉迁移或种类相互影响。城市是许许多多流类型的作用，主要是沿着既定的路线和渠道：公路、高速路、飞行路径、电话线、污水管道，等等。对这些流的管理在整个城市化历史中都存在。社会结构总是操纵和抵抗着既定的管道，并且电子技术也能以更加分散的方式来操作。由城市重组引发的交叉流的出现需要界线的改变、力的利用及某些机构的运作（如城市政府、社区和专业设计人员）。当我们向当代城市扩大景观生态（和斑块动力学）强大概念的适用性时，我们接受了城市结构是独一无二（因为它们包含空间的、时间的、社会的、情感的以及物质的特点）并且无限复杂的这样一个观念。如果我们把一个城市视为一套非常复杂并紧密相连的生态的话，我们可以进一步将城市理解为是系统、空间、元素、行为、影响、机构、语言、结构及代码的集合。城市包含了能够改变不断在起作用的生态和空间结构的各种各样的力。目前，对安排好的运动渠道、功能分区和财产所有权的严重依赖阻碍了当代城市的生态和谐。经过更复杂界线所创造的更大的内在连通性是城市迈向可持续性的必要步骤；有完善斑块和廊道的景观将使当代城市的生态性更加有效。

注释

1. See Jane Jacobs, *The Econmmy of Cities* (New York: Random House, 1969), 3-48.

2. See David Orr, "Architecture, Ecological Design, and Human Ecology," in Kim Tanzer and Rafael Longorio, eds, *The Green Brald: Towards an Architecture of Ecology, Economy and Equity* (London: Routledge, 2007), 15-33.

3. Herbert Girardet, *Creating Sustainable Cities* (Devon: Green Books, 1999), 61-62.

4. Rob H.G. Jongman and Gloria Pungetti, eds, *Ecological Networks and Greenways*：*Concept, Design, Implementation* (Cambridge: Cambridge University Press, 2004), 5.

5. See, for example, Brian McGrath and Victoria Marshall, eds, *Designing Patch Dynamics* (New York: GSAPP/Columbia University, 2007). See also Stan AIIen, *Practice: Architecture, Technique and Representation* (London: Routledge, 2009), 159-191 .

6. See Richard T.T. Forman and Michel Godron, *Landscape Ecology* (New York: John Wiley & Sons, 1986), 83-120.

7. Ibid., 124-127.

8. Ibid., 146.

9. Ibid., 397-398.

10. Ibid., 161.

11. Ibid.,404-411.

12. See Douglas G. Sprugel, "Natural Disturbance and Ecosystem Energetics," in S.T.A. Pickett and P.S. White, eds, *The Ecology of Natural Disturbance and Patch Dynamics* (Orlando, FL: Academic Press, 1985), 344-351.

13. Forman and Godron, *Landscape Ecology*, 431-435, 449.

14. Ibid., 302-303.

15. See Brenda Case Scheer, "The Anatomy of Sprawl," *Places* 14, 2 (2001): 28-37.

16. Albert Pope, *Ladders* (New York: Princeton Architectural Press, 1996), 5.

17. Richard T.T. Forman, *Land Mosaics: The Ecology of Landscapes and Regions* (Cambridge: Cambridge University Press, 1995), 44; emphasis in original.

18. Ibid., 407-412, 426-428.

19. Ibid., 81.

20. Forman and Godron, *Landscape Ecology*, 177.

21. Forman, *Land Mosaics*, 100.

22. Ibid., 279; emphasis in original.

23. Forman and Godron, *Landscape Ecology*, 357-361.

24. Forman, *Land Mosaics*, 83.

25. Ibid.,292.

26. Ibid., 96.

27. Ibid., 104-111.

第三部分　适应力

9 从地面开始的设计

人道主义设计的风险和机遇

——迈克尔·扎瑞茨基

有越来越多的设计师想拯救世界。最近，在全世界范围的大学、公司和组织中，涌现出了"公益"设计、"公共利益"或"人道主义"设计项目，以及社区或者"参与式"的设计项目。我们认为，社区的一些需求受到诸如贫穷、环境、气候和政治危机的侵害，对于这些问题，设计实践者、教育家和学生都是能解决的。设计者配合社会与自热科学，以及艺术学科，创作出建筑和场所，为避难所、住房和发展的必要性提供亟待解决的方案。

在世界范围内的许多大学和非营利组织，比如人道主义建筑和设计公司，当地的和公共机构层面的一些社区设计中心，为这些项目的发展提供了支持、资金、能源、人力资本和灵感。这些项目为获取设计教育能量和灵感提供了前所未有的机遇。这些设计教育结合练习、研究、教学和这些机构发展的服务利益，满足社区长短期的需要。然而，如果这些项目的设计不具有敏感性，那么它们就很可能会通过多种方式对社区造成破坏。本章对一些风险和机遇进行了探索，设计师在为社区开展所需的非自己文化的项目时，就会面临这些风险和机遇。本章基于罗奇健康中心（Roche Health Center）进行探索，罗奇健康中心是塔桑尼亚（Tanzania）乡村正在建设的一个项目，是我自 2008 年以来研究和教学所关注的重点。

人道主义设计的机遇

设计公平

我们注意到，设计服务主要提供给那些有支付能力的人，同时，基础设计经常能改善那些有需要的人的生活质量。在全世界，有很多例子是关于社区的，这些社区都受益于人道主义设计和建设。毫无疑问，从表面上看，产品可能是一座新的大楼，但是这些相互作用最持久的印象却是社会性和文化。在亚拉巴马州（Alabama）的乡村工作室，设计 / 建造项目的学生详细地写出了学生和家庭以及他们工作的社区之间建立的关系。[1] 当这个项目在海外出现了正面的影响以后，它将会改善人们对美国的负面认识。

学生能量和灵感

在任何有机会实际体验他们所拥有的对社区产生积极影响的技能潜力的学生身上，都发生了永久性的改变。建筑和设计项目的学生要在设计工作室中花费数千小时致力于设计的开发，因此设计工作室是大部分设计课程的核心。这是一块未开发的资源，直接指向实际的项目和客户，它通过提供建议来为需要的社区作出巨大贡献。身为十几家建筑设计工作室的专家，据我的经验，当学生知道他们的作业会对社区产生潜在效益时，他们往往会更彻底、更勤奋、更有创造力、更负责任地工作。当学生开始意识到，他们的设计决定将会对这些社区产生持久的影响时，他们会严格地、饱含激情地去完成它。

员工研究议程

我告别了全职的建筑工作，进入了学术界，这样我就可以有更多的机会去正面地影响世界。很少有这样的职业，一个人可以有机会将精力、知识和经验贡献于自导（self-directed）研究和知识的传播。在科学界，研究通常是指向对世界广泛受益（比如，医学、药剂学、工程学等）的目标。然而，在设计的学科中，研究是最近出现的一种现象，其作用仍然在讨论中。实践建筑师很少转向建筑学术领域进行研究。这与医学、工程以及其他科学有显著不同。其他科学的研究发生于大学内，并且通常作为职业实践的基础。设计研究要求设计员工参与研究以获取职位聘期，体现出用一种未被开发过的潜力来促进设计学科发展的方向，同时也使社区受益。

协作和跨学科活动

人道主义设计项目不可避免地会要求设计者协作和跨学科活动。毫无疑问，在21世纪，建筑实践和学术界认识到了，要想实现成功，则需要高度的协作。学术设计工作室是学习必要技能，以在这些环境下取得成功的理想实验室。责任落在了教授的身上，他们需要跨出舒适区，与其他学科进行互动，并提供有效的管理、协作和领导，以使这些研究取得成功。而在这样的模型下受教育的人们，在当前设计学科实践中就作好了更加充分的准备。

基于研究的设计

　　大多数建筑项目的预算和计划限制，使得设计师没有大量的时间进行专注的研究；一项建筑预算中包含研究和开发的费用，这种情况是极其罕见的。我们在坦桑尼亚乡村所牵头的那些项目中，学生、工作人员和顾问花费了 18 个月对项目进行研究，这个项目的总预算不到 50 万美元（相当于美国许多街区单一住户的成本）。在人道主义设计项目中，大部分人的工作是不发工资的。结果是，对于所有项目构成和所有涉及的学生而言，他们的焦点单纯放在了成功开发项目上。因为人们觉得有必要做一些积极的事情，所以存在一些非营利的项目。这些项目没有财务上的收益，而是一种典型的帮助其他人的渴望驱动人们去追求这种工作。无可否认，这是有积极结果的。现在，一些设计和工程公司要求其员工贡献出一定比例的时间进行人道主义的工作。对罗奇健康中心项目，英国奥雅纳工程顾问公司在许多的会议和视频会议中，让其工程学专家无偿解决热力、结构和建设性问题。

　　我们用了好几个月，花费了大量金钱，对健康中心进行了本次研究。最近有人问我："如果你只有 6 个月或者 6 周去做这件事，你会怎么做？"[2] 在学术界之外，这样规模的项目很少进行重要的研究。在学术界内，我们有机会将吸取的教训传播给学生、员工及其他项目。这类型的研究必须使多个项目或者社区受益。我们进行本次系统的研究，使得其能够由在这个领域内工作或者在其他领域中做类似工作的人们进行有效的传播和展开。对于这个项目，塔桑尼亚政府一直在考虑将其作为坦桑尼亚乡村健康护理的一个原型。然而，如果不进行初始的研究就进行复制，它则将与从英国引入的殖民建筑一样没有效果。

　　除了单项工程，我们还在做一个说明书，提供与坦桑尼亚所有区域相关的基本研究，以及需要在每个项目中单独应对的一系列独特的条件。此外，我们将会提出一个总体规划的规模关联和建设技术的系统，它可以根据区域特异性进行调整。[3]

使其他人的生活受益

　　在罗奇健康中心项目中，超过 200 名个体——学生、职员和顾问——参加了项目的建设，这个项目将直接给此区域中约 25 000 名村民带来效益。坦桑尼亚政府也将这个项目作为乡村区域未来医疗机构发展的一个可能的先例。除了那些在坦桑尼亚的人们，每一个项目中的工作人员也都认识到，他们有可能给世界带来积极的影响。

人道主义设计的风险

我在设计学校所遇见的大部分学生都有一种帮助其他人的天性，如果一个社区需要帮助，那么他们会竭尽所能。然而，对一个社区来说，引入陌生的建设程序或者产品，首先要考虑社会的、政治的和技术上的影响，这一点很关键。这些项目令学生、教育者和实践者都很受鼓舞。但首先社区需要回答这样的问题："首先需要的是什么？"尽管我们可以设想一座新的建筑将会有多大的用处，但这不是最先要考虑的事情。

任何建立在一个人自己的文化背景之外的项目，都需要这个人考虑很多短期和长期的风险。通过已有的研究，通过不断的试验和错误，或者通过（文化的）扩张与自大，均会产生设计。为一个有需要的社区开始任何人道主义项目之前，一个已知的设计理论是非常重要的，因为这类型的项目中存在固有的重大风险。我们只需要关注区域中殖民建筑的长期影响，比如在东非地区。英国人将传统的砖石结构房屋带到了气候、技术、社会和文化条件有本质不同的地区，尽管这种房屋在他们的祖国可能很合适。这些在区域中不合适的建筑物带来的损害远远比最初建设时的损害扩展得更广泛；通常的情况是，即使在殖民期结束之后，这些社区仍然继续模仿这些建筑的风格。

任何发生在异国的活动，无论它似乎看起来有多么利他，都会有意想不到的结果。在帮助有所需要的人受益前，有一段漫长的殖民史。正如爱德华·赛德（Edward Said）在其有巨大影响力的讲座"文化和帝国主义"中所讨论的，帝国的创立和帝国主义的形成可以通过"暴力、政治合作、经济、社会或者文化独立"来实现。[4] 具体来说，经济、社会或者文化独立的不可预期的影响，是人道主义项目潜在的不可预期的结果。

根据赛德所述，"帝国主义"是指一个主要城市中心的实践、理论和态度，这个城市中心统治着遥远的地方，然而"殖民主义"往往是帝国主义的后果，其本质就是在遥远的领土移民定居。[5]

比如，坦桑尼亚联合共和国自从 1961 年以来就摆脱了其殖民的定居，然而，现在仍然有很多建筑与殖民时期的英国建筑相像，典型的是不加固的石造建筑。这些建筑建在有频繁地震活动的区域，那里的气候会通过本土的建筑（茅草屋顶的泥房子）成功地进行建筑上的调整，效果要比不加固的石造建筑更好，因为石造建筑有漏水的金属屋顶和结构上不结实的木质框架。

澳大利亚建筑师和健康栖息地项目负责人保罗·菲勒洛斯（Paul Pholeros），谈到了他 20 世纪 70 年代初次拜访贫困原住民社区的情形。尽管他认为他和学生将会建造住房，但是实际上人们需要的是管道系统。菲勒洛斯没有提出设计方案，只是在现有的住房条件下，对人们的基本需求进行了评估，并且对建筑学学生进行了培训，使学生能够对房屋的管道和电力安装设备仔细地进行测试，以便及时进行加固工作，而这正是一个社区所需要的非常紧急并且有效的对资源的利用方式。[6]

菲勒洛斯小心翼翼地花费了大量时间来评估这种情形。他引用弗雷德·霍洛斯（Fred Hollows）医生（一位眼科医生，因治疗当地土著的眼疾而闻名）的话："没有调查就没有服务。"[7]根据菲勒洛斯的说法，这意味着："如果你无意帮忙，那么告诉人们他们的眼睛或房屋有问题就没有意义……无论何时何地。"[8]花时间做研究，却不提供任何结果，没有比这样的行为更能够迅速地失去社区的支持了。菲勒洛斯督促那些为社区需要而工作的人们，在没有做出一些对社区有意义的事情之前，永远不要离开。

在国外建设项目，可能会产生额外的风险。这些项目中引进的技术并不安全可靠，或者在区域中也不能持久。一种已经接受的技术会产生出对某些东西的技术依赖性，而这些东西是不可再生的，或者也可能使社区的成员失去工作。此外，对于任何引进的技术，必须要考虑长期维护的问题。

人道主义设计的理论方法

在世界范围内本质不同的环境下，在为社区进行某些设计中，个人或者组织起着什么作用？这个问题虽然会产生一种谦卑感，但是不会丧失生产能力。讽刺的是，我们在坦桑尼亚的经历表明，在我们参与之前，一家坦桑尼亚建筑公司提出了一个对现场、气候、文化或者村民的具体需要完全没有考虑的设计提议。之后我们得知，他们提议的设计已经在肯尼亚（Kenya）完全不相关的地方进行了建设。

设计师的责任包括对客户需求的评估、对程序的评估以及对解决当地环境条件的建设项目的评估。对于健康中心项目，施工区域是东非的乡村，与现代城市有几个小时的距离，区域中的部落社区没有电力、水利设施、卫生设备。这种类型的项目所具有的额外的挑战创造出一种增长的需求，以根据恰当的研究和相关的接近设计过程的理论观点，创造出有意义的合适的设计。

阿莫斯·拉波波特（Amos Rappoport）根据4个理论问题，为发展中国家提出了一个有效设计的理论：[9]

①设计不是基于一时兴起、猜想或者设计师喜好的一种自由的、任意的、"艺术的"或者"创造性的"活动，而是一种负责任的尝试，以帮助提供适合特定人群的环境。可以想象，如果适合问题中讨论的群体并且是该群体所渴望的，设计师可能会设计一种环境，即使这种环境是设计师本人非常不喜欢的。

②理论的目的是设置目标，为在许多可供选择的事物中作出选择提供标准，这些选择都包含在设计中。这些标准的目的是引导出问题的答案：应该做什么，为什么要这么做（而不是如何去做）。后一个问题处理的是执行的问题，有各种约束和变量，比如，经济、政治、结构、材料、现场条件和喜好。

③普遍原理 [理论基础] 只有基于充足的证据才能够使人信服。

④此类证据，为了能够充分扩展，必须包括：

（a）所有历史阶段，不只是现在或者不久之前的过去；

（b）所有文化传统，不只是西方的传统；

（c）所有设计形式，包括文字出现之前的、本国的、流行的等，不只指高级文化风格的传统。[10]

尽管许多设计师可能会感觉他们已经在将文化敏感性融合到他们的工作中，正如拉波波特提出的一种理论方法给出了一种明确清晰的方法论，它能够让人道主义项目使各方都受益。

对非洲援助的反应

最近，有大量的负面文献描述西方在非洲的援助。其中一位知名的作者是丹比萨·莫约（Dambisa Moyo），她是来自赞比亚的一位经济学家，在牛津大学和哈佛大学受过教育。她在《无助的援助：为什么援助无效，如何才能更好地援助非洲》（*Dead Aid: Why Aid is not Working and How There is a Better Way for Africa*）一书中写道：西方对非洲的援助实际上是有害的。她清楚地指出，在过去的 50 年，对非洲超过 1 万亿美元的援助实际上阻碍了非洲的发展。[11]

援助未能持续使非洲受益的一个重要原因是"微观—宏观悖论"——"短期有效的介入不太可能会产生一些可识别的、持续的长期效益。更糟糕的是，可能会无意间破坏已经存在的持续发展的脆弱机会"。[12] 莫约举了一个例子，一家蚊帐制造商有 10 名员工，他们每周生产将近 500 套蚊帐，每个员工要抚养将近 15 名亲属。这个生意很成功，但是他们无法生产出足量的蚊帐来抵抗携带疟疾的蚊子。"然后一个好莱坞电影明星叫嚣着出面了，这个人集结群众，促使西方政府收集并发配 10 万套蚊帐到那个地区，花费了 100 万美元。蚊帐到了那个地方之后进行分配，那么这个明星确实是做了一件好事。"[13] 然而，那个蚊帐制造商现在破产了，雇员也无法抚养家庭了。此外，莫约提醒我们，蚊帐很可能在 5 年以后出现破损，需要更换。那时，谁将替使用者更换？

援助最大的一个威胁是腐败，而腐败在非洲大陆上非常普遍。援助助长了腐败，增加了受助人对援助的依赖性。这些问题在我们向需要的社区提供援助的时候必须要考虑到。

适用的技术

适用技术的定义是任何目标、程序、观点或者实践，通过满足人类的需求加强人类的满足感。当一项技术与地方、文化和经济状况（即人类、物质和经济的文化资源）相兼容，并且使用地方材料和能源，利用由当地人口维护并控制运行的工具和程序的时候，则认为是适用技术。如果技术与其所使用的社会的文化、社交、经济和政治制度相一致的时候，则认为技术是"适用的"。[14]

有关适用技术的一位作家，弗朗西斯·范尼克（Francis Vanek），描绘了两种设计类目，这两种设计类目适用于低收入区域的任何项目——"硬件设计"和"软件设计"。[15]

在硬件设计中，将一个设备分解成零部件，根据这些部件的尺寸和材料对其进行精确的定义。设备要求每一个部件都按这些标准进行组装，以使设备运作。以汽车为例：一个发动机活塞，如果周长出错或者表面不光滑的话，就会妨碍整台车辆的移动，即使所有的其他部件都是"根据规格"建造的。

合适技术经常是在"软件设计"的基础上建造的，软件设计的概念要以领域内的修改为准，以便更好地利用适用的材料和专利技术。特定的材料或者技能可能适用，以便设计具有这样的灵活性。[16]

范尼克提出了3个问题，这3个问题引导了技术的实现：

1.这个项目/技术对这一社区会产生什么影响？

图 9.1
坦桑尼亚罗奇健康中心现场 （照片由埃米莉·劳什提供 2009）

2. 它与当地情形和需要兼容吗？

3. 是否有任何潜在的不利因素在它们初看时是难以发现的？ [17]

为了有效回答这 3 个问题，与社区进行不间断的现场互动是非常关键的。通常这些是通过与当地非营利合伙人合作来实现的，而这些合作伙伴对特定社区的文化有所了解。

案例研究：乡村生活扩大到罗奇健康中心

乡村生活推广项目（Village Life Outreach Project，VLOP）是一个非营利组织，这个组织关注的是为东非坦桑尼亚罗亚地区的人们提供健康和教育改善的措施。在这块区域中，平均每 5 万人中只有一名医生。[18] 通过努力，乡村生活推广项目的目标不只是提供施舍物，还会提供"支持"——也就是使当地村民能够解决影响他们社区的问题。乡村生活推广项目所要解决的问题是健康、教育和生活领域内的问题。[19] 通过阐释与加入来对抗非洲的贫穷，乡村生活推广项目期望通过推广人道主义的观点、服务和社会责任来强化当地的社区。[20]

乡村生活推广项目的设计方式

"村领导确定他们自己的需求，"医生解释说，"然后我们与他们制定策略，决定如何共同解决这些问题。这种买进（buy-in）的方式强化了他们各司其职的想法。这是一种支持，而不是一种施舍的心态。" [21]

根据乡村生活推广项目主席和创建者克里斯·刘易斯（Chris Lewis）博士的说法，"3 个关键的概念指导乡村生活推广项目的任务：对预防保健的强调，村民可以自食其力的长期解决方案，以及任何项目所有阶段的村庄合作关系" [22]。这些关系产生了以村庄为基础的水资源、健康和教育的管理委员会。说到水资源管理委员会，刘易斯声明："这个项目完全是可持续的。"他继续提道："我们无须注入任何资金。相反，每个村庄组建起一个水资源管理委员会，到其他村庄走访，指导人们如何建设这些过滤器。上一次我们为水资源管理委员会提供资金，用于为每个委员会购买2辆自行车，以方便他们在其他村庄之间来往。"[23]

村民们没有经常性的清洁水资源，大部分水源都是从地下水源收集来的，村民们经常与家畜共用。由于缺乏清洁的饮用水和卫生的水源，出现了许多健康问题。水源过滤和消毒被认为是乡村生活推广项目水资源委员会工作的关键要素。

自2004年以来，乡村生活推广项目每年都要拓展"队伍"，带领20～30位自费的学生、职员、医学实习者、护士、工程师、建筑师以及教育者到那个区域去，到临时现场诊所处理严重的疾病，去解决基础建设和教育问题。在每次行程中，他们会特别为将近1 000名村民提供医疗援助。然而，对于大多数村民来说，这是他们唯一可以接触到的医疗保健。乡村生活推广项目的长期目标涉及区域中永久医疗保健的发展，这个长期目标由社区经营，得到坦桑尼亚政府的支持。

合作关系

对于任何团体来说，在非自己的文化中工作，很有必要在社区内建立一种长期的合作关系。人道主义设计项目的复杂性要求有关于社区、文化和项目所在区域的第一手资料。乡村推广项目与其姊妹关系的非营利组织希拉提健康、教育和发展基金（Shirati Health, Education and Development Foundation，SHED）在区域内定期进行协调。当地的合作关系也是相当大的资金和研究来源。此外，乡村生活推广项目与辛辛那提大学（University of Cincinnati）以及诸如无国界工程师组织（Engineers Without Borders，EWB）这样的学生团体，还有其他地方和国家附属机构有持续的合作。

罗奇健康中心

在2008年春季，乡村生活推广项目在坦桑尼亚北部的区域开始建设一个健康中心，在那里可以为将近25 000位村民服务。罗奇社区提供了占地21英亩的建筑场地，但那里现在没有发电设备、清洁水源或者处理卫生或废物的基础设施——尽管所有这些设施对健康中心都非常重要。刚开始时，乡村生活推广项目雇用了一家位于坦桑尼亚最大城市达累斯萨拉姆市的商业建筑公司开展设计工作。这家公司甚至没有考察现场或者与村民沟通了解情况，就提供了一套图纸。这套图纸没有地形等高线或者现场所包含的各种关系，而是假设电力、水源和卫生设备均可以正常使用。

我们觉得，这种设计方法并不符合乡村生活推广项目的持续性方法，它是从参与可持续性发展的人们中寻找额外的投入。当让来自辛辛那提大学建筑和室内设计专业的一个团体来评价这个设计提议的时候，我们立刻意识到，它没有任何与乡村生活推广项目或者他们在坦桑尼亚工作的社区相符合的地方。

因此，在位于芝加哥、洛杉矶和旧金山的英国奥雅纳工程顾问公司以及辛辛那提环境保护机构的工程师协助下，我们开始与辛辛那提大学设计、建筑、艺术和规划学院（College of Design，Architecture，Art and Planning，DAAP）以及工程学院（College of Engineering）的全体教员和学生合作，在健康、教育和持续发展方面对社区进行研究并设计了长短期的需要。

通过大量的跨越文化、历史、政治、环境、气候和建设的研究，项目由最初设计一个健康中心的目标扩展到了社区中心的发展，建成一个关于健康、卫生和建设的教育中心，以及一批医护人员的住房。在设计任何建筑之前，对水源的收集、储存、过滤和分配，电力的收集和分配，以及卫生设备，都要有一个完整的执行计划。

从调研开始

在设计学科内，"调研"有许多形式。对于罗奇健康中心项目对社会文化状况的定性评估，文化关系对建设、建筑"意义"的调查研究以及其他标准，都是通过数据收集和分析、先例分析、规划分析、正式的和空间的调查与访问进行的。定量的研究包括人口统计学和医疗数据，气候和环境分析，消极的设计策略，水源使用和收集评估，电力使用评估和可再生能源潜力。

图 9.2
辛辛那提大学学生勘测罗奇健康中心现场

定性研究

在一个国外的非营利项目中，首先要面对的部分挑战就是弄清楚受项目影响参与人员的幅度。你是为谁设计的？谁能作决定？对于这一点，需要第一手的资料。如果没有旅行的预算，则需要找到其他可替代方式来获取一个地方有意义的第一手资料。在我参与这个项目之后不久，一个乡村生活推广项目团队离开了坦桑尼亚。在他们离开之前，我们创想了一系列的采访问题和研究要求，乡村生活推广项目成员并且还花了 30 个小时，对当地村民、村领导、医生和护士进行采访。一位研究助理对这些视频进行了概括，现在这些视频仍然是我们研究整体的一部分。

2008 年 10 月，我跟随乡村生活推广项目旅行到了肯尼亚和坦桑尼亚，度过了两周时间。在这期间，我们进行了大量的现场研究，包括一些对当地村民的采访，与当地建筑师、施工工人、制造者、材料供应商、社区领导和医务人员的会面。我们的基地在希拉提镇，从那里我们前往乡村生活推广项目工作的村庄，包括罗奇村庄，医疗中心就位于那里。那个区域没有地图，更没有对这 21 英亩场地的测量数据。来自我们大学的一位土木工程的学生在一些村民的协助下，完成了首次场地测量工作。

在这个区域中有两种明显的建筑形式。本土的建筑是用圆形或者矩形的泥块建成，茅厕使用剑麻秆和绳索进行结构固定，茅草屋顶是用当地的野草搭建。就采光、通风、灵活性和施工能力而言，这种建筑很不错。做饭和洗浴在小屋外面进行。这些建筑的使用寿命有限，由于每年两个雨季中大雨的影响，一般 5 ～ 7 年之后就需要进行重建。我们考虑将其作为医疗中心的模型,尽管后来与当地社区的采访表明此类型建筑不适合作为公共建筑。

通过采访,我们了解到,这个地区的大部分男子在结婚之后都期望建造更多的永久的石造建筑,这种建筑用火烧砖块和木头架构的屋顶结构建成,支撑波纹金属板屋面(通常会镀锌)。它们显然是从殖民建筑中衍生出来的,那些建筑使用的是由英国人引进的进口混凝土砖石(concrete masonry units,CMU)材料。尽管英国殖民者早已离开,但是这些建筑仍然代表着当地建筑的最高标准。社区的建筑都有这种建筑风格的倾向。然而,其中许多建筑遭受了严重的损伤,有一些建筑的墙壁已经倒塌了,几乎每家的屋顶都无法避雨。当地从加固的 CMU 建筑向未加固的脆弱砖块的转型表明,这种建筑在有严重地震活动和倾盆大雨区域具有不利因素。

图 9.3
坦桑尼亚尼亚姆博哥斑驳的教堂墙壁
(乡村生活推广项目供图)

图 9.4
典型的现有的砖块和 ISSB 的砖块 (上图由乡村生活
推广项目供图 下图由埃米莉·劳什供图 2009)

询问和倾听

在与罗奇村委会的会议上讨论设计健康中心的时候，我们问村委会是否有任何故事或者神话需要我们考虑的。通过翻译，村领导阿尔弗雷德（Alfred）给我们讲述了 Kamegata 人的故事。Kamegata 人是卢奥族的一个分支，卢奥族是这个区域的主要部落。根据我们对这个故事的理解，阿尔弗雷德是 Kamegata 部落最初国王的玄孙。这个群体过去一直生活在苏丹，直到 4 代以前，当时国王作出决定，他们需要在一个更加富饶的地方定居。他们派出了一个委员会去寻找新的家园，然后在坦桑尼亚北部找到了他们的新家。在新的位置定居不久之后，一群外国人试图从他们的手中夺取土地。他们抵挡住了那群外国人，守护住了那片土地。他们所定居的土地，现在是健康中心所处的地方，社区已经将这块地方捐献给了乡村生活推广项目及其在当地的姊妹组织 SHED。

图 9.5
罗奇村委会领导描绘罗奇健康中心所在地

在那位国王去世之前，他告诉他的子民，对下一批到这个地方的外国人，他们的社区要表示欢迎，并且这些外国人将对 Kamegata 部落未来的发展非常重要。阿尔弗雷德告诉我们，对于这个社区，乡村生活推广项目的成员就代表那批外国人。这就是他们将最珍贵的一块土地捐献出来建设健康中心的原因。

听了这个故事，我和每个在这个项目中工作的人都感受到了对这个社区责任感的增加，但同时它突出了提出正确问题的重要性。这个健康中心现场展示给乡村生活推广项目已经有将近两年的时间了，这是他们第一次认识到这个社区的重要性。

在阿尔弗雷德跟我一起绕着健康中心现场周围溜达的时候，我携带了一台便携式全球定位仪(Global Positioning System,GPS)。在我同另外两名村庄的成员绕着现场溜达的时候，我也标记了现场的周长。尽管没有明显的指示牌，但是 GPS 的数据显示他们 3 人所走的步数几乎一样。很明显，他们对这个地方非常了解。

量化研究

从国外收集关于坦桑尼亚乡村的量化研究是有挑战性的。除了没有地图、没有位置轮廓外，我们还无法在现场周围找到任何气象站，因此，我们不得不扩大对气候数据的搜索范围，以便将具有相似海拔的坦桑尼亚和肯尼亚城市包括进来。根据气候数据，我们能够得出一些策略，来实现所有建筑的热舒适。然而，后来我们意识到，我们所设想的舒适水平是以美国的舒适标准为基础的，而罗奇社区拥有一个明显不同的舒适区。当我们向村民有关这个明显的热舒适的时候，刘易斯博士指出："我从来没有见过任何人在暖和的室内感到不适，甚至是当我们［乡村生活推广项目成员］在冒汗的时候。"[24]

收集到的量化数据需要评估、分析和评论。首先我们从研究构造、设计和建筑性能开始。在现场调查时，我们使用了基本的工具：卷尺、罗盘、红外测温仪、照度计和便携式气象站，测量温度、湿度和风向，以及速度和地表温度。我们采集整个建筑和这个区域的温度、湿度和风向。我们对一些学校、诊所和房屋进行了测量并做了记录，还拍了上千张照片。

我们与几位工程师合作，将这些信息解析成有意义的总规划和单个建筑的设计策略。我们利用各种软件进行气候分析和能源建模。

尽管软件建模是很有用的，但是我们发现亲自动手采集的数据更加有用，也更加精确。我们没有找到这个区域有关降水的数字信息，但是幸运的是，我们发现参与 SHED 的一位医生在过去的 10 年一直在标记降水量，这为我们对环境的分析提供了极其重要的数据。

尽管健康中心项目的复杂性还没有展开，但已经有人组织了一系列专业化的委员会来区分在工作室解决的核心建筑设计问题以及学生、教员和工程实习生所要解决的基础建筑问题。它们包括一家罗奇健康中心基础建设委员会，一家水资源小组委员会，一家电力小组委员会，以及承担计算项目液体动力学分析的一家通风设备委员会。

我们确定了需要进行检验性测试的具体条件。我们建立了特定建造条件的实体模型，包括用制砖器生产砖块，浇筑内联混凝土柱。由于屋顶特有的声学条件，我们了解到，有必要通过屋顶减少声音的传播。我们建了 4 种不同的屋顶，1 种可以让水流通的造型，并且测量了声音通过不同屋顶传播的情况。

我们建立了一个之前案例的集合，提供了具有类似建筑程序、气候、材料和建造风格的项目的对比和案例。它们包括非洲的项目以及全世界具有类似气候条件的地方的建筑项目。

所有这些研究在我们的项目发展中都很重要。根据分析，我们得出了假设，但是我们意识到，只有建筑建好并能够进行评估和监测的时候，我们才会知道是什么起作用了。我们将在第一期建设的整个大楼安装数据记录器。这些数据将会告知剩下负责建造的人。

研究结果

初始研究的结果是罗奇健康中心的一套设计意图。

乡村医疗保健的一个模型

根据 2006 年《世界卫生组织报告》（*World Health Report*），坦桑尼亚的医生与人口比例（1：50000）是世界上最低的。将近 45% 的坦桑尼亚人口在过了 40 岁之后，就有可能活不下去了。[25] 孕产妇死亡率在上涨，且至少 30% 的人口营养不良。[26] 罗奇健康中心将为 25 000 位村民提供医疗护理，这些村民目前在几小时步行里程的范围内无法接受医疗护理。

坦桑尼亚政府承诺解决对健康护理的需求，并且鼓励在全国范围内设立医疗护理中心。我们的目的就是提供一个模型，可以轻松应用到坦桑尼亚的环境中。

教育和一致评估

一套新的医疗保健设施将解决严重的医疗需求，但是为当地的一些区域提供健康教育将会导致全体人口对医疗保健需求的下降。这种现象包括教导蚊帐的使用及蚊帐的分发、水源的过滤、卫生、饮食健康以及许多其他领域。在每一种情况下，健康教育都是项目整体的一部分。

在罗奇健康中心，有各种医疗训练情形下的训练设备。有为当地医护人员培训当地村民健康护理和卫生保健，以及对来自其他地方的医护人员进行培训的场所。这些场所的设计有效促进了医学的教学、测试和学习。

在罗奇健康中心和医疗住房内，全程使用、展示并且例证了恰当技术的例子有水源保留、水源回收、水源过滤及废物处理设备。这些都是对当地社区进行教学的可行的工具。

罗奇社区中心

在遍及世界范围的社会团体、社区中，都会建设一些区域供人们聚集和进行社交。罗奇村庄和周围的村子没有可供进行互动的社区"中心"。在设计之初，新的罗奇健康中心已经明确将成为这个区域的社区中心。这个设计提议逐步演变为包括社区规划、教育和不同规模的商业空间并占据要道。这些都是区域内有组织的一系列由表及里的层级，隐私程度也越来越高。

作为在温带气候区域找到的典型的乡土建筑，区域中的许多日常活动也在区域外发生，包括在户外或者火坑烧饭，在被称为邦达（bondas）的有遮蔽场所吃饭。整个区域的学校和医疗诊所在庭院空间中布置得井井有条。因此，户外空间和邦达在项目组织中起着关键的作用。

为所有人的设计

根据坦桑尼亚对医疗设施的指导方针标准，任何一个健康中心必须为医护人员提供合适的住房。[27] 设施要足够令人满意，以吸引医疗专家到坦桑尼亚达累斯萨拉姆和姆万扎（Mwanza）城市的医学学校去。然而，健康中心还必须同时为病人和其家人、员工、来访的医疗人员以及整个社区提供支持。

总体规划包括为医生和护士及其家人的住房提供单独的区域，并且包括为来访的医疗人员，如乡村生活推广项目的人员拟建的设施。在诊所内有为病人家属指定的区域，以便家属为病人提供食物和洗衣服务。此外，在健康中心内也有为男士、女士、儿童、孕妇和产妇提供的特定区域。

基础设施建设

考虑到没有清洁水源、电力来源、干净的卫生设备，所以需要开始一项彻底的、分期进行的基础设施建设。根据与他们签订的公众—私人合作协议，一旦健康设施建设完成并获得许可，坦桑尼亚政府会提供基础设施。然而，没有人保证政府会在未来什么时候兑现。因此，在总规划中也包括一个全面的基础设施建设计划。考虑到社区的健康、安全和综合性知识，发电和储电技术、水源收集、存储和过滤技术以及废物收集技术必须要可行。所有的基础设施设计选择的目的均在于为社区提供最高质量的资源，对环境造成最小的影响，将对维修的需求降到最低水平。

除了要挖一口井，以提供大量需要的水源外，每一个屋顶都要作为水源收集器。在进入高级存储方式之前，需要将水存储起来，以备长期使用。将水源分配到单个建筑中，进行过滤，如果需要的话，还可以进行加热。然后便携式水源将到达中心区域——一间储水房间。在那里将水源人工配送到每个需要的建筑中。这确保了水质，保证了这种容易受到侵害的脆弱资源的安全。

通过使用被动式太阳能原理能为建筑提供无机械冷却或者加热的能源，从而使能源需求保持在最小化水平，因此可再生能源是发电的主要资源。照明、抽水、医疗设备及电气用具所需要的能源将由光伏太阳能板提供，并带有备用发电机。

从文化角度看，环境卫生是一个复杂的问题。区域中所使用的典型的茅坑是一个可行的选择，因为没有用水泥密封的茅坑很少能被填满。很不幸的是，废物渗漏到土壤中，有可能进入地下水和蓄水层。从生态学角度看，一个更加坚固的有水泥密封的茅坑则需要将废物清理出去，但是没有公司提供这项服务；最合适的解决方案是堆肥型厕所，尽管在厕所废物清理中存在文化耻辱。但是我们将尝试慢慢将堆肥型厕所融入社区，同时与社区合作以评估是否可以通过教育改变这种文化耻辱。

从地面开始的设计

区域中所有的建筑都按预期成为罗奇村庄和整个区域中有效恰当的当代建筑的一系列教学工具。当代的窑火烧制的砖块建筑对环境有显著的负面影响，在结构上也不坚固，并且会导致严重的浪费和森林砍伐。未来的建筑必须体现更加有效的解决方案，解决这些环境影响、持久性和稳定性问题。然而，所有的新建筑应该包含可用材料、建筑知识和合适的环境表现。

图 9.6
罗奇村民展示 ISSB 的砖块 （埃米莉·劳什供图 2009）

图 9.7　提议中的罗奇健康中心入口数码渲染图

　　健康中心建筑的设计要清晰并可以复制，以激发技术的转移。这些建筑将成为教授新建筑方法的模型和当地人表达手艺的途径。通过将当地的材料和手工艺引入新的建筑方法并鼓励在现场进行互动，健康中心将成为罗奇社区创新和灵感的核心。在社区教育中心，村民们可以接受建筑课程教育。

社区采购

　　健康中心必须受到罗奇人民和周围区域人们的欢迎和接受。罗奇健康中心设计的提议来源于对使用设备的社区的纲领性的、文化的、社会的和审美渴望的清晰理解。然而，我们认为，我们无法完全理解一个建筑形式对这个社区意味着什么。我们不断向当地的合作伙伴 SHED 以及罗奇村社区展示我们的设计进程。虽然反响很积极，但是让村庄彻底接受并"拥有"健康中心很关键。我们将在罗奇健康中心融合绘画、图画和罗奇人民的手艺。

灵活性和一种系统的方法

　　无论我们设计的是什么，它与实际建造的都不会完全一样。我们打算为社区提供的是一些建议和关系，他们可以借以融合并调整他们自己的需求。我们提议了一种建筑和空间系统，它能够调节，以适应房屋居住规模或者医疗建筑群的机构规模。空间结构将使采光和通风以及循环最大化。这些空间可以通过材料尺寸的多样性和机构对用户需求的依赖度来进行分配。

对于建造系统，我们根据可获得材料的距离，提出三种材料选择：只在罗奇和希拉提（20 千米以内）可以找到的，在最近城市塔里梅（40 千米）的五金店可以找到的，或者从最近的主要大城市姆万扎（200 千米）可以获得的。根据可用性和预算，他们可以选择使用哪种系统来进行建设。

扩展，分段进行，重新评估

健康中心设计将包含彼此之间存在清晰关系的简单、可复制的建筑物，它们围绕明确定义的室外空间。现场方案建议包括医疗诊所、医疗人员住房、患者和患者家庭的宿舍、为诊所和社区服务的食堂，以及社区和教育活动场所。这些建筑物的相邻区域拥有充足的室外空间，允许所有患者和设施用户之间进行交流。这样的组织方式旨在为扩展提供一个明确的系统。

一期建设打算修建一栋诊所大楼和一间医生病房。该建设将提出光线问题和解决方案。这些将在任何附加建筑修建之前被记录在案、被研究和评估。其目标是，项目将随着需求的具体化和知识的增加而变化。该设计在项目的每个方面都应保持使用、技术和建筑的灵活性，以使用户能够与该设计进行相互融合，并对建筑物的设计进行调整。

评估这样的一个项目的成功充满着挑战。我们希望发现罗奇村社区能够在系统设计和该项目所包含的健康中心的建设方面有所改善。我们希望他们能够淘汰那些用陶土烧制而成的砖头修建的无法抵抗地震的建筑物，而用更加安全、更加耐用的建筑物进行替代。并且，我们希望健康中心能够有效地服务于社区人民的健康、生活和教育。

注释

1. Andrea Oppenheimer Dean and Timothy Hursley, *Rural Studio: Samuel Mockbee and an*

Architecture of Decency (Princeton, NJ: Princeton Architectural Press, 2002).

2. This question was asked on February 9, 2010 by Marshall Brown (an author in this volume) following a lecture that Michael Zaretsky gave at the Illinois Institute of Technology School of Architecture on the Roche Health Center.

3. Christopher Alexander utilized this approach in several of his projects. See Christopher Alexander *et al.*, *Houses Genernted by Potterns* (Berkeley, CA: Center for Environmental Structure, 1969).

4. Edward Said, "Culture and Imperialism," Lecture at York University, Toronto, February 10, 1993, Accessed November 4, 2008.

5. Ibid,

6. From email correspondence with Australian Architect Paul Pholeros of Healthabitat who has spent years working with Aboriginal communities in Australia: February 26, 2010.

7. Ibid.

8. Ibid.

9. Amos Rapoport, "Development, Culture Change and Supportive Design," *Habitat International*, Vol. 7, No. 5/6 (1981): 249-268,

10. Ibid., 249-250.

11. Dambisa Moyo, *Dead Aid: Why Aid is not Working and How There is Another Way for Africa* (London: Allen Lane, 2009).

12. Ibid.,44.

13. Ibid.

14. Frank Conteh, "Culture and the Transfer of Technology," in *Field Guide to Appropriate Technology*, ed. Barrett Hazeltine and Christopher Bull (Burlington, MA: Elsevier Science, 2003), 3.

15. Francis Vanek, "Design Philosophies for Appropriate Technology," in *Field Guide to Appropriote Technology*, 8.

16. Ibid.

17. lbid.,9.

18. *World Health Report 2006*: *Working Together for Health* (Geneva, Switzerland: World Health Organization, 2006).

19. "About," *Village Life Outreach*, Accessed January 5, 2010.

20. Deborah Rieselman, "Doctor to Africa's Desperate Poor," *University of Cincinnati (UC) Magazine*, Accessed November 11, 2009.

21. Ibid.

22. Ibid.

23. Ibid.

24. This quote comes from a conversation with Dr. Christopher Lewis on December 2, 2009.

25. United Republic of Tanzania Humanitarian Country Profile, from IRIN, the humanitarian news and analysis service of the UN Office for the Coordination of Humanitarian Affairs, Accessed March 1, 2010.

26. Ibid.

27. The United Republic of Tanzania Ministry of Health. "Overview of Dispensary and Health Center Requirements" from the *Guideline Standards for Health Facilities*.

10 建设性对话

社区建设——社会变革的一种手段

——尼克·西曼

1998 年，斯尔巴斯蒂（Sthir Basti）[1]，一个坐落在加德满都（Kathmandu）边界开发地带的寮屋社区，面临着许多挑战。这里的孩子无法接受教育，他们居住在不属于他们的土地上，害怕被驱逐。通过对居住在这里了解他们的人处得知，他们很难融入该社区，很难认为他们自己是该社区一部分。他们的收入很低，几乎没有什么财务来源，只能保证基本的物质生活。

2005 年，加德满都的边界也出现了其他类似的区域。城市已经渐渐扩大，已经包围了当地的居民。这些地方的财富增加了，出现了学校、水泵，同时居民参与社区生活的积极性也增加了，这可以从妇女储蓄团体的活动网络看出来。个人活动可能已经给特定家庭带来了财富，但是居民广泛的变化是由于社区发展举措，其中包括修建学校。支持像斯尔巴斯蒂这样的社区，可以促进发展和提高他们化解各种挑战的能力，因为一个社区是解决我们所有人面临的全球环境问题的中心。

持续的实践需要大量的社会变革。社区是社会变革的基本单位。本章将介绍基于社区项目的两个例子（一个是尼泊尔的社区，一个是澳大利亚的社区），这两个项目都明确实施了将环境影响和资源储存作为重点的战略。本章探究了社区建筑工程的作用，以解决社会和环境问题，还提供了一个进行实践的方法。

与过分依赖化石能源、能源损耗、水资源缺乏和森林减少相关的问题都被详细记录在案，因为这是建筑设计对这些问题的影响。在建筑历史上，没有任何新的观点能够像可持续发展一样迅速和完全地获得市场的关注。大多数建筑师和客户说，他们需要考虑这个观点。问题是，如果没有充分的社区参与和认同，所有这些观点是否具有任何真正的意义。

知识话语和政府政策持续关注操作性问题、规范程序和专业的建筑技术知识。然而，这些并不能改变我们的建筑方式，解决我们的环境问题。这种改变是社会的。社区提供了一个探究问题、寻找解决方案和实践决策的论坛。然而，个体通常并没有为应有的牺牲作好准备，他们可能需要改变他们的生活方式，以减少对环境的破坏。因此，社区举措可以为这种变革提供基础。社区建设项目使人力在共享的资源附近流动并导致直接行动。投资就使得社区成为人们所赖以生存的建筑群。

最近，建设性对话建筑师（Constructive Dialogue Architects）[2]项目修建了一座对环境冲击很小的教堂。该教堂将大量借用日光、被动式太阳能设计和空气对流来代替人工照明和空调。这些都是通过建筑定位和定向来实现的，房间开向相互连通的花园，这些花园沿着一个斜坡顺势而建。然而，要维持该教堂对环境的保护，必须遵守其使用的方式，比如教堂社区承诺不进行高能源消耗的供暖和制冷系统更新改造。这样，该建筑物的成功依赖于在设计阶段该社区所获得和保存的知识和技能。

本章中所介绍的方法是最近十几年来建设性对话建筑师得出的，它结合了像保罗·阿特金森（Paul Atkinson）[3]一样的社会研究者所采用的参与者—观察者方法，以及克里斯多夫·亚历山大（Christopher Alexander）[4]的范式语言。两个项目将被作为研讨案例来说明这种方法。第一个案例研究是上面提到的尼泊尔社区学校，通过这个案例，将初次对该方法进行介绍。第二个案例研究描述了澳大利亚收留无家可归的流浪汉之家的再开发工程。这两个项目之所以被选择，是因为它们都关注社会变革过程且规模比较小，使得对它们在细节方面进行研究变得相对简单。

尼泊尔社区学校建筑

1999 年，我作为建筑师参与了卢曼提（Lumanti）的项目，这也是我研究生调查的一部分。[5]卢曼提是当地的一家非政府机构，支持着尼泊尔的社区发展项目。我与卢曼提项目一起，协助当地社区大约 170 户居住在并不属于他们的土地上的人家修建了一所学校。该工程，包括妇女储蓄团体的建立，[6]由卢曼提支持在其他社区发展项目之后进行。卢曼提的官员将学校的修建作为社区基于共同资产运行的机会，这需要进一步的合作，需要个人对社区组织发展作出更大的承诺。这也为社区提供了额外的资源。一系列的主题超出了研究的范围，并暗示了建筑实践是如何支持社区发展的。这些主题包括设计语言、社区发展以及与现在情形的关联。

术语"设计语言（Idesign language）"被用来描述一系列的概念，通过这些概念，人们可以讨论建筑方案计划，比如功能要求、建筑形式、材料以及空间之间的关系。这个项目用于与"帕卡学校（pakka school）"相类似的概念，这激发了社区成员的参与热情。以下内容引用自现场笔记，描述了普拉桑特（Prashant）组织的初步规划会议，其中的一位社区成员推动着项目的进展：

> 这次会议在曾经的一所学校里面召开。在这所由竹子所架构的建筑下面，有一个尘土飞扬的院子，大家都坐在垫在院子地上的小毯子上。男士坐在前面，女士按照她们所在的小组坐在后面。有些人坐在院子边缘房屋前面的走廊处。普拉桑特与市政部门的一位代表坐在桌前。市政部门引进了该项目，并将为他们提供老师。他向群众解释道："之前用竹子建造的学校是失败的，我们耗尽了资源都没有完工，然后它就土崩瓦解了。对于这个学校，我们将提供劳动力和基础设施。卢曼提必须提供其他所需资源，修建四间教室，而且必须为帕卡（结实的）。"
>
> 每个人都知道他所说的是什么样的建筑物。那栋建筑物应该被修建在一层砖块上，以使其保持在洪水水位之上，结实的白色墙壁，一面装有木质结构的窗户，以及不隔热的金属屋顶。他拿出一幅设计图来支持他"公立学校"的概念。

这段摘录表明"帕卡学校"被认为是一种已知的产品。它被戴维斯（Davis）[7]定义为重复配置空间的建筑类型，反映了一种文化共同理解和分享的关系和价值观。这就成为与社区合作的一种重要概念，因为它是一种被认可的形式，而且有一个明确的目的。社区成员解释了在自住房屋修建方面接受"katcha"（暂时的或临时措施）建筑与他们在社区建设方面所期望的帕卡建筑的区别。这种特殊的类型选择也支持普拉桑特的主要目标之一，也就是在一所认可的公立学校的校址上的注册问题，他认为这将减少被驱逐的可能性。

第二个主题是"社区发展"。该项目主要的关注点之一就是社会支持和成果。卢曼提希望学校规划过程可以促进妇女储蓄团体的发展。阿斯塔（Asta）是该社区第一个妇女储蓄团体的组长，她对学校规划和建设并不满意。其不满意的地方如下，摘录自现场笔记：

"阿卡什（Akash）认为窗户可以接受，但是其他的不行。柱子是歪的，墙壁也不够直。"施瑞什（Sirish）支持她的观点："教室也不行，因为上面的屋顶是不对称的。我们的意见也只是决策的一部分，在那之后，男士还是可以做他们想做的。"

在对窗户的讨论中，阿斯塔提出了应该增加其采光度，并且应该使新鲜空气能够流通。她赞成我的建议，修建更多的窗户，以及通过将一些墙砖拿下来从而增加一系列镂空位置。男士也同意，但是并没有完全遵照这个建议。

"我不会再提出任何建议，因为并没有人在意，即使我筹集到了 12 000 卢比的款项（卢曼提要求妇女储蓄团体从社区成员之中募集款项，用于支持学校建设）。如果我知道如何修建一面墙，我将自己行动。我希望修建一所好的学校，增加孩子玩耍的场地，不让他们在泥土里打滚，甚至将院子铺上水泥，并且增加一道大门以防止人们将垃圾扔到那儿。"

我建议我们进行砌墙培训。阿斯塔非常兴奋。她当然很高兴，因为施瑞什、珀尼玛（Purnima）和萨拉拉（Sarala）也将参与进来。她们将向那些懒惰的男士展示她们的勤劳和智慧。而且如果由她们来修建，"那这所学校一定非常漂亮"。

在这个摘录中，我们可以觉察到一系列的问题。首先，储蓄团体是现存的重要社会机构。它们将人们联系到一起，提供了供他们讨论的论坛，并帮助他们募集资金。其次，这个小组为这个社区带来了变化。即使妇女在初始规划中被排除在外，但是通过对资金的控制，她们作为社区领导小组的代表，获得了在社区问题中持续的发言权。最后，妇女在学校建设上有一个不同的目的：为她们的孩子创造一个更好的学习环境。最终普拉桑特和阿斯塔的目标都能够实现。但是，这些目标是规划过程的一部分，对其进行定义是非常重要的。

这些储蓄团体支持弗莱德曼（Friedmann）[8] 所描述的社区需求或"基础"。该工程的相关基础有社会组织、资金来源、防御空间、信息以及建筑技能。如果不考虑建筑的质量，社区作为一个整体，能够从各种基础的强化中获得比仅仅获得一座完工的建筑更多的利益。该方法将被社区成员掌握，将鼓励妇女的积极参与，以及鼓励她们从各种事件中学习经验以及完善系统，以避免错误决策的再次发生。

最后的主题是将"联系实际"作为更大工程的基础。该工程的每一阶段都注重对现存社会和环境结构的微小影响，而不是引进新的设计方案和进行更大规模的再规划。修建学校第一间教室的经验为她们进一步的工作奠定了基础，使得她们更加独立。第一间教室完工后6个月，教室仍在使用中，妇女们继续维护这栋建筑，修补破损并规划进一步的措施。6年后，她们已经另外修建了两间教室、厕所和一个水泵并铺设了院子。

这种熟悉环境的渐进性变化使得社区能够关注具体的、细微的问题，而不是被更大的项目搞得不知所措。这也给予参与者足够的时间，在规划下一个阶段时，能够评估上一个工程阶段的完工情况。这样一来，社区成员就能够控制每一个阶段的进度，管理产品，而不是依赖于捐助者。一个运行良好的环境的保留因素对可持续发展是至关重要的。它能够节约更多的人力和资源，这些被节约下来的人力和资源便能够用于其他需要的地方。

该学校工程最主要的成果是社会性的：该社区化解各种挑战的能力。然而，在物理环境发展中，主要关注的是规划和建设过程。建筑师的职责就是帮助促进规划的过程，指导关于环境影响的讨论，并且帮助作出各种选择。社会研究方法使得我能够形成对各种与社区成员有关问题的理解，制定讨论问题的机制并且评估工程每个部分的成果。这种方法能够帮助分辨格根（Gergen）所描述的"社会知识"，[9] 或是对需要解决的环境问题的普遍理解。

一位社会成员指出，卢曼提的职责和我的职责是："通过激励关于该项目的讨论并促进工程的实施，而不是募集资金赞助，从而使得修建学校成为可能。总是有很多争议使得修建学校这么大的工程变得困难。"不幸的是，他们不将这些问题视为反思的机会，而是将它们视为剥夺建筑最终使用者权力的借口，并将这种权力集中到少数控制资金的决策者手中。

澳大利亚流浪汉之家

福斯特之家（Foster House）是坐落在悉尼的一家由救世军（Salvation Army）管理的收留流浪汉的机构。当该机构的管理团队考虑对其提供服务的方式进行重大调整时，建设性对话建筑师参加了该大楼的修复工作。因此，与尼泊尔的项目一样，这栋建筑也是有目的性地支持其他社会议程。该项目包括了参与者—观察者调查研究，审查大楼以建立起初始配置的优势，与管理团队共享设计语言的开发，渐进式变化以调整目前的环境，以及旨在探究重大设计决策含义的研讨会。

管理团队提出的主要议程是方式的变化。他们定义了从住宿的供应到案例管理的转变。根据福斯特之家员工的要求，在过去 20 年间，前来这里的人员档案存在一些变化。最开始的时候是 50 ~ 60 岁的酒鬼；现在入住人员的平均年龄大约是 39 岁。另外，情况也变得更加复杂。在悉尼，除了缺少租住合适住所的途径外，很多人由于社会原因常常无家可归。服务记录显示，80% 的客户有心理健康问题，74% 的客户有吸毒或酗酒的问题。在该项目初始建立之前，服务的主要关注点是给流浪汉一张床。现在，管理团队希望能够关注个人变化。用经理的话说，这需要"这些人去挑战转变，以获得更加稳定的生活方式并帮助他们找到一种方式"。管理团队同时也拓展了他们自己作为团队探究问题的案例管理，而不是利用从上至下、基于指导的决策机制。

该建设计划包括 3 种不同建筑项目，首先是要建设戒瘾病房，然后是改变入口和办公区域，最后是重新配置酗酒人士房间（intoxicated persons unit，IPU）。从而，这些项目在为期 5 年的时间段内，按照从最简单到最复杂的形式依次进行。每一个变化都反映了管理团队在案例管理方法上面的进步。

最初，建设性对话员工花费了一些时间，用于在该机构观察在一天的不同时间发生了什么，还召开了研讨会以研究案例管理方式的意义。该项目团队（建筑师和管理人员）形成了一系列设计理念作为共同的*设计语言*，这些设计语言能够被转化为大楼具体的变化。通过将一系列的理念提要与对图纸的依赖联系起来，发展了亚历山大的"范式语言"。[10] 单独的图纸被用来说明每一个设计理念。这就通过给予讨论过的概念一种明了的形式，提高了管理团队的输入，使得方案更加完美。

来自管理团队的反馈是：该过程不仅是有价值的，而且是非常熟悉的。它允许员工能够基于他们的经验、培训和知识探究相关概念，并且与他们自己的案例管理工作具有相似性，即可以达到知情决策的目标。

案例管理方式需要解决 3 个社会问题：欢迎进入；可辨识的路径；小组对话的安全环境。

每一个问题以及与管理团队一起制定的相关设计理念文本与他们积极推进的具体建筑项目都将在下面列示出来。许多设计理念虽然都涉及多个社会问题，但是其重心都放在与它们相关的主要问题上。

第一个问题是关于"欢迎进入"，涉及居住者到来的所有过程。不管是街头流浪生活的艰辛、心理健康问题、医疗问题还是其他原因，许多居住者并不是怀着愉悦的心情来的。在第一个修复项目开始之际，管理团队已经实行了一个"袜子和内衣"项目（该机构已经为那些来求助的人发放了二手衣服）。这个项目为每一个踏进这栋大楼的人都提供了新的袜子和新的内衣，以及一盒甜牛奶饮料。尽管一些员工可能对此持怀疑态度，但是该项目已经减少了一些侵害行为，同时也改善了员工和这些居住者之间的关系，也帮助这些居住者提高了睡眠质量。

项目团队意识到，人们到来时所感受到的环境对于社会结果来说非常重要。通过这些环境，这些来到这里的人能够感受到尊重，能够认识到这个机构的外观和他们之中很多人所熟悉的监狱、医院以及其他一些机构是不同的。该地这些机构的外观有塑件表面、刺眼光线及玻璃屏障等特点。这些外观经常会激发居住者的侵犯行为，每个人要么变得顺从，要么就是不得不起来"反对制度"以获得任何自主权。更进一步地说，由于该机构位于郊区，而该郊区已经中产阶级化，员工感到机构需要呈现出一个非贫民窟一样的正面外观，以便能够和街上其他建筑的居住者保持更好的关系。

这就产生了两种主要的设计理念："支持客户享受服务的过程"和"一个清晰的通道"。

设计理念：支持客户享受服务的过程

该设计需要反映出进入和支持的过程。客户从街道上一个主要进入点进入。然后他们便能接受到一系列服务，包括食物、洗浴、新衣物以及治疗，最后他们到达可以休息的地方。在离开时，客户可以再次获得这些服务。

该理念被完全应用到酗酒人士房间（IPU）从街道到卧室的转变路径。该模型参见图10.1，该图显示了酗酒人士房间（IPU）的不同部分以及将该路径直接引入到该空间：一

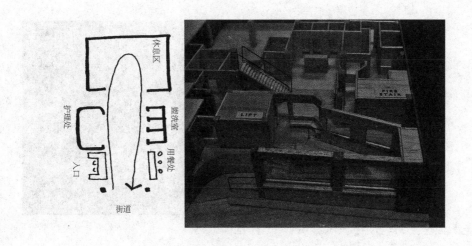

图 10.1

设计理念图（支持客户享受服务的过程）　图片描绘了如何用空间结构模型展示一个设计理念的实现

个坡道直达大厅，服务都在大厅周围提供，寝室在楼上。

设计理念：一个清晰的通道

　　"你要么进要么出。"如果一个人居住于此，他们就应当遵守这里的规矩。通道的起点设立在规矩起作用的地方。员工能够控制进入点也是很重要的。如果居住者被要求离开大楼，他们就不应当坐在入口处，导致员工不能够驱使他们离开。

　　之前的酗酒人士房间非常昏暗，让人感觉不愉快，而且寝室外的互动空间非常狭小，视线范围也非常有限，居住者几乎不能看见街道和该大楼的其他区域。由于该房间位于大楼最低的楼层，正对着后巷，因此白天需要尽量将其敞开，以便阳光能够照进去。图 10.2 的金属屏障显示了大楼的栅栏，它清楚地刻画了大楼的边界，但是却能够允许更多的阳光照进酗酒人士房间的大厅。斜坡区域和栅栏本身就形成了所需要的屏障。将栅栏作为交叉杆的设计被用来营造了一个有趣的外观，从街上看起来，它显得并不像一个公共机构。

　　第二个问题"一个清晰的通道"对新方法至关重要，并且作为关心的拓展，它提供了

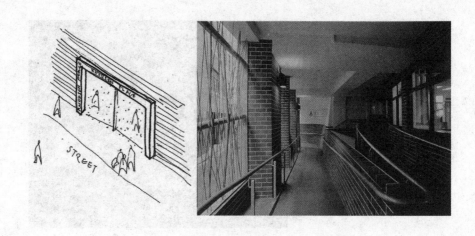

图 10.2

设计理念图（一条清晰的通道） 图片展示了入口坡道处设计理念的实现

从街道到达一个更加稳定的生活状态的清晰步骤。并不是所有的人都从同一地点进入。然而，许多初次进入酗酒人士房间的人，其平均居住时间仅为几个小时。这也是该机构中只允许酗酒人士进入的部分。第二步是药制戒瘾病房，作为新服务模型引入，旨在通过一个10天的周期去除身体癖嗜。第三步就是提供最长达3个月的住宿，以解决居住者的短期住房危机。在离开这里之前的最后一步是社区住房，这些居住者可以获得城市周围长达两年的共享公寓支持，这些公寓为救赎军所拥有。

项目团队发现，机构各部分之间的可视化连接将使这些居住者们意识到一种连续统一性的存在。进一步说，该大楼的每一部分都应当连接到共享的区域——中庭。这就引起了如下的设计理念。

设计理念：连接阶梯：与福斯特之家社区的整合

要使得酗酒人士房间变得与众不同，在福斯特之家变得隐蔽，这其实并不困难。阶梯的样式以及其周围的空间应该有助于与其他楼层之间的连接，并且使它与大楼保持一种整体的感觉。这就可以向这些客户展示：它们是更大区域的一部分。这一目标可以通过开放阶梯旁边的空间，使楼层与楼层之间的人可以看见、听见对方来实现，甚至还可以通过将阶梯延展到地面以上的样式来实现。阶梯还需要一些护栏，以防止人跌倒后从一个楼层掉到另一个楼层。

该大楼在1996年通过主要干预进行了修整，包括大楼中间区域中庭的修建，将4个楼层连接在一起。然而，该中庭不能延伸到底层的酗酒人士房间，这就使得酗酒人士房间在居住者和员工看来就是黑暗的、分离的洞穴。该中庭创造了一个重要的社会中心，因为它是一条人们在大楼中走动，到达吸烟区以及其他主要社会聚集区的大道。

戒瘾病房的初始工作（第一个项目）主要集中于各个单元与中庭之间的关系。通过与管理人员进行沟通后，中庭的位置需要进行改变。戒瘾病房的聚集区域被设置在中庭附近，同时为戒瘾病房的人们提供了内部和外部的专用空间。与之类似的是，最后阶段工程通过重新配置楼梯将酗酒人士房间和中庭连接起来（图10.3）。这些楼梯最初是曲折型楼梯，有一个中间楼梯平台，周围安装了玻璃屏障以防止任何楼层之间声音的传播。这就加强了将其从大楼整体中分离开来的感觉。该工程设计将楼梯切断一半，并将其焊接到单跑楼梯，在楼梯周围创造了许多空间，允许酗酒人士房间的人看到中庭。一开始，机构工作人员并没有意识到这种变化的意义，但是后来他们经过评估，认为它改变了空间结构。

第三个问题涉及员工和居住者以及员工社区之间的"小组对话安全环境"，这是案例

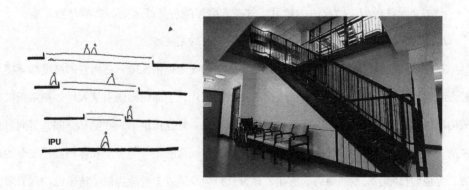

图10.3
设计理念图（连接阶梯）　该图描绘了设计理念通过楼梯的变化而实现

管理成功的关键。案例管理通常是建立在短期非正式互动的基础上。为了支持他们之间进行对话，需要给予人们更多的机会参与进来，例如提供热饭热菜的地方、坐下来聊天的地方等。然而，虽然玻璃屏障和房间为咨询设立了障碍，但是员工们还是担心他们自己的安全。许多来该机构的人都吸食致瘾的毒品，这可能会引起暴力行为和精神病的发作。这些问题使得福斯特之家成为一个对员工来说极具挑战和充满麻烦的地方。这里急需从多方面给予员工支持，帮助他们减少压力，使他们能够免于陷入身体可能受到伤害的情景之中。如果环境能够使所有相关人员感到舒服，员工和居住者之间的互动将变得非常成功。我们也观察到一些居住者倾向于坐在远离大型社会聚集群体的角落里，在那里，他们觉得更加舒服。这与街头流浪生活是一致的，因为街头流浪生活常常需要睡在门边的壁龛处，这比其他暴露的地方更加安全。

以上这些就引起了两种主要的设计理念："界限和员工—客户之间的相互融合"以及"鱼池"。

设计理念：界限和员工—客户之间的相互融合

客户群体理解和承认社会界限的能力可能受损。然而，员工和客户之间界限的各种类型是机构有效运行的基础。界限需要提供一个明显的物理隔离，但是也要允许他们之间自由的对话。这些方面可能包括高大宽阔的接待台，宽大的面谈桌或者入户门。障碍也会成为社会交往的关注点。

在整个大楼里，细木工制品的设计要为员工的安全提供保障，然而它的高度却不能高过人脸而导致视线障碍。可以参见上面的接待台图片，上面的面谈室从大厅处被纸板筒做成的屏风分成了几部分（图10.4）。该屏风很牢固，并且提供了一些隐私空间，但同时允许员工看见和听见发生了什么。接待台、入口、咨询台的设计为员工和客户提供安全的地方，为他们扫除了交流的障碍。然而，该设计也为身体袭击危险提供了清晰的物理界限，还提供了员工之间良好的视线范围，以提高他们在危险情况下相互支援的能力；足够的空间，以缓解紧张局面；以及员工和客户明确的撤退路线。这其中所使用的材料不但很坚固，

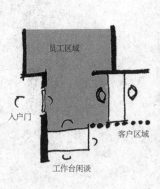

图 10.4

设计概念图（界限与员工—客户融合区）　图片描绘了设计概念在接待台和面谈室设计中的实现

而且还是暖色调的，用自然抛光的形式来减少给人以公共机构空间的感觉。

设计理念：鱼池——鼓励散步交流：食物作为相互了解的主要媒介

福斯特之家的员工旨在与无家可归的流浪汉进行接洽，并为他们提供转移到更加稳定的生活方式的选择。为了促进非正式交谈，需要一个壁龛或者边角区域以供人们吃饭、等待或放松之用。这个空间提供了员工可以主动与客户进行接洽的环境。这个空间更可能被那些刚睡醒的客户使用，并且该区域应当不在通道上，以防止进入服务和离开服务之间的过多交叉。食物需要在厨房进行准备，厨房应当只允许员工进入。

图 10.5 展示了一系列小隔间。这些小隔间被设计成连续的观景座位，以为居住者提供更多的空间，同时也为员工提供可以坐下来进行交谈的地方。员工座位选择了固定式的设计，因为这样更容易进行维护，看起来也更加优雅，还可以防止物品被藏匿起来；另外，房间里没有可以四处搬动的独立家具。

福斯特之家这 3 个项目的结果是实现了管理团队的日常工作议程，并且使他们更加明

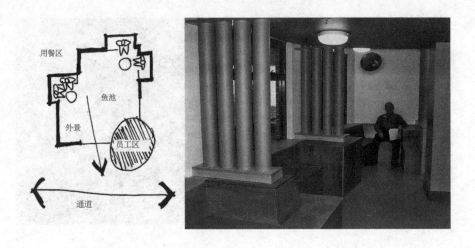

图 10.5
设计理念图（鱼池） 图片描绘了设计理念在休息室中的实现

白他们使用空间的影响。该管理团队也获得了该工程的所有权，因此他们也会为调整后的环境所带来的影响承担责任。该设计已经成为通过与客户一起探讨来实现设计理念的过程。

接下来的步骤

霍华德·戴维斯（Howard Davis）提供了一个建筑文化的模型，作为"知识、规则和过程的协调系统，并由能参与到决定建筑和城市形式的建设活动中的人们所共享"[11]。社会进程是建筑能否转变为可持续模式的中心，因此只拥有操作层面的知识是不够的。

本章基于社区是社会变革的基础，以及它们的结构包括了化解生活方式转变所呈现的挑战所需要的支持这样的认识，直接探究了关于社区发展的建筑方式。这些支持包括社区为了思考问题将不同的观点和想法融合在一起的能力，考虑群体决策对个人的巨大影响，资源共享以及具体决定方面同辈的支持。

本章所采用的例子集中于社会成果，并隐含着环境含义。该方法已经被更加明确地采用，以获得可持续发展的结果。一个例子是目前一个关于整合的儿童和家庭中心（Integrated

Child and Family Center）初步规划阶段的工程。主要宗旨的形成作为一系列设计理念，已经将管理团队和不同的专业导向——早期儿童学习和家庭服务结合在一起了。这已经解决了一些社会问题（教学和社区服务方法）和管理团队的可持续发展议程。作为一家坐落于城市的学习中心，它面临着来自社会和经济方面的挑战，而设计者们旨在实现和证明如何减少环境冲击。如果这能够成功，儿童和父母们作为社区中的使用者，将通过使用该中心的服务体验维护良好的环境实践所需要的内容。该项目的成功离不开建筑使用者持续的承诺和意识。

本章所介绍的案例研究提供了一种专业方法的具体例子。然而，此方法具有一般的元素，可以灵活地运用到其他项目中。这些元素如下：

1. 明确定义目标和功能：一个建筑师或任何其他专业人士对社会议程的认识所达到的深度会受到参与方式和客户对具体任务所设立的参数目标的限制。因此，在工程开工之前，关于目标和决策过程的协议和承诺是非常重要的。这包括优先次序的辨别、对社区来说很重要的决策以及在有限的咨询中给专业人士留下的问题等。在工程的开始阶段，客户往往会提出一个非公开的摘要，其中他们已经回答了他们选择要提出讨论的问题。建筑师所面临的一个挑战是如何最好地敞开谈论该问题。帮助阐述清楚其目标和提炼机构战略是社区建设过程的一部分，可能需要使用非传统的专业技能，比如场景规划。[12]

2. 能力—建设焦点：尼泊尔的那个例子对在一个强大社区背景下的工程建设项目进行了清晰的说明，而澳大利亚社区结构的例子则显得不那么清晰。一个建筑工程项目不能够建造出一个根本不存在的社区，但是相关利益者（比如管理委员会、工程团队或者居民群体）却能够融入到一个项目中来。上面讨论过的程序，不管是由不同的组织还是由社区中的个人来进行协调，在现存社区建设举措协作方面都运行得非常好。能力建设可能也涉及具体的技能，比如在澳大利亚偏远地区的健康栖息地项目中[13]，对本地商人的培训是为了使他们能更好地服务社区。

3. 小型研讨会：所有以上描述的举措都依赖于一系列小型群体研讨会。这对已经实现的社会成果也是非常关键的。根据工程规模大小和复杂程度，研讨会可以仅仅是单个项目小组参加的会议，也可以是涉及不同方面的群体参加的一系列会议。研讨会的导向应当是解决具体的问题决策并实现可论证的结果。在福斯特之家的项目中，所召开的研讨会得到了客户的高度赞扬，因为设计者们需要的技能超出了他们的培训和经历。一旦实现了一些决策，这个过程便可以成为自身永久存在的激励，使得小组能够充满热情地去迎接下一个问题。

4. 共享语言：上面讨论的这些项目都基于亚历山大的方法论，遵循项目设计纲要的发展方式。然而，不同的方法论可能取得相同的成绩，比如彼得·哈布纳（Peter Hübner）的叙事手法[14]。不管采用什么样的语言形式，都需要体现社会关系并且为设计工作提供明确的方向。

5. 按照一定次序：对于那些对项目具有主人翁精神的人而言，研讨会需要在整个工程期间召开。在不同的阶段，研讨会需要不同的构架。这包括在项目开始时建立起总体目标，在前期进展阶段形成语言，考虑设计过程中建筑师提出的具体设计问题，重新审视整个建筑成果，以及一旦某一阶段的工程完工之后准备进行相关的操作和维护。这样的顺序也可以使更大、更一般的问题在规模和复杂程度方面缩减为一系列不同的具体问题。

6. 在已有设施的基础上进行建设：保留建筑物仍能发挥功能的部分，可以确保可持续实践，避免物质和社会资源及能源的浪费。在福斯特之家项目中，管理团队的原始计划是将寝室搬走。然而，在项目期间，他们意识到寝室的位置并不是问题。因此，寝室的位置被保留下来了，然而，寝室周围的剩余空间被重新配置了一下。通过对社区内现有环境的评估，项目团队利用了使用者对他们所居住的这个地方的优势和弱点的了解，使社区参与者能够从他们熟悉的角度参与进来，这就进一步带来了好处。

7. 潜在的社会研究：上面所描述的项目都依赖于社会研究技能，这就限定了建筑师作为参与者的职责。在项目期间，他们是整个团队的一部分，而不是孤立的个人去独立地创造事物，然后在工程结束时进行提交。当参与者—观察者方法被一些人，如阿特金森（Atkinson）和玛戈·埃利（Margot Ely），[15] 应用到人种学研究时，这些方法已经被详细记录下来了。本文的主要目的是帮助专业人士更好地了解目前的情况和背景，识别出团队需要考虑的问题，以及认识到可能通过行动（有意识地或者无意识地）表现出来的价值观，而不是在讨论中辨识出来的价值观。

这些元素一起形成了一种方法，无论社区是否选择考虑这些项目对环境的影响，这种方法都激励着人们进行思考并赋予他们作出审慎决定的能力。这就是保罗·弗里尔（Paolo Friere）的关于社区发展的方式，作为共同探索的一个过程，这种方法将参与其间的社区与专业人士联系到一起。然而，上面介绍的诸多元素经常在建筑实践中被忽视。在缺少相关元素的情况下，建筑变成了营销实践，其目的在于将个人专业知识版本卖给终端使用者。结果是，实施解决方案时，这些解决方案经常遭到社区工人以及其他建筑使用者的反对，阻碍了项目能够带来积极的人际关系和对环境效果进行良好空间设计的可能性。

不可避免的是，社区所面临的问题将会改变。有很多专业设计师回到他们设计的儿童保育中心，却失望地发现人们并没有按照设计的用途使用它们；原本低能耗设计的大楼空调被改装，一些不合适的附加物对通风、被动式太阳能设计以及大楼功能造成了危害。这样的例子还有很多。建设的目标除了要创造一个淳朴的"绿色"大楼外，应当包含更加广义的内容，能够使人们在具体的项目背景下形成可持续发展的生活方式。这将允许人们采取持续的行动，去加强任何一个项目的目标，再通过积极参与，为其他参与其中的人员提供关于在将来可以达到的明确目标。

为实现这个目标，一旦建筑工程竣工，就应当采用最优准则判断社区建筑设计是否成功，这可以通过社区部门进行评估。这包括社区对最终产品所拥有的主人翁精神以及参与该工程的各个利益相关者所获得的技能。可持续建筑需要团体和个人有能力并且承诺继续发现挑战，再反思这些挑战，形成新的反馈，然后实施他们的解决方案。

注释

Notes

1. All names used in this chapter associated with the Nepalese community have been changed to protect the privacy of those represented.

2. The author is a director of Constructive Dialogue Architects, a Sydney-based firm established to develop buildings that support community development initiatives and organizations

involved in the delivery of social services.

3. Paul Atkinson, *The Ethnographic Imagination: Textual Constructions of Reality* (New York: Routledge, 1990).

4. Christopher Alexander, Sara Ishikawa, and Murray Silverstein, *The Pattern Language* (New York: Oxford University Press, 1977).

5. The research was a participant-observer study involving multiple weekly visits for a twelve-month period to the community described in this chapter, titled "Mapping The Mandala: An Approach to Community-based Architecture in Kathmandu, Nepal" (M.Arch.-diss., University of Oregon, 2000).

6. For further discussion of women's savings groups, as a community development tool in Asia see the work of the Asian Coalition for Housing Rights and the Grameen Bank.

7. Howard Davis, *The Culture of Building* (New York: Oxford University Press,1999),132.

8. John Friedmann, *Empowerment: The Politics of Alternative Development* (Cambridge: Blackwell,1992).

9. Kenneth Gergen, *Towards Transformation in Social Knowledge* (London: Sage,1994).

10. Alexander's "pattern language" patterns are presented as universal solutions to problems repeated "in the environment." The approach presented in this chapter develops Alexander's work by recoanizing that ideas are necessarily subjective, constantly evolving, shared by a particular group, and oriented to a specific project only.

11. Davis, *The Culture of Building*, 5.

12. The application of scenario planning to architecture is discussed in Stewart Brand, *How Buildings Learn: What Happens after they're Built* (New York: Viking,1994),ch.11.

13. Paul Pholeros, Stephan Rainow, and Paul Torzillo, *Housing for Health: Towards a Healthy Living Environment for Aboriginal Australia* (Sydney: Healthabitat, 1993).

14. Peter Blundell Jones, *Peter Hübner: Building as a Social Process* (Stuttgart: Edition Axel Menges,2007).

15. Margot Ely, with Margret Anzul, Teri Friedman, Diane Garner, and Ann McCormack, *Doing Qualitative Research: Circles Within Circles* (London: The Farmer Press,1991).

16 Paolo Friere, *Pedagogy of the Oppressed* (London:Shed & Ward, 1972).

11 对阿特斯人类住宅开发合作会的
杜尔迦南德·巴尔萨瓦尔的采访

——阿德里安·帕尔

可持续发展对你意味着什么？你如何理解减灾和可持续发展之间的联系？

经验表明，在满足人类对更高品质生活的需求时，发展应该是可持续的，同时要保护我们生存的环境。从哲学上讲，人们应认识到可持续发展是保护环境"未来"的社会责任。传统观念认为，在面对增长的城市需求时，破坏自然环境是不可避免的。我们不赞同这种观点。但是，在生态可持续性、生存以及创造性的情感自由表达之间寻求一种创新性的平衡是有挑战性的。

我们意识到自然环境面临着诸如滥砍滥伐、海岸侵蚀、海平面上升、表层土壤侵蚀、大气和水污染、动植物种类灭绝的生态破坏以及化石燃料消耗殆尽等实实在在的威胁。这种破坏表面上是由狭隘的经济考虑和麻木无情的既得利益驱使的。庆幸的是，人们越发意识到随意狂热的发展和气候变化带来的负面影响是有联系的，导致大规模的自然灾害频发。因此，减灾和可持续发展就必然地联系在了一起。[1]

在此文中，当社区居民加入塑造和修建他们自己的环境的工作并保护不可再生的自然资源时，这种发展就是可持续的。几个世纪以来，本地社区一直和自然有种共生的关系并心存敬畏，这可供现代社会很好地效仿和学习。这些传统文化知道破坏森林、脆弱的海岸生态和枯竭的自然资源所带来的灾难性后果。这些实践在地震、飓风、海啸或是洪水等自然灾害后的重建过程中还是始终不变地被检验。

传统的规划实践不适合解决这些复杂的问题。解决这些问题需要用创新的基于社区的方法进行范式转变，将减灾和主流发展融合起来。东南亚当前的挑战在于在飞速增长的人口背景下，处理好城市发展的基本需求、基础设施、保障性住房、交通、能源保护、教育和医疗保健等问题。

研究表明，具有环境意识的发展可以减少污染并改善全球变暖的趋势。重新造林可以在最大程度上稳定降水形式。所以，可持续发展不仅能减缓气候变化的可能性，从长远来看，也可以使自然灾害的发生率降到最低。

社区的重建何以成为一个可持续设计的问题？阿特斯（ARTES）又是如何着手处理重建过程的？

万一发生灾难，不用说，社区所受的影响最大。在重建阶段使社区能够自给自足对任何可持续发展都是至关重要的。修复的基础是社区领导、妇女、老人和小孩一起逐步发展他们自己的生态未来，（如果需要的话）也可以由政府、建筑师、非政府组织（NGOs）和其他组织提供帮助。

我们的经验显示，积极主动的社区恢复更快，也更负责；这些社区对一起应对困难准备得更充分，并且较少依赖外部援助机构的帮助。这些情况强化了人们保护当地生态系统的意识。

因为在大灾大难中存活所产生的心灵创伤会暂时性地削弱一个社区的复原能力，所以阿特斯设计团队一开始就强调社区决策，而不是仓促地强行决策。帮助社区自给自足这一行为强化了重建效果的可持续性，因为它鼓励社区所有人一起参与。[2]

作为促进因素，在推动灾难风险减少的过程中，阿特斯与社区合作并启动了在环境保护、恰当的绿色建筑实践、海岸地区管理、边远社区的有效网络、可供给的技术转移、扩散性替代能源有效技术以及生态定居规划指导方针等方面的脆弱性评估、培训和能力建设项目。

阿特斯采用了一种"催化"的方式来重建被自然灾害摧毁的社区。你能描述一下"催化式设计（catalytic design）"是什么意思吗？它又是如何生效的？

本地社区常常能准确意识到它们的自我需求并熟悉它们的环境、资源和地形。它们也是古代传统知识的重要储藏区。在这种背景下，当社区积极地参与重建它们的环境时，我们假设发展是可持续的。因此，在纳加帕提南（Nagapatinam）海啸后的重建过程中，在 2005—2008 年和社区一起工作时，我们形成了一个催化式的参与方式。

在此背景下，建筑师强调了传统知识，还在转换构造技术、设计和经过能力建设项目的定居规划等方面用恰当的技术使受影响的社区作好准备。该项目认可并吸收了当地的技能、可用的材料、技术和文化实践，而不是不加区别地将外来的解决方法强加给社区。

通过和建筑师合作，社区在设计他们的住处和居民点时对可能产生的问题有了更好的了解。新的技术基础为新的生活提供了新途径。

重要的是，这种方法保证了传统实践和知识的连续性，即使是在探索应对灾难而升级建造和设计标准的可能性时也是如此。通过和工程师、建筑师、社会学家、人类学家以及经济学家的互动讨论，社区明确了它对重建过程的具体反应。这个过程是建议性而非规定性的。

需要再次强调的是，"催化"过程是指使用恰当的、丰富的传统系统的能力来建设项目，以此促使社区自行作出决策并为了长期的适应性而吸收技能。

为了在建筑师与社区之间促进公平与建立信心，一些对信念的反应、修复和重建工作逐步展开。另外，围绕减灾更广泛问题的讨论也能帮助建筑师更好地理解与社区间的关系。

受灾的社区在重建时常常被简单地认为是一项工程操作。你认为这种看法恰当吗？

有时，灾后的重建被认为是工程操作，这种看法忽略了社会—经济因素。利用当地材料、尊重本土技术和文化实践是非常重要的。正是在这种背景下，"催化式"的以社区为基础的建造过程（如前面所提到的）才可以创造更强的社区归属感和荣誉感。

下面这则趣闻可能会给把重建只是看作一种工程操作，或是认为其还关系到文化、生态和社会—经济等方面的这两种不同观点提供一个更好的观察角度。

在参加联合国发展项目（United Nations Development Programme，UNDP）组织向州政府作报告的会议时，我们用很大篇幅的内容重申了理解重建过程的必要性。[3] 我们与其

图 11.1

阿特斯在钢筋（再）弯折方面的泥瓦匠培训计划 （图片由杜尔迦南德·巴尔萨瓦尔 2005 年拍摄于纳加帕提南区的阿特斯海啸修复项目）

他非政府组织一道，通过社区与州政府间的复杂对话，使指导方针变得更加完善。前提是在边远农村地区改进本土技术来满足抗震和抗海啸结构的安全标准，而不是草率地实施外国的技术和工程解决方法。这种久经测试的传统构造实践和现代新技术的融合促进了创新方法的发展。通过州政府当权者与一些著名结构工程师的积极对话，新建筑准则得以形成，还清楚地表达了在海岸地区为了确保公共安全和健康而对建筑物的结构要求。

例如，准则要求采用 3 根"环梁"，一根位于地下层，固定在地基上；另一根作为过梁固定在建筑物四周，第三根位于混凝土板层。采用这种简单的结构强化了本土技术，从而达到了抗震和抗海啸建筑的修建准则。

新的工程方法没有注意到它的社会含义，打算引入受地震蹂躏的日本地区的技术。这将会对南印度边远村庄造成灾难性的社会—经济后果。它不仅增加了建筑成本，也摒弃了久经测试的传统技术和建筑方法。本土社区也将永远依赖于高技能的承包商来满足他们建造家园的简单需求。

纳加帕提南项目确保了重建过程是整体的，全面考虑到了新技术的使用、传统技术的更新和可持续生态设计，所以增强了本土文化。

阿特斯是如何让社区参与到设计和重建过程中来的？

第一步是注重吸收社区的传统知识并对其方法进行评估，以此增强现有技术对灾害的应对。

在锡尔卡里（Sirkali）附近的一个项目中，在建筑师和工程师的帮助下，社区居民建造他们自己的房屋。具有合格资质的工程师在建造实践过程中对社区居民进行培训，这也是他们渴望学习的。建筑师也会在新技术方面对社区居民进行培训，例如，使用空斗墙砌合法对墙体进行建造。这种建造方法是由建筑师劳里·贝克（Laurie Baker）1960 年在南印度保障性住房建设项目中采用的。[4] 这种方法通过在 23 厘米厚的墙上留出一个空腔，使

图 11.2
阿特斯设计的农村住房（纳加帕提南海啸后修复住房，由 ADER–ISED–ISCOS 和法国基金赞助）
（照片由杜尔迦南德·巴尔萨瓦尔于 2006 年拍摄）

隔热效果更好。它也减少了 20% 的成本，同时还可以将电力和管道设施放置于该空腔中。该建筑技术因大大减少了砖的消耗而被认为是一种生态保护措施。住房不用抹灰泥，从而达到了人性化的要求。

在木工、水泥板浇筑、模板搭建、电力和管道检修方面也有大规模的培训。这不仅为社区居民建造自己的房屋提供了机会，而且教会了他们使用新技术。在两年的时间中，有 300 多套住宅作为阿特斯项目的一部分被建造，但阿特斯的能力建设项目会建造接近 10 000 套住房[5]。

阿特斯的工作是如何保护特定地区的自然生态的？

考虑到东南亚资源稀缺，我们的大部分工作是依靠基本方法来保护自然生态的。我们从一个地区吸收了许多古老的传统知识体系和实践经验。每个地区都有独特的生态系统，需要得到尊重和丰富。人类在住房建造方面的介入常常是一个两难的过程，因为它有可能扰乱或摧毁这些出现了若干世纪的生态系统。重建有价值的生物多样性会花上百年的时间或是更久，然而为了短期的经济利益所得去破坏生物多样性则只需要一点点时间。

例如，世界各国都认识到生态多样性的破坏会引发气候变化，从而增加自然灾害的发生频率和强度。这对纳加帕提南社区来说也不足为奇。该社区居民正亲历气候变化是如何对他们的日常生活方式造成负面影响的。他们见证了上升的海平面对海岸线的侵蚀，海浪的强度不断增强，鱼类接连死亡，以及飓风和降雨的形式变得难以捉摸。为了弄清这些问题，建筑师们开始将《联合国减灾国际战略》（United Nations International Strategy for Disaster Reduction，UNISDR—2009）翻译为古泰米尔方言（当地语言）。这些措施中所投入的时间和精力在能力建设阶段允许村民与建筑师之间进行更有意义的对话。

在重建期间，某些原则应该被严格遵守。例如，住宅区布局应该基于保护该区域所有现存的树木、自然坡地和自然资源的目的。所以，住宅应该顺应树木，修建在树与树之间。住宅形式与树有机地结合起来，使社区公共场所有树荫覆盖，就像现有的传统住宅。设计应适应当地的气候条件，确保室内整天都是凉爽的。

在纳加帕提南的塔塔（Tata）住房项目位于飓风破坏的中心，在该项目重建期间，建设者特别关注保护现存的沙丘和海岸植被。该项目回收废水，用来栽培浓密的植被，作为海岸生物屏障来抵御飓风和未来的海啸。塔塔团队也为边缘村庄的街道照明提供太阳能街灯。

这种自然地貌与建成环境之间的共生关系在设计与重建过程中一直起着指导作用。

性别平等这类问题如何在设计与重建过程中起重要作用？

在重建初期，海岸社区女性的重要贡献就已经得到承认。在和建筑师一起与社区进行讨论时，阿特斯的一名研究人员阿妮拉·饶（Aneela Rao）制定了一个创造性的可供分享的规划程序。社区决定在决策过程中让男女都平等地参与，并且由女性负责住宅的设计讨论工作。房屋的概念是基于传统实践的。由于对地形的敏锐觉察，女性参与时将房屋建造位置选在高地上或高的基座上，以此避免可能的洪灾。现有的树木也可用来抵挡飓风。

房屋的设计由社区的女性和建筑师合作完成，包含两个房间，每间房大约 10 平方米，前面的阳台（*thinnai*）包含厨房。阳台有一个倾斜的屋顶，用当地可以找到的木架和瓦片做成。正如社区所说，一些新的设计是妇女们想出来的，它们是在大量系列讨论后选出的。金奈社会经济发展研究院与阿特斯的建筑师们一起推动了这个基于准则的程序，它由阿特斯和社区共同制定。

阿妮拉试图协调和改变对女性传统角色（如做饭、喂养小孩、照看家庭等）的关注，让她们也能参与决策，例如设计住宅区住房类型。这个程序也表明女性在自然资源管理（如太阳能技术、雨水收集、照料本地植物、房屋设计以及项目管理技能）方面的能力。在接下来的几年中，目标是重视与自然资源相关的、传统的、与性别有关的微妙变化，从此处对生态恶化作出恰当反应。

还有其他一些相关的好处，如由女性领导的建筑工地管理会产生更高的建筑质量标准。在新的情形下，女性学习使用自行车，这增强了她们的流动性，也提高了她们的职业技能。这样阿特斯也获得了英国劳斯莱斯 CII 的支持，在泰米尔纳德邦边远的帕扎雅地区筹划一所小学来确保女童受教育。

你知道建筑师在灾后临时住所建造过程中的作用吗？或者你认为这样的事情最好是留给援助机构或政府来处理吗？

与传统观念不同的是，以我们的经验来看，建筑师在灾后临时住所的建设中的确起到了他们的作用。这些避难所的建造是由援助机构、政府、建筑师、工程师和社区，在很多时候，还有准军事部队共同完成的。

在他们的设计和建造中，临时避难所的作用和敏感性常常被忽略。救援活动中存在一种普遍的误解，即永久性住房将在 4 ~ 5 个月后就能建好。其实这个阶段比想象的要复杂。重建需要核实合适的土地，整个社区有强烈的愿望，有资金来源，有新政府的救灾指令，对社区成员的确认（按照惯例指的是那些"受益者"）以及确保公正的进程。考虑到这些复杂因素，重建整个居住区以及它的基础设施会花费 2 ~ 5 年的时间。

因此"临时性"避难所必须得经受住比当前设想更长的时间。通过介入早期的减灾过程，我们意识到，无论在何种条件下，这些避难所都不应是普通的临时棚屋或帐篷。它们应被设计成像一个村落一样的居住点，虽然这样做最快也要花费 15 ~ 20 天的时间。

在纳加帕提南，整个社区都热心地参与临时住所的建设工作，尽管社区居民缺乏基本技能。所以，我们在合格的工程师、政府人员以及准军事部队的帮助下，制订了一个能力建设项目计划并确立了设计标准。

在这一阶段，我们对隐私问题、卫生、健康标准、安全、儿童、长者需求、日常事务、烹饪要求、贵重物品储存、衣物以及其他财产保管都进行了充分讨论。

基于这些讨论，我们拟定了方案。虽然是临时性的，但是避难所被设计成了村子的模样，有聚集区和种了树的街道。在缺乏可靠数据的情况下，我们对灾区和临近住宅区进行了详细绘图作业，以此研究居住类型、生活方式，记录当地可用资源和本土建造技术[6]。我们在临时避难所建造中的工作是为设计和建设永久居住地提供有价值的见解。总之，阿特斯采用的这种"催化式的减灾"过程积极认可了在灾后需要逐一解决的救援、修复和重建问题。

注释

1. *The Hyogo Framework of Action: Building the Resilience of Nations and Communities to Disasters* (2005-2015) recommends the integration of disaster risk reduction (DRR) considerations into development assistance frameworks.

2. Akhila Krishnamurthy, "Simply Chennai, Design: Architecture," *India Today*, New Delhi, August 20, 2007: 22.

3. William Curtis, *Balkrishna Doshi, An Architecture for India* (Ahmedabad: Mapin Publishing, 1988).

4. Gautam Bhatia, *Laurie Baker, Life, Works and Writings* (New Delhi: Penguin Books, 1994).

5. ARTES was supported by the Tata Relief Committee and M. S. Swaminathan Research Foundation during the capacity-building process. The rebuilding and construction of dwellings near Sirkali was in collaboration with ADER-ISCOS, a French and Italian NGO respectively. The social coordination was supported by Fondation de France and ISED, a local NGO. A preliminary thirty days construction skill program by ARTES was in collaboration with COSTFORD, Abhilasha, and the Orissa Development Techno Forum.

6. Durganand Balsavar, *Managing the "Transition" - Construction and Maintenance of Temporary Shelters in Post-disaster Context* (Chennai: Dhan Foundation-OXFAM-Novib, 2007).

12 东南亚烟雾危机的政治研究

一个食利资本主义（Rentier Capitalism）发展中的
典型案例？

——肯尼思·苏林

从 1997 年 8 月到 11 月底，除了 10 月 7 日到 11 日，以及 11 月份的第一周，东南亚地区的许多地方都被烟雾笼罩。顶峰期间，烟雾从东到西延伸 2 000 英里，受其影响的人数不低于 1 亿。卫星照片显示，泥炭火在地底下 6 ～ 60 英尺处燃烧，覆盖 250 万英亩土地，并且极有可能持续燃烧数年，向大气中释放数量巨大的二氧化碳。[1] 从那时开始，东南亚地区烟雾便几乎每年一遇。这是因为印度尼西亚和马来西亚的大农场主和使用刀耕火种方式的小种植业者们不顾政府的禁令，在旱季伐林烧地而在雨季播种耕植。2009 年 10 月初，就在我写作本章时，烟雾覆盖了马来半岛、新加坡，以及印度尼西亚的绝大部分地区，直至文莱最北端的广袤的东南亚大地[2]。本章中，我将重点探究 1997 年这场烟雾，这是当时政府制定政策和领导执行的失误所造成的，其影响遗留至今。尽管早在 2002 年东盟（Association of Southeast Asian Nations, ASEAN）便通过了《关于跨境烟雾污染协议》（ASEAN Agreement on Transboundary Haze Pollution），但东南亚各国政府，尤其是印度尼西亚政府，却对其执行乏力。

上述关于 1997 年烟雾的简要描述仅仅是对时任世界野生动物基金会（World Wildlife Fund, WWF）主席的克劳德·马丁（Claude Martin）所说的"一场行星级灾难"[3] 最为模糊的论述。据估计，这场由烟灰、灰烬微粒，包含铅、硫黄、碳酸、二氧化氮、一氧化碳的木材烟尘，以及乙醛、甲醛和其他致癌化合物为主要成分的烟雾，已经对人类的健康造成影响，而这种影响在未来至少 30 年内却无法具体探明。[4] 研究报告表明，仅印度尼西亚就有 2 000 万人口患有严重的与烟雾相关的呼吸系统疾病；而《远东经济评论》（Far Eastern Economic Review）则曾报道过菲律宾出现鸟群从天空直接坠地死亡的事件；同时，马来西亚的非落叶型树木由于数周缺乏光照而出现如温带地区树木秋天落叶般的情景。9 月 19 日，在受污染影响最严重的地区之一，马来西亚沙捞越州州府古晋（Kuching, the capital of Sarawak），持续数日的能见度低至 20 码（1 码 =0.914 4 米），污染指数达到 839（世界健康组织将该指数达到 500 视为对人类健康极其危险）[5]，这使得政府不得不宣布进入紧急状态。而据专家称，这一指数达到 200 ～ 300 则等同于每天吸 20 根烟。在泰国，9个省的污染级别已经高达法定安全极限的两倍[6]。印度尼西亚宣称自己为灾难地带。烟雾带来一系列死亡：1997年9月26日，印度尼西亚鹰航（Garuda Airlines）的一架空中巴士在从苏门答腊岛棉兰机场（Medan airport in Sumatra）起飞短短数英里后，因极其糟糕的能见度而坠毁，造成机上234人遇难。巨型油轮在苏门答腊岛与马来半岛间拥堵的马六甲海峡（Straits of Malacca）相撞，致使一艘油轮上28人丧生，而另一艘大量泄油。而据印度尼西亚官方新闻社安塔拉通讯社（Antara）报道，在伊里安查亚省（Irian Jaya）[7]一些偏远山村里，有462人死于饥饿和霍乱。

东南亚是全球物种最为丰富的地区之一。1994年，仅占全球面积1.3%的印度尼西亚，却拥有全球大约10%的花类、12%的哺乳动物种类、17%的鸟类以及25%的鱼类。而在沙捞越，皇家地理学会（Royal Geographical Society）在25公顷的样本地点内确认出近800个树种，这一数字比整个英国本土树种的20倍还要多。[8]这些种类中的相当部分，尤其是植物的多样性，因山火和烟雾而造成生长数十年的森林被破坏从而濒临灭绝。可以断定，连续不断的山火和相伴而生的烟雾必将破坏动植物繁殖地以及食物链间的重要关联。[9]

1997年烟雾造成的短期即时经济损失虽然无法精确计算，但却是巨大的。[10]包括印度尼西亚军事人员在内的5万名消防人员和来自其他13个国家的分遣队员及装备受到调度遣派去灭火。工厂、公司的关门造成产量流失。包括大量印度尼西亚本地机场在内的各地机场不得不长时间关闭并取消航班。学校被迫停课。旅游业受到严重影响。在收到各国使领馆提出的建议后，外商大量撤离受灾地区。[11]

以上便是对1997年烟雾以及其即时性灾难后果的概述。灾难发生后，东南亚各国政府的最初反应中有两点非常值得引起关注。第一点是事发之后印度尼西亚成为众矢之的。造成1997年烟雾的大火位于印度尼西亚境内，看似也不在其他东南亚国家境内。然而，关于责任归属的问题却相当复杂且富有争议。第二点是印度尼西亚政府完全全把自己描述成一个意外事件受害者的做法。"自然灾害，"时任印度尼西亚总统苏哈托（Suharto）和部长大臣如是评论。[12]

这到底是一场"自然灾害"，还是一场人为的持续性灾难？

　　在过去几十年中，印度尼西亚大面积地区都遭受了火灾的严重破坏。1983年，那场摧毁加里曼丹（Kalimantan）320万公顷土地的大火重写了人类历史上破坏面积最大的火灾纪录。1994年5月到10月，大火烧毁511万公顷土地并引发马来西亚和新加坡政府的抗议。[13] 而该地区在2000年、2001年、2002年、2005年、2006年和2009年期间也持续发生烟雾严重污染事件（其中包括1997年便开始的最严重的森林大火）。尽管没有人质疑是厄尔尼诺现象（EI Nino）导致的干旱加剧了灾难，但同样不可否认的是，该灾难的发生是人为造成的（正如1983年和1994年的毁灭性大火一样）。和以前发生的大火一样，1997年烟雾的责任很快就被政府和媒体归咎到刀耕火种的轮垦式农业上来，但人们很快意识到，森林大火也是因为大量的商业化种植造成的。这种商业化种植用快速简易的方式清理过伐林，从而为棕榈油或橡胶生产等赚钱的产业腾出空间。1997年，时任印度尼西亚林业部长的迪迦玛鲁丁·苏立奥哈地库索莫（Djamaludin Suryohadikusomo）宣布176家公司（其中包括许多橡胶和棕榈油种植商）违反了1995年的禁令，在该禁令中禁止用火烧作为伐林途径。[14]

　　人们对印度尼西亚政府会真正采取措施对过去几十年火灾负责的公司进行严惩的信心已遭到彻底打击。因为一旦被认为阻碍了优先发展计划，所有政令法规的执行就会动摇，这已经成为印度尼西亚政府令人可笑的记录。关于这一点，印度尼西亚西部巴丹岛（Batan Island）的自贸区就是典型的例子。当时，印度尼西亚政府为了拉近和马来西亚、新加坡的关系，从而促进两国与该地区间的三方贸易，在此地设定自贸区。为了争取更多的投资者，印度尼西亚政府宣布，现行的环保法令将不适用于巴丹岛，其中包括《反污染法》和《环境影响分析条例》（而该条例自1986年开始便依法适用于印度尼西亚所有的发展计划）。[15]

　　不仅如此，苏哈托总统政权还实行权贵资本主义，即允许权贵个体持有森林和木材类的经营特许权，并且在商业运作中可以凌驾于法律之上而谋取利益。此类案例人尽皆知，其中最典型的便是1991年7月对巴里多太平洋集团（Barito Pacific Group）数度违反木材经营法而征收的 500 万美元罚款。巴里多集团总裁彭云鹏（Prajogo Pangestu）利用他跟苏哈托总统的关系逃脱了该笔罚款。[16] 巴里托太平洋集团在 1993 年也上了新闻，当时它想筹集 2 亿美元发行新股，并在预发行提交时透露国家养老金基金（塔斯彭，Taspen）已经在巴里托投资了大约 1.77 亿美元用作行政机构养老金。这让人惊讶，因为塔斯彭的领导人在数周前的一次政府委派询问养老基金运作情况之前现身了，并且没有报告政府将基金用于对全国最大伐木公司之一的企业进行大量投资这一行为。[17] 另外一个政府想要打破他们自己的法律的例子是对苏哈托制定的宪法的严重违反。那时苏哈托把印度尼西亚第一部广播法退回议会要求修正，即使它已经被国家立法会批准，因为苏哈托不喜欢里面明显限制私人电视台营运的条款：他的女儿西蒂·哈迪扬蒂·鲁克曼娜（Siti Hardijanti Rukmana）、儿子班邦·特里哈特莫佐（Bambang Trihatmodjo）和班邦的妻子哈利玛（Halimah），实际上拥有印度尼西亚 5 家私有电视频道中的 4 家。[18]

　　苏哈托政府作出的对违反森林砍伐法者进行制裁的任何声明都会立马遭到质疑。这不仅是由于前面提到的个案，也是因为公众深知用最经济快捷的方式清理森林这一行为（比如直接用火烧的方式清除过伐林）受到农业部门政策的鼓励和刺激。苏哈托政府制定出目标，通过将棕榈油作物种植面积增加一倍多，达到 550 万公顷，以确保在 2000 年棕榈油产量要达到 720 万吨。第五个五年规划（1989—1994 年）已经着力于开发出 150 万公顷的新种植面积。政府支持这一为提高种植产量而进行的土地面积扩充计划，而与之相伴的则是再植过伐林计划中土地面积的减少。该计划旨在通过为过伐林地区种植生长快速的树木，以满足对胶合板、纸浆以及纸张不断上涨的需求。这一再植计划（Human tanaman industri）原定到 2000 年为止，为 230 万公顷土地进行再植，可是却已经于 1994 年被林业部门进行调整，将计划面积下降为几乎是原来的 1/3，即 80 万公顷。很明显，政府的环境可持续性（若能合理计划并执行）再植计划为其经济作物种植业增长计划让路，其原因不言而喻。随着世界对印度尼西亚棕榈油以及棕榈油制品的需求持续增长，对其木材加工品的需求则日益下滑。1991 年至 1996 年间，棕榈油及其附属产品的全球消费量增长了32%，使印度尼西亚在 1996 年出口贸易额超过 10 亿美元。而与之相对的是，同一时期，胶合板的需求量有所下降，在 1996 年上半年，胶合板出口额下降了 3 个百分点。马克·波芬伯格（Mark Poffenberger）指出，胶合板在 1994 年前 9 个月的价格下降了 32 个百分点，而与此同时，印度尼西亚出口额下降 9 个百分点［手握 500 万公顷森林开发特权的巴里托太平洋集团在 1994 年前半年也经历了利润额 36 个百分点的下滑（利润降到 3 300 万美元）］。[19] 为了应对这一下降趋势，印度尼西亚林业部鼓励胶合板生产向纤维板生产转型。

促使印度尼西亚经济作物种植增长的另一个重要因素是政府的重新安置计划（resettlement scheme），该计划旨在将人们从人口高度密集的爪哇岛（Java）迁至外岛。据《远东经济评论》报道，35 家公司参与政府的重新安置计划，进行种植业开发。[20]20 世纪 60 年代中期以来，苏哈托政府人尽皆知的恶劣行径造成了国家森林被系统性地破坏。而由此所产生的邻国间冲突，则需要若干年的努力才有可能减弱。当然要发现其原因并不难。[21]

1946 年宪法赋予印度尼西亚政府自然森林的唯一所有权，而这一条款实际上旨在向特权个人转移或以 20 ～ 25 年期限出租这些权利。[22] 最终结局是商业砍伐、轮耕种植和人口重新安置计划所造成的大面积森林破坏。1950 年至 1985 年间，3 900 万公顷的森林消失，平均每年消失 110 公顷。[23] 以上只是部分原因。其他制度上的因素与这些森林利用模式相互影响，使得"苏哈托新秩序"（Suharto's New Order）之下产生巨大的（或者说是灾难性的）资源掠夺和森林大量退化变为可能。道弗涅（Dauvergne）、吉尔斯（Gills）、里佩托（Repetto）和他的同事波芬伯格（Poffenberger）、麦克安德鲁斯（MacAndrews）和巴碧尔（Barbier）及其他人提出了一系列印度尼西亚本国和多国的组织体制具体特征，这些特征因素引人注目，足以证明印度尼西亚森林的大规模砍伐是无法避免的。[24] 它们包括：对租赁协议的拖延和随意；土地相关法律条文的反复无常和相互矛盾；木材特许协议条款中的各种问题（很多问题已经使充满愤懑的当地居民卷入与伐木公司的木材争夺竞赛）；允许已经存在缺陷以及无能效的规则机制被轻易得以规避的地方腐败；明显未经审核批准的非法伐木；对森林管理利用方面拥有不同管辖权的六大政府部门间的冲突与对抗；伐木工具和机器的更新换代；从政府到企业，各方面对环保的敏感度近乎完全缺失；低效和浪费的木材加工处理工序；极其落后的森林资源管理能力——政府对砍伐树木征收统一税率，从而促使伐木者只砍伐最好的（或者说效益最高的）树，荒废周遭的森林土地和个头小或质量差的树木；世界银行（World Bank）、亚洲开发银行（Asian Development

Bank）、国际货币基金组织（International Monetary Fund，IMF）全都投资于重新安置计划、大坝和道路的建设计划，却从未考虑过这些计划对环境可能造成的影响。[25]

印度尼西亚政府税收体系的不稳定同样是造成一些问题的原因。马尔科姆·吉尔斯（Malcolm Gills）估计，仅仅在 1979 年至 1982 年间，政府就因行政的低效或疏忽损失了超过 5.45 亿美元的潜在租金（即每年 1.36 亿美元）。[26] 可是，当森林被这样耗尽时，受损失的不仅仅是税收。如此糟糕的林业管理同时也耗尽了生态经济学家们所谓的"自然资本"（natural capital）。罗伯特·里佩托（Robert Repetto）认为，如果将森林、土壤和化石类燃料的损耗计算进去，从 20 世纪 70 年代早期到 20 世纪 80 年代中期，印度尼西亚经济令人赞叹的年均增长率将减半。[27]

上述公开的数据同时也表明，伐木业本身并不单是印度尼西亚热带雨林退化消失的原因所在。[28] 正如前面所提到的，印度尼西亚政府的重新安置计划驱使林地向农业用地（尤其是经济作物种植）转换，而这一转换同样造成了森林的退化和消失。[29] 已被砍伐以获取木材的森林则使得这一过程更加容易得以实施和渗透（由于伐木公司不得不发明一种小型的基础设施来运走木材），土地更易开垦（通过在稀疏的土地上放火焚烧这一广受欢迎的方式）。这也许能解释为何政府 1985 年颁布的木材出口禁令无法减缓森林砍伐率，尽管这一禁令被公认是在本质上降低了原木开采率（1990 年原木生产仍然维持在 1973 年的水平，仅在 1987 年一年超过了 1980 年的水平）。[30]

印度尼西亚环境所显现出的问题轻而易举地坐实了老生常谈——尤其是引文一次又一次地证实，不仅在印度尼西亚，也在全球范围内——环境资源同样具有经济特征，因此也不可避免地带有政治性本质。了解了苏哈托政权在 1997 年的经济、政治和环境的举措及政策，我们有充分的理由相信，1997 年烟雾灾害的发生是不可避免的。或许今天（2009年）我们还可以预测，类似 1997 年、1994 年和 1983 年的灾难，不管它们是否是"自然灾害"，如此类型和量级的灾难还有再次发生的可能性。如果那些印度尼西亚环保组织的话是真的，那么在 1994 年烟雾灾害发生后，要不是印度尼西亚政府随着国际关注度的下降故意对违反环保条款的行为置之不理，1997 年的大火原本是可以避免的。同样，我们可以推测 2009 年的大火导致的烟雾事件也是由于政府对法律执行的松散和放纵。[31]

印度尼西亚一国之责？东南亚其他国家的林业政策

由于引发 1997 年的烟雾危机以及未能阻止引发烟雾的大火，印度尼西亚处于国际社会的严密监管之下。苏哈托过去常常因其在执政 31 年间所创造的经济辉煌（这种欣赏显然忽略了其政权的其他种种负面行为）而受到外国政府的赞赏和恭维。苏哈托两度为 1997 年烟雾灾害公开道歉，并宣称在必要的时候他会派军队参与对该事件承担罪责的种植业主的追捕行动（这一声明事后被证实是空洞的政治姿态）。[32]

作为直接与印度尼西亚毗邻的国家，马来西亚和新加坡认为其应对 1997 年烟雾灾害承担完全责任，而与此同时，它们却不大愿意过分驳斥苏哈托关于印度尼西亚及其邻国都是这场"自然灾难"受害者的论调。[33] 这种宽容态度甚至在 2009 年仍然十分盛行，与印度尼西亚政府对 1997 烟雾的反应及其随后的系列措施形成基本连续的模式。东盟国家间有互不干涉成员国"内政"的条约，而这一条约为邻国的不作为提供了极为便利的托词，因为它们也不希望本国的环境政策受到其他东盟成员国的监察。因此，路透社报道称，在 2009 年烟雾危机中，印度尼西亚政府没有对东盟其他成员国提供的援助作出任何回应。[34]

关于马来西亚和新加坡政府之所以对印度尼西亚如此宽容，并极力淡化反复出现的烟雾所导致的后果，可能存在诸多有意思的原因。这些原因源自各国对无视环境保护所达成的共识以及不惜任何代价促进资本积累的共同愿望（而这两个因素又有如此完美的结合统一）。即便如此，我们不难看出有些更为即时的原因。《远东经济评论》报道[35]，有"业内人事"透露，由 18 家马来西亚企业和 5 家新加坡企业与印度尼西亚政府合作，其共同参与合资的项目是其中一些大火的肇事者。同时，众所周知的是，40 家拥有土地种植许可证的印度尼西亚企业实际上拥有马来西亚的合资伙伴。[36] 此外，在 1996 年，新加坡是印度尼西亚的第三大国外投资者，其投资总额达到 19.9 亿美元；新加坡在 1993 年对印度尼西亚的总投资达到 14.6 亿美元，超过了美国和日本对印度尼西亚投资的总额（分别为 4.45 亿美元和 8.36 亿美元）。[37] 在过去的 10 年里，马来西亚和新加坡都深受劳动力成本上涨和本国劳动力短缺的影响，因此这两个国家改变路线，把生产投资转移至劳动力更为充足的国家。印度尼西亚、越南和中国拥有大量农村人口，为新兴产业提供充足的廉价劳动力，从而能满足远东地区经济发展的需要。[38] 一到旱季，印度尼西亚的火灾和烟雾危机就此起彼伏，而考虑到马来西亚和新加坡对印度尼西亚经济参与得如此深入，两国对此并未给予直接的谴责就不足为奇了。

然而，还应该考虑到另外一个因素，即马来西亚政府、泰国政府、菲律宾政府对环境掠夺都难逃其责，其中森林砍伐首当其冲（泰国和菲律宾都几乎无林可伐了）。因此，这些国家丝毫没有权力以道德优势来指责印度尼西亚政府对数次烟雾危机的处理。这导致我们这里所讨论的问题的原因是复杂的，至少不容易简单描述，除了极个别小的、发达的北欧国家外，没有哪一个国家可以声称自己在环境保护方面拥有完美的记录。没有哪一个国家能在发展井然有序，严控污染，限制森林砍伐，严管土地和水资源，合理排放及处理有毒物体和危险物质等各方面有资格成为其他国家的榜样。我会在总结部分再次谈到这一问题，虽然简要，但会就国内国际可持续性发展的政策进行探究。

尽管两国间存在着众多明显差异，但印度尼西亚森林砍伐和马来西亚木材工业发展却密切关联。这些关联包括各级别政客及官员间的贪污腐败及裙带关系；导致巨大损失且难以管理的特权体制；[39] 固有的土地所有权制度引发森林原住民、依靠森林生活的人以及伐木公司间的冲突纷争；[40] 繁复无序的分包体系使毫无伐木经验的公司获取伐木资格；伐木过程的监管不力；非法砍伐；伴随偏远地区贫穷而引发的毁林轮耕；政治家和管理阶层间的敏感性致使对生态问题缺乏协调管理；林木开发变成对类似非再生性资源锡或铜的"开采"；[41] 对出口的木材产品监管不力导致政府税收的巨额损失[42]。以上种种，导致西马来西亚（例如沙巴和沙捞越）如今已经彻底无林可伐，而早在 30 年前，马来半岛（或西马来西亚）就已被伐光。[43] 马来西亚西部省份的砍伐破坏率使其东部省份在不久的将来将无法避免地重蹈其覆辙。木材及木制品的现状仅仅是马来西亚官僚作风在环境问题上的部分体现，这一官僚作风在各个不同方面得以体现："唯亲是用"和贪污腐败导致对现有环境法规的不予执行（某些时候因其"商业友好性"而并非非执行不可）；以不惜任何代价求发展的国家经济政策；马来西亚部分地区已经严重污染，以致马来西亚领导人无法实实在在地指责其他国家在环保方面的渎职；森林储量的消耗殆尽并非唯一的问题。通常伴随森林砍伐而导致的土地侵蚀也相当普遍；制作橡胶和棕榈油的过程中排放出的有毒污水以及挖矿过程形成的淤泥，致使河水严重污染和堵塞；对有毒物质的不当处理导致其溢出；杀虫剂的过度使用［所谓的"绿色革命（Green Revolution）"的后遗症］以及持续的空气污染。[44]

1983 年和 1994 年的森林大火比 1997 年的更大，尽管也受到厄尔尼诺现象影响，却没有引发类似 1997 年的烟雾事件。为了探究这一事件的合理解释，我们必须意识到，马来西亚各个城市在过去几十年间的污染指数逐渐上升，而这也是东南亚主要城市的通病。在 1997 年烟雾危机发生之前，世界卫生组织计算出 1980 年到 1984 年间东南亚四大城市——雅加达、曼谷、吉隆坡和马尼拉——的平均污染指数。这些城市的污染指数位列全球污染最严重城市的前 20 名。同时，世界卫生组织还提供了同时期二氧化硫的排放指数。马尼拉、吉隆坡和曼谷位列全球排放量前 50 名。[45] 马来西亚政府应该对该国的部分空气污染问题负直接责任。《远东经济评论》报道称，1994 年提议的"空气洁净法（clean air legislation）"被内阁否决，因为其实施必将提升工业发展成本。[46] 这一事件仅仅显露征兆，暗示着马来西亚政府跟印度尼西亚政府一样，当环境问题阻碍了经济的发展时，总是绕过自己制定的法律法规来追求经济发展。

沙捞越地区巴贡大坝项目（Bakun Dam）饱受争议，从而引起国际社会的广泛关注，成为上述论述的近期著名案例。该项目的主体工程是耗资 60 亿美元，提供 24 亿瓦特发电量的世界第二大水坝。其建成将淹没 7 万公顷的土地，形成一个跟新加坡国土面积相等的湖泊，致使 1 万多名沙捞越居民撤离家园。[47] 该大坝的发电量，当时预计到 2011 年全面运行时，能通过中国南海海床上的巨大电缆输送到马来半岛。与印度尼西亚一样，马来西亚有相关法律要求对所有发展项目进行环境影响评估。在环保部门同意其计划实施之前，相关组织必须将评估报告公之于众。然而，1995 年 3 月，环保大臣搁置了马来西亚环境影响法案中将环境影响公之于众的条款，至少搁置了关于沙捞越大坝项目的环境的披露。不仅如此，该项搁置还可以追溯至 1994 年 9 月，而这时沙捞越州议会正好通过本州的环保法案，宣布环境影响报告不再需要通告民众。[48] 关于巴贡大坝的 4 项评估，有 3 项经由该州自然资源和环保局批准通过（第四项评估在《远东经济评论》对其进行报道期间也被通过），而掌管该部门的首席大臣是阿卜杜·泰益·玛目（Abdul Taib Mahmud）。受该大坝建设影响的数个沙捞越团体将政府诉诸马来西亚最高法院，在庭审过程中，他们证明该首席大臣的两名儿子分别持有易克兰（Ekran）公司1%的股权，而正是该公司与政府签有建筑大坝的合同（非常有趣的是，1993年，该公司43%的股权由各个代理公司持有，而这一现象使得法院根本无法搞清其余众多的股份持有者）。最高法院法官詹姆斯·冯（James Foong）作出了对政府不利的判决，对于反对大坝建造的沙捞越原告来说，这是个相当出乎意料的裁决。马来西亚的司法制度以高度遵从政府意愿而闻名，而大坝项目是被时任总理马哈蒂尔·穆罕默德（Mahathir Mohammad）所欣然采纳的。

关于这一事件，有两点值得关注。第一，沙捞越首席部长阿卜杜·泰益·玛目（Abdul Taib Mahmud）同时掌管着据说市值30亿美元（100亿马来西亚林吉特）的伐木特许机构。[49] 第二，巴坤大坝项目一开始便受到大量指责其行为不当的指控。E.T. 戈麦斯（E.T.Gomez）和K.S. 久莫（K.S.Jomo）对其计划和融资进行了深入分析，报告指出大坝建设的50亿~60亿美元合同未经招投标而直接奖励给由沙捞越华人木材大亨陈伯勤（Ting Pek Khiing）所掌管的易克兰公司。据E.T. 戈麦斯和K.S. 久莫调查，"陈伯勤与沙捞越首席部长阿卜杜·泰益·玛目，经济顾问达因·再努丁（Daim Zainuddin）和总理马哈蒂尔交往颇深"。[50] 这只是"食利者（clientalist）"规则体系和行政管理的实例之一，这一体系使得马来西亚政府中贪赃枉法、唯利是图之风盛行，从而对自己制定的环保法规肆意践踏（正如其同伴印度尼西亚一样）。许多贪污腐败的实例和导致环境破坏的"食利者"资本主义在马来西亚讲述政府和企业关系的文学作品有所体现，实际上，马哈蒂尔·穆罕默德对此毫无羞愧之情，他在出席1991年亚洲社会论坛（Asian Social Forum）的一次会议中谈到，"民主、人权、生态和工会权利都只是发达国家企图为日后竞争对手设置的路障而已"[51]。

到目前为止，我还没有介绍另外的东盟成员国泰国和菲律宾政府对环境问题的态度和关注。尽管这两个国家受灾程度不及马来西亚和新加坡，但在烟雾危机时期也深受影响。森林砍伐是两国数十年来首要的环境问题，但由于两国目前已经几乎砍伐殆尽，森林砍伐问题似乎没有补救的办法。然而，两国仍然存在其他环境破坏问题。在泰国，新兴的以出口为导向的农业经济形态，大坝的修建，发展盐业和高速公路而造成的河流污染，以及对红树林的大面积破坏（主要是为海虾养殖业让路）都引发了一系列主要问题。[52] 环境问题在菲律宾同样普遍。伴随着土壤侵蚀的森林砍伐行为随处可见，政府资助的采矿（菲律宾是世界较大的黄金、铜和镍的生产国）和电力项目常常不顾及生活在此的居民意愿便开展实施。[53] 大量农业化学物的滥用导致河流严重污染。商业虾养殖业（80% 的虾出口到日本）消耗大量饮用水，以致部分地区饮用水实行定量配给。菲律宾已经失去 70% 的珊瑚礁。由于马尼拉超过 50% 的汽车违反废气排放法规，该城市已受到严重的空气污染。而马尼拉海湾就像臭水沟，成百上千环绕海湾的工业企业不停地往里面倾泻未经处理的废水和有毒化学物质。[54] 菲律宾以工业世界里最为严格的加利福尼亚州环境法为模板制定自己的规则。然而，规则的实施却松散而随意——贪污腐败如影随形。包括跨国企业在内的从业者均意识到，如果他们想要在这个国家有所建树，就必须以"菲律宾方式"经营企业。[55]

东南亚国家的环境破坏是分布广泛的，结构性的（因为食利的形式似乎从根本上是受盛行的资本积累模式所支持的），并且考虑到这些根深蒂固的资本积累特点，很难在不久的将来得以停止。毫无意外，寡头政治和依持主义模式会成为当今新兴工业化的东盟国家秩序，并且在政府强有力的纵容和默许中发挥作用。[56] 如果将数次烟雾事件进行纯粹法律上的分析，印度尼西亚政府是唯一的责任承担者。然而，考虑到地区间经济的相互交织关系，土地和森林使用政策的相似性，以及各国政府对已经脆弱不堪的环境均未采取基本保护措施和几乎每年横扫整个东南亚地区的烟雾所带来的痛苦，即便印度尼西亚的东盟邻国们坚信那些灾害的责任只能由印度尼西亚承担并以此安慰自己，但似乎也是徒劳无用的。我们比其他任何时候都更清楚地意识到，只有整个东盟国家团结一致，将东南亚视作整体统一的地区，东南亚的森林（以及其他自然资源）才有可能以可持续性的方式得以开发利用。

东南亚国家能够采取有效措施治理环境的前景不容乐观。在透明国际（Transparency International）2009 年的腐败指数（corruption perception index）排行榜上，受烟雾危害的东南亚国家在 180 个被调查国家中的排行如下：新加坡第 3，文莱第 39，马来西亚第 56，泰国第 84，印度尼西亚第 111，菲律宾第 139。[57] 上述国家，除了新加坡以外，都采用以权力寻租为主导的资本主义模式。以特权精英为主体的，或者与其有密切联系的权力寻租对经济发展没有起到任何建设性功能，只是通过对自然资源、金融资产、特许证管理等"权力"的垄断，从无数合同或者因拥有"权力"而获得的"机遇"中积累可观的财富（前文中提到的苏哈托和马哈蒂尔的子女所拥有的财富足以证明这一点）。并非只有一位马克思主义者才认可这样的"权力寻租（rent-seeking）"——在一个巨大的范围，往往是那些将腐败作为"做生意"的一部分的那些国家在进行寻租——对实际的经济建设贡献颇微或者毫无贡献。这些经济体中的权力寻租者通过当家人的角色兑现自己能够接触和利用到的对经济生产至关重要的资源的能力（通过垄断得以保证），从而聚集财富。[58] 权力寻租难以根除。改变必然从政府层面开始，然而因为权力寻租者在政府内拥有相当的影响力，以及各种默许的裙带关系，改革的动力很难从政府内部产生。如果要菲律宾和印度尼西亚分别摆脱马科斯（Marcos）和苏哈托，则其政权瓦解中最具决定性的因素则是美国撤回对这些独裁者的支持。

只有当该地区的资本积累体制得到彻底且果断的转变，改革才会到来……然而那又是另外一回事了。

注释

1. On the extent of the 1997 peat fires, see the *Guardian*, September 27, 1997.

2. See Luke Hunt, "Fires Spread Thick Haze Across Much of Southeast Asia," *Voice of America News*, Accessed October 3, 2009.

3. *Guardian*, September 27, 1997.

4. *The Economist*, September 27, 1997.

5. For the pollution level in Kuching, see the *Manchester Guardian Weekly*, September 28, 1997.

6. *Guardion*, September 27, 1997.

7. For the Antara News Agency Report, see *The Indonesia Times*, October 17, 1997. It quoted officials as saying that 90,000 of Irian Jaya's population of 500,000 faced serious food shortages, and that efforts to air-drop food supplies were hampered by the smog.

8. For Indonesia, see Hal Hill, *The Indonesion Economy Since 1966* (Cambridge: Cambridge

University Press, 1996), 144, citing the World Bank Report of 1994; and for Sarawak (and Malaysia generally), see K.S. Jomo, "Malaysian Forests, Japanese Wood: Japan's Role in Malaysia's Deforestation," in K.S. Jomo (ed.), *Japan and Malaysian Development* (London: Routledge, 1994), 182-210, esp. 182. This is true worldwide of the tropical moist forests, which although they constitute only 6 percent of the world's area, contain more than 50 percent of its species.

9. The removal of rain forests and the resulting destruction of habitats has certainly been going on for some time all over the world. Humans are among the animals affected in this way - in Brazil alone eighty-seven tribes became extinct between 1900 and 1957, and Robert S. Aiken and Colin H. Leigh say that a "similar fate probably awaits the Penan of Sarawak [in West Malaysia], where logging is polluting rivers, depleting game, and rapidly encroaching on remaining ancestral lands." See their *Vanishing Rain Forests: The Ecological Transition in Malaysia* (Oxford: Oxford University Press, 1992), 13.

10. *The Indonesia Times* of October 15, 1997 quoted Emmy Hafild of Walhi, Indonesia's leading environmental-protection group, as saying that 1.7 hectares were under fire, causing damage then estimated at $1.8 billion.

11. The *Straits Times* (Singapore) of November 22, 1997 reported that tourism for the previous month had declined by 17.6 percent.

12. For the Indonesian government's claim that the smog is a "natural" and not some other kind of disaster, see the *Guardian*, September 24, 1997, where the Minister of Welfare, Azwar Anas, was quoted as saying: "We're not late in anticipating the problem. It's a natural disaster no one could have prevented." The *Far Eastern Economic Review*, October 22, 1997, 43, reports President Suharto as making the same claim in a speech to a meeting of the Association of Southeast Asian Nations (ASEAN). A useful account of the failure of Southeast Asian governments to implement already existing agreements and laws is to be found in Alan Collins, *Security and Southeast Asia: Domestic, Regional, and Global Issues* (Boulder,

CO: Lynne Rienner Publishers, 2003), 141-145, who describes this implementation as "nonchalant."

13. See J. Mayer, "Impacts of the East Kalimantan Forest Fires of 1982-1983 on Village Life, Forest Use, and Land Use", in Christine Padoch and Nancy Lee Peluso (eds), *Borneo in Tronsition: People, Forests, Conservation, and Development* (Oxford : Oxford University Press, 1996), 197-218.

14. See *The Economist*, September 27, 1997; *Asiaweek*, October 17, 1997; and the *Far Eastern Economic Review*, October 2, 1997, 28-29, the latter stating that the blame for starting the 1997 fires lay not so much with the shifting cultivators but with the big plantations themselves.

15. Colin MacAndrews, "Politics of the Environment in Indonesia," *Asian Survey*, 34 (1994), 376, discusses the Batan Island case, using a report in the leading Indonesian newsweekly *Tempo* on November 28,1992, p.42.

16. This case involving Prajogo Pangestu is mentioned in A. MacIntyre, "Power, Prosperity, and Patrimonialism," in Andrew MacIntyre (ed.), *Business and Government in Industrialising Asia* (lthaca, NY, and London: Cornell University Press, 1994), 244-267.

17. Ibid., 379.

18. For Suharto's rejection of the legislation on private television, see the *Far Eastern Economic Review*, September 4, 1997, 24, which said that the Suharto famijy holdings represent "a considerable stake in an industry that now generates $1 billion in advertising revenue annually." The six Suharto children acquired immense fortunes during their father's dictatorship — "booty" would not be an inappropriate term — as beneficiaries of a system which required foreign companies investing in Indonesia to obtain licenses from the government and to form joint ventures with local firms and investors. The Suharto family, and cronies like "Bob" Hasan, had a virtual monopoly on these licenses, and state banks were required to give Suharto's four sons and two daughters interest-free loans to facilitate ventures in which they are involved. The *Far Eastern Economic Review*, September 5, 1996,

56-58, estimated that the Suharto offspring were worth, as individuals, a total of $6.35 billion, though the assets they controlled were almost certainly much higher if their ancillary business enterprises (sometimes undertaken by proxies drawn from the extended family) were taken into account.

19. See *Far Eastern Economic Review*, October 2, 1997, for the palm oil figures given in this paragraph.

20. *Far Eastern Economic Review*, October 2, 1997, 28.

21. For the next few paragraphs I am indebted to the conspectus of the Indonesian government's forestry policies provided by Malcolm Gillis in his "indonesia: Public Policies, Resource Management, and the Tropical Forest, " in M. Cillis and R. Repetto (eds), *Public Policies and the Misuse of Forest Resources* (Cambridge: Cambridge University Press, 1988) 43-113.

22. The granting of concessions was an important form of patronage disbursed by the Suharto family circle. The extensive and hugely lucrative ties of this circle with the military (which to this day owns and operates its own businesses) and the Chinese business community are discussed in detail in Richard Robison, *Indonesia: The Rise of Capital* (Sydney: Allen & Unwin, 1986).

23. The Indonesian government's resettlement program moved about a million families from Java to the Outer Islands by 1997, 80 percent of them on land that had been deforested, some of the time for presumably just this purpose.

24. P. Dauvergne, "The Politics of Deforestation in Indonesia, " *Pacific Affairs*, 66 (1993-1994), 497-517; Gillis and Repetto, *Public Policies and the Misuse of Forest Resources*; R. Repetto et al., *The Forest for the Trees?: Government Policies and the Misuse of Forest Resources* (Washington, DC: World Resources Institute, 1988); M. Poffenberger, "Rethinking Indonesian Forest Policy: Beyond the Timber Barons," *Asian Survey*, 37 (1996), 453-469; C. MacAndrews, "Politics of the Environment in Indonesia," *Asian Survey*, 34 (1994), 369-380; and E.B. Barbier et al., "The Linkages Between the Timber Trade and Tropical Deforestation-

Indonesia," *The World Economy,* 18 (1995), 411-442.

25. Japan and the World Bank are donors who have paid little heed to the environmental effects of their subventions to the Indonesian government.

26. Gillis, "Indonesia: Public Policies," 84ff.

27. Robert Repetto, "Economic Incentives for Sustainable Production," in Gunter Schramm and Jeremy Warford (eds). *Environmental Management and Economic Development* (Baltimore, MD: Johns Hopkins University Press, 1989), 69-86; R. Repetto, "Government Policy, Economics, and the Forest Sector," in ibid., 93-110; and R. Repetto et al., *Wasting Assets: Natural Resources in the National Income Accounts* (Washington, DC: World Resources Institute, 1989).

28. See especially E.B. Barbier, "The Environmental Effects of Trade in the Forestry Sector," in *The Environmental Effects of Trade* (Paris: OECD, 1994), 94.

29. Mayer, "Impacts of the East Kalimantan Forest Fires of 1982-1983," 210, indicates that the blame for the wildfires on that occasion lay not so much with indigenous swidden cultivators, but with commercial loggers and pioneer settlers brought to the region by the Indonesian government's resettlement program.

30. There are other reasons why the export restriction policy was successful in slowing down the overall rate of deforestation. The introduction of the policy in 1985 coincided with a boom in the production of processed timber (not affected by the new policy, which of course only applied to log extraction for export). The outputs of plywood and sawn timber rose by 800 percent and 500 percent respectively during 1980 and 1991 and more than offset any reductions made in log harvesting that may have been caused by the ban on raw timber exports. For these, see Hal Hill (ed.), *Indonesia's New Order: The Dynamics of Socio-Economic Transformation* (Honolulu: University of Honolulu Press, 1994), 145.

31. Joan Hardjono's splendid overview of Indonesian environmental policy, even though it is fifteen years old, makes it obvious why such pessimism is justified. See J. Hardjono, "Resource

Utilisation and the Environment," in ibid., 179-215. Bapedal, Indonesia's Environmental Impact Management Agency, has been successful only in dealing with industrial pollution in urban areas. Bapedal has made no headway in dealing with other forms of environmental despoliation: these fall under the jurisdiction of other government agencies, who are only allowed to function in an "advisory" capacity when it comes to monitoring the effects of their policies on the environment.

32. For an informative assessment of Indonesian policy on East Timor, see Benedict Anderson, "East Timor and Indonesia: Some Implications," in Peter Carey and G. Carter Bentley (eds), *East Timor ot the Crossroads: The Forging of a Nation* (Honolulu: University of Hawaii Press, 1995), 137-147.

33. Malaysians were not impressed by their government's handling of the 1997 smog crisis. According to a poll conducted by the national daily, *The Star*, 93 percent of those interviewed believed that the government was not doing enough to deal with the haze. See the Malaysian news magazine *Aliran Monthly*, 17 (1997), 4.

34. Reuters, "Indonesia Tight-Iipped as SE Asia Braces for Worsening Haze". Accessed November12, 2009.

35. *Far Eastern Economic Review*, October 2, 1997, 28.

36. *Manchester Guardian Weekly*, September 28, 1997.

37. See the *Straits Times* (Singapore), October 15, 1997, for the 1996 figures, and R. Edwards and M. Skully (eds), *ASEAN Business, Trade and Development* (London: Butterworth-Heinemann, 1996), 63, for the 1993 figures.

38. Hal Hill cites an unpublished 1993 paper by C.G. Manning which says that the minimum wage in Jakarta was less than 50 percent of that of Bangkok, Iess than 25 percent of that of Malaysia, and less than that of Manila, though it probably exceeded those in Vietnam and China. See his *Indonesian Economy*, 282 n. 26.

39. As is the case in Indonesia, the concessions in Malaysia are given out by the state

governments to friends and families of those in power.

40. As pointed out before, in Malaysia this problem is compounded by the fact that it is the individual state governments, and not the federal government, that award concessions. One result is the complete lack of consistency in the awarding of concessions; another is the occurrence of frequent conflicts between the federal government and the individual states (in particular the West Malaysian states of Sabah and Sarawak) over the disposal of timber-revenues and the managing of forests. Published reports of the granting of concessions as political favors in Malaysia started appearing as early as two decades ago. See *Far Eastern Economic Review*, December 2, 1997, 48.

41. The most immediate consequence of this is that no efforts at reforestation are made in Malaysian Sarawak and only a paltry reforestation program exists in Malaysian Sabah. On this, see Gillis, "Malaysia: Public Pojicies," 115-164.

42. K.S. Jomo, citing surveys of logging practices in Malaysia, finds rates of tree damage that are very similar to those in Indonesia: "in Malaysia, extraction of only 10 percent of the trees in a specific area resulted in an additional 55 percent being damaged or destroyed in the process." See his "Malaysian Forests, Japanese Wood," 194.

43. Ibid.

44. There is an overview of Malaysia's environmental problems in Mark A. McDowell, "Development and the Environment in ASEAN," *Pocific Affairs*, 62 (1989), 307-329.

45. For these figures, see Alan J. Krupnick, "Urban Air Pollution in Developing Countries," in Partha Dasgupta and Karl-goran Mäler (eds), *The Environment and Emerging Development Issues* (Oxford: Oxford University Press, 2001), 425-469, esp. figs 16.2 and 16.3.

46. *Far Eastern Economic Review*, October 2, 1997.

47. It is now widely accepted that hydroelectric power facilities are relatively short-lived because sedimentation, associated with soil erosion, reduces the storage capacities of the dams. On this, see Norman Myers, "The Environmental Basis of Sustainable Development," in

Schramm and Warford (eds), *Environmental Management and Economic Development* (Cambridge: Cambridge University Press, 1999), 57-68, esp. 61.

48. For this account, see *Far Eastern Economic Review*, July 4, 1996, 71 .

49. On Abdul Taib Mahmud's holdings in timber industry, see Jomo, "Malaysian Forests, Japanese Wood," 201 .

50. E.T. Gomez and K.S. Jomo, *Malaysia's Political Economy: Politics, Patronage and Profits* (Cambridge: Cambridge University Press, 1997), 110. Needless to say, the site had to be cleared of trees before it is submerged, and Gomez and Jomo cite reports from the *Asian Wall Street Journal* (March 10, 1994), *Far Eastern Economic Review* (February 2, 1994), and *Malaysian Business* (March 16, 1994) to show that revenue from the ensuing timber harvest would amount to just under $1 billion (2 billion ringgit) in the first few years of the project. Furthermore, on completion, receipts from the sale of electricity generated by the dam were expected to amount to over $1 billion (3.5 billion ringgit) annually.

51. Quoted in Alain Lipietz, "Enclosing the Global Commons: Global Environmental Negotiations in a North-South Conflictual Approach,"in Vinit Bhaskar and Andrew Glyn (eds), *The North. the South and the Environment* (New York: Palgrave Macmillan, 1995), 131. In 1986, Mahathir specifically named the Environmental Protection Society of Malaysia as an enemy of the state, and environmentalists were among the 106 people detained in late 1987 under Malaysia's Internal Security Act (which provides for detention without trial). On this, see James V. Jesudason, "The Syncretic State and the Structuring of Oppositional Politics in Malaysia" , in Garry Rodan (ed.), *Political Oppositions in Industrialising Asia* (London: Routledge, 1996), 128-160. It should be noted that Mahathir's three sons sat on the boards of 213 companies between them: Mirzan was a director of ninety-eight companies, Mukhriz sixty-seven, and Mokhzani forty-eight. See *Aliran Monthly* 17 (1997), 19.

52. Thailand, Bangladesh, Cameroon, Chad, India, Niger, Vietnam have lost over 80 percent of their freshwater wetlands, according to R.K. Turner *et al.*, "Wetland Valuation: Three Case

Studies," in C. Perrings et al. (eds), *Biodiversity Less: Economic and Ecological Issues* (Cambridge: Cambridge University Press, 1997), 131.

53. The island of Mindanao has become the site of many government projects, including a geothermal energy development that is destroying trees and causing soil erosion. The island, home of a Muslim secessionist movement, was neglected for decades by the Christian-dominated central government, but it is now considered important because it will constitute the Philippine section of a newly created sub-regional growth triangle called the East ASEAN Growth Area (EAGA), encompassing Mindanao-Sulu in the Philippines, Brunei, three provinces of eastern Indonesia, and the Malaysian territories of Sabah, Sarawak, and Labuan. On this see M. Turner, "Subregional Economic Zones, Politics and Development: The Philippine Involvement in the East ASEAN Growth Area (EAGA)," *Pacific Review*, 8 (1995), 637-648. Illegal logging is rampant in the Philippines. M.A. McDoweIL "Development and the Environment in ASEAN," *Pacific Affairs*, 62 (1989), 307-329, at 313, says "that in October 1986, Philippine Minister of Natural Resources E. Macheda estimated that 50% of the Philippine Wood Products Association were engaged in log smuggling, and one-third in illegal logging."

54. See Robin Broad with John Cavanaugh, *Plundering Paradise: The Struggle for the Environment in the Philippines* (Berkeley, CA: University of California Press, 1993). 21 .

55. See Kunio Yoshihara, *The Nation and Economic Crowth: The Philippines and Thailand* (Oxford: Oxford University Press South East Asia, 1994), for one of the many accounts of Philippine corruption, which entangled American companies as well.

56. Singapore has not been mentioned so far. As a small island with no hinterland it lacks natural resources that can be exploited in the rent-capturing style favored by its ASEAN neighbors.

57. For the 2009 Index, see the transparency.org. Accessed November 17, 2009.

58. For useful elaboration on this notion see Robert Pollin, "Resurrection of the Rentier," *New Left Review*, 46 (July-August 2007), 140-153.

13 设计的适应力

从复杂系统视角看可持续性设计

——卡尔·S. 斯特纳

是什么让某些系统历经天气变化，适应并长期延续下来，而其他的却历经灾难性失败和毁灭？这个问题对可持续性极为重要。这同样也是关于系统行为的问题——在这里，指社会生态体系的复杂行为。理解复杂体系、熟悉网络理论相关领域将有助于设计者们理解可持续性的众多要点，从而获取潜力以赋予设计众多体系，其中包括建筑环境，从能源和交通体系到社区和城市。

需要特别指出的是，复杂自适应系统（Complex Adaptive System, CAS）理论——其重点在于*自适应性*——是一门研究系统自我组织、学习以及主动改变的新兴学科。CAS理论建立在大量现有学科的研究成果之上并进行有意识的跨学科研究，因此具有广泛的适用性。[1]

CAS理论的一个核心理念就是*适应力*（*resilience*）——一套系统所具备的这一能力，无须通过阈值定性不同的状态便能吸收、化解干扰并适应新的变化。[2]CAS学者们指出，适应力思维对于可持续性的思维方式非常必要。实际上，适应力这一术语已经开始出现在设计师们的词典中。适应力联盟（Resilience Alliance），一个致力于社会生态体系研究的跨学科科研组织，已经开始进行一个重点关注"城市适应力"（urban resilience）的项目。规划师彼得·纽曼（Peter Newman）和蒂莫西·比特丽（Timothy Beatley）撰写了有关"城市适应力"的文章，与此同时，诸如适应力城市（Resilience City）一类的组织也已经开始将适应力理念运用到城市设计中去。[3]

适应力这一理念——以及为理解这一理念提供支撑的复杂的系统理论——到底是如何开始影响建筑实践和建筑环境的呢？本章将通过城市设计中3个案例的研究，探索适应力理念在设计中的应用。然而，复杂的系统理论还在飞速发展，本章的主要目标是通过建筑理论和设计实践之间的联系，展示这一复杂理论的部分内涵，从而展望建立在这一理解基础上的各种可能——而不仅仅是为某一系统提供具体的答案或最佳组织结构建议。

复杂系统综述

复杂系统是指基于非线性交互作用而产生意外行为的网络构建。[4]复杂系统的特点是许多"可替代性稳定状态（alternative stable states）"的存在，而非保持平衡性。复杂系统存在于这种替代性稳定状态中或者在两者之间切换，而有时当临界阈值被突破，这种切换甚至相当突然。[5]这些状态——也称为"体系（regimes）"或者"吸引域（basins of attraction）"——可以用系统地形的凹陷来对其进行概念化。一块象征当前系统状态的大理石常常会深陷这类凹陷，但是也会在中断或打扰的冲突下进入一种替代性状态。[6]我们把地形界定为在各种不同的物理和时间范围内变化的变量，其本身就随着时间不停切换。快速变量和慢速变量之间的交互作用可以产生缓慢和突然的切换，而这些切换从根本上来讲是地貌转换。[7]

复杂系统的动态及非线性本质对传统的可持续性发展模式形成挑战。大多数可持续性发展模式假设在不涉及人类行为所带来的破坏性后果时，自然应该是"保持平衡"的。因此，这些模式力争将生产量降低至一个"可持续性"的水平——即与假定的再生恒定比率持平。但是，生态系统的变化和阈值是会在几乎没有警告的情况下被打破的；从长期来看，对这些"可持续产量"途径（例如，在渔业里）的尝试运用最终都被证明是脆弱不堪的。[8]

然而，尽管很多自然系统复杂又无法预测，但它们仍然能够优雅地适应和转换——简而言之，它们是有*适应性的*。适应力包括两个方面：*被动适应力*和*主动适应力*。被动适应力是指系统对震动进行吸收消化并保留在一个体系（regime）之内的能力。而主动适应力则是对改变的*适应*能力。[9]后者承认了许多系统——包括人类社会——学习和重组的能力。正是适应力的这一特性引领着许许多多的 CAS 理论家去关注对适应能力产生影响的社会过程或社会制度。

虽然适应力的根源不计其数，但是相对来说为数不多的一些因素却在整个学术界不断出现：多样性（diversity）、重复性（redundancy）、灵活性（flexibility）以及最佳网络结构（optimal network structure）。[10]这些因素构成本章的主体要点。

多样性

或许，决定适应力的最重要因素就是*多样性*。成分的混杂使得一种干扰便破坏所有成分的可能性受到限制。多样性对适应能力同等重要，从而在面对改变时能从根本上提供众多的选择或可替代的途径。[11]*分散*，从本质上说是地理上的多样性——是成分杂乱的空间分布。[12]

重复性

当两种成分"完全匹配"（exact match）时，重复性出现了——也就是说，两者在所有方面都具有完全相同的特质属性。[13]*功能重复*（*functional redundancy*）（实际上是另一种多样性），是指各种混杂成分发挥同样的功能。[14]而后者对于恢复力而言尤为重要，因为它使得系统的某一类型成分在遭受整体干扰时，系统功能仍能继续发挥作用。

灵活性

灵活性是指单一成分在必要时自我改造或发挥替代功能的能力。例如，一个能适用于各种不同燃料的锅炉是具有灵活性的，并且当条件发生变化时，它不易发生故障。[15]

最佳网络结构

虽然多样性、重复性和灵活性是网络成分的三大特性，但最佳结构却是这些成分如何得以相互关联的功能。[16]这属于网络理论领域——一项研究网络结构、拓扑结构以及其他理论的新兴学科。近来，许多学者将网络理论研究付诸实践，利用它来进行从食品连锁店到互联网的所有事物运作。[17]

网络是一个松散的概念，其节点和关联的集合可以代表任何事物，从由关系连接起的个人到由公路连接起的城市。这些连接，或者说关联，构成一个信息、影响力、电力、交通等得以流动的结构。我们可以将网络视为复杂系统的框架结构，为我们提供了研究网络结构某一特定方面实际性能的途径——比如，网络对各种不同问题的容错能力。[18]想要理解网络结构的重要性，其方法之一就是了解典型网络。下面简要介绍 4 种典型网络：集中型（centralized）网络、任意型（random）网络，无标度（scale-free）网络和聚合型（clustered）网络（图 13.1 和表 13.1）。

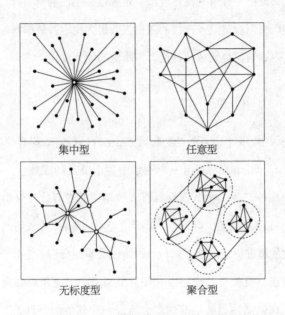

图 13.1
典型的集中型、任意型、无标度型及聚合型网络　集中型网络图表节选自巴兰（Baran）的《论分布式通信：分布式通信导论》；任意型网络和无标度网络图表节选自巴拉巴斯（Barabáse）和奥特维（Oltvai）的《网络生物学：理解细胞的功能组织》；聚合型网络图表节选自潘和辛哈的《层级结构的模块化网络：复杂结构的动态含义》。

表 13.1
各原型网络特点

	集中型	任意型	无标度型	聚合型
随机失效不稳定性	稳定	相对稳定；临界点	稳定	随机变化
定点攻击易损性	极度易损	稳定	易损	随机变化
流动率	快	慢	快	随机变化；流动可控
分裂度	低；"小世界"效应	高	低；"小世界"效应	随机变化

集中型

集中型网络以所有其他节点依附于一个单一节点为特征。虽然很少在自然界中发现这一网络类型，但这类网络为理解其他体现出一定程度集中性的网络行为提供了非常有用的探试手段。集中型网络面对节点或连接的随机失效极为稳定：概率问题助长了内置此节点的破坏，然而，其内置的瓦解毁坏使得这类网络极易受到攻击。[19]

任意型

在网络理论用语中，一个节点的"度数"（degree）是指它所拥有的连接数量，一个"度分布"（degree distribution）绘制出一个网络中各个节点的度数。一个随机网络模型的度分布遵循钟形曲线——每一个节点都具有大致相同的连接数。这类网络形式的随机失效并非一个渐次的过程：删除少数节点不会产生多大影响，网络仍然保持完整。但是，如果删除节点的数量超过特定的临界阈值，网络便会瞬间分裂。[20] 由于没有关键性枢纽，这类网络对定位攻击具有极高的稳定性。任意型网络的流速相对较慢：任意两个节点间的路径非常宽阔，以致到达目的地前信息会流经一些其他的节点。[21] 这一点到底是有利因素还是不利因素取决于流经网络的到底是什么（比如，信息 vs 病毒），以及该网络本身的预期目的。

无标度型

一个"无标度"网络以服从幂次定律（power-law）的度分布为特征：绝大部分节点都为为数不多的连接，但只有很少的节点通过连接很好地连通起来。[22] 这些枢纽将整个网络联系起来，从而创造出"小世界效应"（small world effect）——这跟任意型网络不同，连接任意两个节点间的路径都很短。[23] 因此，通过无标度网络的流速是异常快的。[24] 这类网络对节点的任意删除相当具有抵抗力——事实上，删除一个至关重要的节点并不会使网络分崩离析。然而，如果快速移除节点则会使这类网络容易受到袭击。[25]

聚合型

聚合型网络展示出所谓"中级模块化"（intermediate modularity）的特征。一整个模块化系统包括许多相互未经连接的节点集群；中级模块化意味着重置的级别，或者说与一个以上集群相连接的节点。与以度分布为特性的任意型网络和无标度网络不同的是，聚合型网络变化多端；实际上，聚合型网络既可能是任意型的也可能是无标度型的。[26] 根据其度分布的变化，聚合型网络也可能接近其他典型网络的特性。

那么，到底这些适应力系统的特征和典型网络是如何在设计中得以使用的呢？下面的案例分析将会尝试回答这一问题。美国堪萨斯州格林斯堡（Greensburg）的规划蓝图、俄勒冈州波特兰的劳埃德隧道（Lloyd Crossing）重建项目，以及加拿大安大略省北因利斯菲尔（North Innisfil）的拟建规划项目，都根据可持续发展的精神进行设计。尽管这些项目在设计时并没有采用所谓的"适应力"理念，但它们都无一例外地对适应力设计这一理念以及与之相伴而行的复杂性进行了阐述。下面每一个案例分析都重点关注与本章讨论要点相关的设计的特定方面，因此并不旨在进行各方面的综合评述。

格林斯堡

2007年5月4日，美国堪萨斯州格林斯堡镇，龙卷风的袭击毁坏了90%的城市建筑，致使这个大约拥有1 400名居民的农业社区遭受重创。灾后的格林斯堡决定打造一个可持续性社区的样本，而不是进行简单的重建。[27] 小镇投资了一系列长期社区综合规划工作。这些工作由联邦紧急事务管理局（Federal Emergency Management Agency，FEMA）引导的"社区长期复原计划（Long-Term Community Recovery Plan）"为始点，BNIM建筑师事务所（BNIM Architects）制订的"格林斯堡可持续性综合计划（Greensburg Sustainable Comprehensive Plan）"紧随其后。[28] 此外，国家可再生能源实验室（National Renewable Energy Laboratory，NREL）为其提供了众多与能源相关的研究成果与建议，其中大部分都被"综合计划（Comprehensive Plan）"采用或融合。[29] 由于NREL的热情参与，格林斯堡的能源系统尤为瞩目——其设计使当地利用可再生资源能满足城市的一切能源需求。

格林斯堡新能源系统的新颖之处在于，它与此前的能源系统完全相反。龙卷风袭击之前，格林斯堡能源系统相对传统：电力主要由远程火电站通过传输主干线向城市实现供给。城市作为市政公用设施，从州政府机构为市民购买能源。此外，城市自身还拥有 5 条双燃料（天然气和柴油）发电机组，这些机组能间歇性地运转，从而在用电高峰期或者电力紧缺期为城市提供额外能源。[30]

　　艾默里·洛文斯（Amory Lovins）在其 1977 年出版的《低能量路径》（*Soft Energy Paths*）一书中首次描述了类似系统的固有脆弱性（inherent brittleness），并且在之后的众多著作中对这一理论进行了详细介绍，其中包括在 1981 年他与 L. 亨特·洛文斯（L. Hunter Lovins）合作为 FEMA 所做的报告。这份报告中的深入论述根植于恢复力理念，并且部分以 C.S. 霍林斯（C.S. Holling）（CAS 理论核心人物）的研究为基础。除了在社区范围内获得支持外（关于这一点，会在稍后内容讨论），上述能源系统几乎在各个方面都与支撑恢复力理论的因素相冲突。它并没有特别的多样性：电力生产由少数几家依赖相同燃料资源的大型发电厂供应。这就导致能源冗余量少并且不够灵活：大多数发电厂都是资本密集型企业，其经营运转需要对企业本身以及公共设施进行大量的资本投资，并且这种投资必须是长期持久的。因此，这类系统无法对变化的环境作出快速反应。[31]

　　很难对这一系统的结构进行评估。其物理网络——发电厂、输电线以及组成整个电力坐标的变电所都异常复杂；尽管从网络理论研究角度来看，这一方向已经成为近来众多科研的主题，但研究结果还停留在初级阶段。好些学者建议输电网采取拓扑结构，以显示一定的向心力：即拥有超出平均水平连接的枢纽（不论它是发电厂、变电站还是其他类型的公共设施）。[32]

　　在为辅助电力输送所设计的系统中，无标度型拓扑结构有其实用意义：这类网络具有紧密相互关联性，任何一个节点都与中心枢纽相距不远。然而，这一特点也同样滋长了对传输的干扰，而这些干扰可以经由无标度网络快速传播。[33]艾伯特-拉兹罗·巴拉巴斯（Albert-László Barabáse）指出，一种特定类型的干扰——级联失效，就是"一种连通性和相互依赖性的自然后果"[34]。当一个节点的失效向其他邻近节点转移负载或任务时，级联失效就会发生；而如果负载过大，这些节点同样会失效。类似的失效会导致众多系统瘫痪。[35] 格林斯堡的后备系统为系统彻底失效提供保障。实际上，这些后备发电机组具备格林斯堡新能源系统的诸多特征：多样性、重复性、灵活性和模块性。

主要建立在 NREL 报告和建议基础上的新系统，聚焦于利用格林斯堡本地的可再生资源，通过社区范围发电和分布式发电为城市提供能源。格林斯堡系统的主体是城外大约 5 英里处的风力发电场。格林斯堡的风力资源是全国最优质的，发电场中的 10 个涡轮叶片可以发电 12.5 兆瓦——这一数字是整个城市用电需求量的 4 倍。剩余电量将会销售给堪萨斯州电力联合系统。当风力不够强劲的时候，格林斯堡会从输电网收回电力。堪萨斯州电力联合系统也承诺将提供来自多种资源的可再生能源，包括风力和水力。[36] 新能源系统同样也包括分布式能源供应。政府鼓励家庭和企业为用电而安装小范围的风力涡轮叶片和太阳能电池板，为供热和制冷安装地热资源地源热泵，以及为更大范围内利用电能和热能而安装生物电机。[37]

这一新型系统展现出适应力体系的众多特征。首先，能源的多样性——从本地太阳能和风能到更远距离的水力发电——使得系统在各种不同条件下发挥作用以及抵抗各种干扰的能力得以提升。其次，这种重复——不仅是实实在在的重复（完全相似的风力涡轮叶片和太阳能电池板），更是功能重复（产生能量的多重系统）。这种重复是多重范围的，从小型、分散发电机组到大范围区域资源利用；同时，这些系统分布于整个区域，为地区性的破坏（如龙卷风）提供保障。该系统也极具灵活性：小范围的独立组成部分意味着它们不需要大额资金投入就能被轻松替换，并且在必要时进行重新组装。总体而言，小范围和简洁性赋予这一系统自我组织能力：随着逐渐改进和调整其组件而明智地应对当地变化，该系统能够通过个体和周边单位的联合行动来适应不断调整的环境。除开系统建立之初需要恰当的综合政策为电力发送保驾护航外，该系统对集中计划和协作要求甚低。[38]

这一系统的分散型特质开始倾向于一种由半自制型集群（如格林斯堡镇）控制的网络结构，这些集群由多重定向连接所关联——这明显背离了由中央电厂控制的非定向网络结构。集中型网络的流量根据分散度高低决定分配量，但集群的存在为以一种全球范围内相互关联的无标度自由模型无法实现的方式提供了机会。[39] 从某种意义上说，集群式架构是为保持联网效益的同时又保证网络内部稳定性和自治权而产生的一种折中的解决方法；是一个能够促进网络稳定性并减低干扰影响的结构模式。[40]

中级模块化提供实现本地适应性的附加效益：城市和社区可以将它们的能量系统和政策与特定社会和环境条件相关联，并根据不断变化的需求和条件调整这些系统。实际上，格林斯堡开始明确创建一个能实现上述控制的系统，即可靠的，易于实施和保持的，并且"为社区提供灵活性从而直接影响其动力资源"[41]的系统。尽管与其严格的生态性相比，这些目标更具社会性和制度性，然而它们仍然需要通过技术系统的设计和结构得以实现。社区和小城镇可以有效地管理诸如太阳能、风能和生物能等小规模技术，[42]以使网络结构和拓扑结构能产生重要的社会影响。

根据网络理论家科琳·韦布（Colleen Webb）和奥贾·博丁（Orjan Bodin）的研究，"大量社会科学研究表明，权力与集中密切相关，尽管其关联并不完全是简明直接的"[43]。艾默里·洛文斯认为，高度集中的能量系统通过其巨大的规模，其对巨额资金投入的需求，其依赖于专家学者的技术复杂性，以及其应对一系列干扰的稳定性，该稳定性需要高度安全性和控制力等方面来实现权力的集中和控制。[44]类似系统的设计和部署易于将大型公司和政府部门牵涉其中——而这些企业和政府部门具备单独实行上述项目的必要能力——并且是在典型地远离本地决策制度和监管。这一分析是对人类学家弗农·斯卡伯勒（Vernon Scarborough）的研究进行回顾，该学者在大规模建筑项目、社会阶层化和古代水力管理系统的脆弱性之间建立起相似的关联。[45]斯卡伯勒还指出，在聚落形态中，这些与更大、更集中的城市相对应的，具有更高等级结构的社会模式是显而易见的。这种关联暗示着科技系统和社会系统的交叉，并可能提供一种整合的社会标准框架——公平、自决、财富和权力的分散——使其运用于技术系统的设计与分析。

像格林斯堡镇这样调整其能量系统以适应特定区域和（或）始终变化的外部条件的能力表明了实践活动中积极的适应力：学习能力、适应能力以及主动的变化能力。因此，建筑环境的设计不仅通过提供一套抵抗干扰的体系而影响着消极适应力，同时也通过收缩或扩展本地控制范围来影响积极适应力。换句话说，技术系统的结构、本地决策能力和适应力这三者之间存在密切关联。[46]

劳埃德隧道

　　劳埃德隧道是一项位于俄勒冈州波特兰区劳埃德市的城市填充和再开发项目，其原型是一个拥有一些 2 ~ 5 层楼建筑物（这些建筑物多半都有地面停车场）的城市街区。该项目的设计由一支跨学科的设计团队于 2004 年完成，该团队由米森（Mithun）建筑师 + 设计师 + 规划团队主导。他们运用创新手段，将预期设计与前期开发条件进行对比，旨在修复自然生态系统以及由其提供一系列服务。这一再生的动物栖息地的意义重大——尤其是当这一居住地位于仅存少量自然生态的城市区域时。

　　尽管受限于诸如增多的森林植被、改良的暴雨水渗透标准以及减量的碳排放指标等一系列现场度量（site-scale metrics），劳埃德隧道创造动物栖息地的方式仍然充满景观生态学语言色彩。该计划的目标是创设一系列小范围的栖息地或生态走廊，并沿着威拉米特河（Willamette River）实现与毗邻的重要动物栖息地的连通。[47] 本计划的目的在于对这些人类社会发展之前就已经在此地存在的生态系统进行一定程度的恢复：为多个物种——海狸、水獭、野熊、海龟、三文鱼以及其他更多物种——生存提供保障的混合针叶树林，以及提供诸如恢复地下水资源和碳排放减量的生态系统。[48] 该设计计划从密集的城市发展区开始，以公园和自然场所为形式萌芽，重建两公顷自然栖息地。这些分散的区域由绿色街道、袖珍公园以及绿色屋顶构成的网络系统连接而成。一条主要的栖息地走廊（额外的两英亩区域）将这些区域与威拉米特河沿岸的自然栖息地相连。[49] 这条走廊通过将街道的一段转变成原生景观而得以实现。总体而言，这一区域网络将会为若干当地物种提供鸟类动物、无脊椎动物以及有限的水生动物栖息地。[50]

　　韦布和博丁指出，网络理论可以用于描述生态系统和园林景观。[51] 一处景观可以被视为由走廊连接起来的栖息地网络。而园林景观网络的重点则是其典型的连通性——尤其是称为"最小生成树（minimum spanning tree）"的措施，该措施对"将所有节点连接在一起的最短路径"[52] 进行测量，使得各个物种得以散布整个区域。小型"踏脚石（stepping-stone）"土地虽然面积不大，却可以扩展和保持对特定物种数量极为重要的最小生成树，从而发挥将整个网络联系起来的重要作用。[53]

土地连通性问题是一个大范围的议题，并且对单一场所甚至单一社区的边界造成入侵。在劳埃德隧道项目的实施过程中，对其界外区域的各种干预就明显体现出这一点：沿威拉米特河而进行的水体恢复工程及 50 英亩混合针叶林的恢复重建。[54] 这些成就功勋卓著并且标志着城市设计的重要方向。然而，复杂系统理论要求生态化途径不能过于零碎，更要求计划和设计的范围必须与对应系统中受空间限制的、暂时的或者说功能性的范围相匹配。[55] 复杂系统学理论界著名学者格雷姆·坎宁（Graeme Cunning），大卫·坎宁（David Cumming）以及查尔斯·雷德曼（Charles Redman）指出，生态系统与社会过程以及管理前两者的公共机构之间范围的不匹配常常会造成管理不当和恢复力消退。[56] 由此暴露出一个极为典型的冲突——该冲突发生在传统设计过程（该过程习惯于在一开始将设计任务局限于某一特定地点）和复杂系统理论所引导的设计方式（该方式要求干预范围必须与其所设计处理的系统范围相一致）之间。

　　然而，即便这些最棒的设计师是复杂系统的一部分，也并不见得一定能取得预期结果：学习和适应是必须的。劳埃德隧道项目栖息地计划应当分阶段在严密的监控中协调实施——这就意味着该计划部署必须保持灵活性。[57] 这一灵活性以社会机构的*适应能力*为基础，本案例中的社会机构是指开发者和当利管理者。事实上，CAS 理论的中心议题就是为这一适应能力提供支持的社会环境和制度环境。乔恩·诺伯格（Jon Norberg）和他的同事谈到，社会机构学习和适应的能力取决于潜在实践过程的*多样性*，以及必要时对实践过程作出改变的*灵活性*。[58] 他们提出，多样性来源于两方面的互动。一方面是当地对不同条件的适应；而另一方面是信息交换与新兴事物的引入。第一种情况表明地方化（或者说模块化网络）；第二种情况显示节点间的连通和流动。上述需求如要达到平衡，就需要组织结构一定程度的中级模块化。[59] 在社会体系中，这一平衡要求本地团体拥有一定程度的自治权来制定政策，也意味着政策本身允许一定程度的灵活性和多样性。同样，这一平衡还要求时不时地注入变化和新兴思想——比如选举新的办公室领导或者与其他区域交换信息。[60]

　　然而，在目前的实践中，信息和思想的交流并非难事；促进本土适应性才是真正的挑战。这一挑战在可持续设计领域尤为激烈，在那里，普遍的可接受的最佳实践的简单列表常常被具体场景分析和环境驱动响应所取代。这些最佳实践的实际影响，虽然是出于好意，却也可能会限制思想和实践的多样性。[61]

　　米森对劳埃德隧道采用的方法建立在对地点的细致理解以及跨学科领域充分合作的基础之上。复杂系统理论指出，与具体的设计内容相比，这些设计过程才是适应力的重要因素。

北因利斯菲尔

　　威廉·麦克多诺（William McDonough）和他的搭档们组成的跨学科设计团队于2009年完成了对北因利斯菲尔的概念性规划图（图13.2）。规划中的社区位于加拿大蒙大拿省因利斯菲尔市北部的西姆科湖（Lake Simcoe）西岸。威廉·麦克多诺和他的搭档们采用明确的以系统为基础的设计方法，将现有景观与预期设计形成重叠系统概念：水文地理学、能量学、物质回收、景观生态学和社区。[62] 本设计有3个方面与我们本章的讨论相关。第一，能量系统使我们有机会对复杂体系中能效扮演的角色展开讨论。第二，其经过仔细考虑的物质流动揭示了看似各自独立的网络是如何相互联系的。最后，其社区计划———一个

图 13.2
北因利斯菲尔概念性规划图　（由威廉·麦克多诺及其合伙人公司提供）

引人注目的"村落"集群示意图——表明城市形态与社会及生态秩序间的关联。

能量：适应力 vs. 能效

与格林斯堡项目一样，北因利斯菲尔的能源系统以当地大量可再生资源为基础，综合了分散发电机组和社区区域发电组。由奥雅纳工程顾问公司（Arup）参与合作设计，该系统以能够同时提供电能和热能（combined heat and power，CHP）的生物秸秆热电厂为主要特色。而后者被输送到周围建筑，用以满足其供热和制冷的需求。分布式能源资源还包括太阳热能（提供家用热水）和太阳能电池板（预计满足 15% 的用电需求）。[63]

考虑到此前关于格林斯堡的案例研究——即小区域分散式资源能极大地促进恢复力——为什么本项目还要包含更大规模、更集中的能量来源呢？其答案是显而易见的：CHP 能提供巨大的能量效率。这一方面是因为 CHP 有将电力生产的"废"热加以利用，使其供热或制冷的能力；另一方面也是由于大范围面积所带来的固有能效。单独一所发电厂能够降低过程损失，并且产出相对于多个放电单位更稳定的负载，从而在更长时间内以更为理想的能效运行。[64]

适应力对那种结构极其细化的系统青睐有加，拥有如此众多重复的、多样性的和灵活的单位，任何单一的错误都变得不足为道了。然而，这显然是不切实际的；同时，这样做也会相当浪费能效和使能效降低：电力的生产、保存以及众多要素的关联，都需要时间和资源的大量投入。此外，诸多要素无法在正常条件下发挥作用：多样性要求能适应多种条件的一揽子解决方法。诺伯格和坎宁观察发现，在多样化系统中的众多因素"可能会相对无效或者根本没必要"[65]。使系统具有适应力的最重要的条件——多样性、重复性以及灵活性——也都可以使其更加浪费和低效。

考虑到稳定的条件，系统会甄选出无效的要素。这种最佳化使得系统以寻求满足绝大部分时间的解决方案为目的而消除多样性；同时，消除那些在特定情形下比最佳运行因素稍差的成分。市场调节作用就是一种最佳化机制——它们倾向于为短期利益作出选择，优选出高效低成本的系统。[66]如此形成的系统将是脆弱和机械的，并且一旦遇到环境和条件的变化，就很可能惨败。[67]然而，其两个极端——纯粹为适应力而设计——也许是昂贵且低效能的。

在网络理论学家拉吉·库纳尔·潘（Raj Kunar Pan）和西塔布哈拉·辛哈（Sitabhra Sinha）最近的论文中，他们尝试弄明白那些导致现实世界系统得以形成的约束因素。他们认为网络根据成本、效能和稳定性以及其他一些未知因素进行进化发展。[68] 对这些条件进行最优化对特定类型的网络有利——比如，对成本和效率进行最优化有利于集中型网络：维系系统所需的资源更少，同时直接的联系更能促进流通。然而，这一选择的牺牲品是稳定性。潘和辛哈指出，聚合型网络结构能够通过设计高效性和适应性之间完美的相互妥协来平衡所有这三者，而这一平衡有助于解释人类和自然界体系中聚合型网络结构的普遍存在。[69]

平衡理念无疑是至关重要的：系统必须满足大量的约束条件，且不能进行最优化。自然界各种聚合型网络的优势告诉我们，这样的设计代表平衡。然而，重点不在于反复青睐某一特定网络类型；重点在于最佳网络结构应该由网络的特定约束条件来决定。在北因利斯菲尔案例中，可供使用的资源（农业废料是生物秸秆发电厂的现成资源），能源需求的构成（由热负荷控制）以及对能源效能的追求和成本效益的设计，它们联手使得这一设计得以实现。在该设计中，各项标准实现平衡，并且展现出一个适应性系统应有的众多性能。

材料回收：重叠系统

本着威廉·麦克多诺和迈克尔·布朗加提出的"从摇篮到摇篮"的哲学思想，[70] 北因利斯菲尔计划将"废物处理"重新定义为"材料回收（Material Recovery）"，旨在将平~~衡所谓的~~"废物"转换成社区资产。[71] 有机废料——包括家用废物、废水和区域外农业废~~料……~~大小的厌氧消化池。这些有机物质在无氧环境下分解，产生丰富~~的……~~P 发电厂的又一种燃料）。正如图 13.3 所示，物质和能量并不是~~……它~~们聚集到一起，形成一个由地区朝中心连接的更大的能源系统。~~……现~~在北因利斯菲尔的景观生态系统和暴风雨管理系统中。对暴风~~雨……设~~计的首要考虑重点。该系统由雨水花园（rain gardens）、生态湿地（bioswales）和与景观相融合的池塘构成分散性网络，并且与当地水文地理、遗产

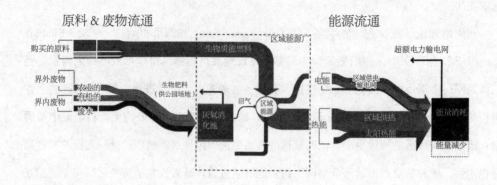

图 13.3
北因利斯菲尔相互联系的原料和能源系统　（由威廉·麦克多诺及其合伙人公司提供）

景观和新建公共绿地完全结合。这一内在的有适应力的水处理设施能进行扩展，从而将包括沼气池里的废水利用起来，以创造出能量—废水网络和栖息地—水文学—休闲网络之间的连接。

　　在此之上，人们可以覆盖另外的网络——公共户外空间、乡村中心、交通系统——来分析公共连接，从而开始形成一个统一的相互关联的网络。这并非偶然：设计师们对模仿这些自然界成分众多、发挥多重功能的"优雅的相互依存"倍感兴趣，从而从系统的视角进行项目的设计。[72] 北因利斯菲尔项目的设计，如同一个生物系统或者食物链，形成一套重叠的、环环相扣的系统。

　　实际上，这种复杂性并非北因利斯菲尔项目所独有。大多数系统都不能被视为独立的存在，脱离其周边的环境而进行客观审视。复杂系统理论的发展，部分是为了解释那些简化方式所无法解释的行为。[73] 正如北因利斯菲尔项目的设计师们所说，类似"水文地理学""能量"的术语起到了启发和拓宽思维的作用（或者说是"概念过滤器"），它们对思考一个更大更具综合性的整体系统的特定方面非常有用。[74]

　　我们很难去评估更大型的紧密交织的系统。它的网络结构如何？怎样才能使其最优化？在这一领域，网络理论和复杂系统为设计提供全新的途径。新的指标将在这一方法上建立——度分布、集中度以及针对各种不同故障的系统稳健性。由此，我们对系统的理解将会超出效能和生产力局限，从而得到提升。同时，有助于设计师在制定系统时对最优化网络结构进行抉择，从而保证效能与适应性的最佳平衡。北因利斯菲尔项目在这一研究方向迈出了重要的一步：威廉·麦克多诺及其合伙人公司在设计过程中有意识地将从建筑到区域的环境特征、系统重叠和跨范围互动进行整合考虑。[75] 不过，如果为了创设更为适应性的设计，对网络理论的有意识关注也许可以让思想拓展得更为深远。

社区设计：模块化和社会考虑

北因利斯菲尔项目的定义性特征便是其密集的、可步行的社区网络结构。该网络结构像葡萄一样在清晰的"村中心"周围聚拢，并通过小路和自行车道相互连通以定位湿地、

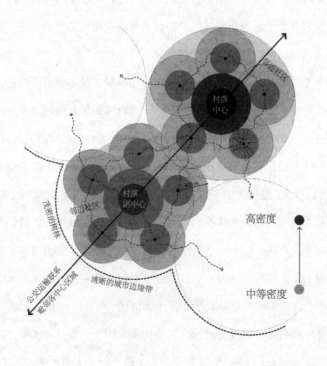

图 13.4
北因利斯菲尔概念图　显示各个社区集中围绕着村中心　（由威廉·麦克多诺及其合伙人公司提供）

森林以及灌木篱墙（图 13.4）。这一结构让人立马联想到聚合型网络结构———一个在社区理念下连接起来的模式。这种聚合型城市形态和其设计支持的社会网络结构之间存在着某些关联。这些巢状的集群需要本地化的社会网络———体现在袖珍公园和社区中心上，在这里，人们可以看到熟悉的面孔，建立和维系社会关联。

对于劳埃德隧道项目的分析表明，本土化是保持社会制度多样性和适应性的原理。适应力是本土化与生俱来的特性：它对于多样性、重复性和灵活性的倾向使得设计师更多地关注小范围和区域适应性。正如被运用于能源系统一样，这些思想也能适用于经济领域。实际上，本土化概念将左右具有重大经济意义的社会运动而具有牵引力。罗恩·霍普金斯（Ron Hopkins），过渡网络（一家致力于研究本地社区对气候变化和石油峰值反应的机构）的联合创始人，在他最近的一篇论文中强调了本土生产和小规模商业在建筑适应性和降低对能源密集型全球经济的依赖中所发挥的重要作用。霍普金斯指出，本土化增强了本地自主性，强化了反馈环节，进而带来诸多社会效益。[76]北因利斯菲尔项目的设计就是对上述思想的兼容。这一包含数个周边小型社区中心和当地农业用地的项目，为上述经济理论提供了表现形式和几何结构。

然而，将聚合型网络特征简单地用"本土化"加以描述是不够准确的：关于复杂系统的思考推翻了上述简单的概括。潘和辛哈指出，一种特殊的聚合型网络———即分层聚合型网络———在真实世界系统中非常普遍。[77]这种分层化揭示了组织结构的更大范围和集中化。这种分层聚合型网络在紧密联系、快速流通和"小世界"效应方面，都类似无界限网络的分散性。[78]正如前面所说，适应力的一个极为重要的因素是与其服务的区域或政策相吻合。大范围的系统需要更大范畴的政策体系和计划，这就要求大区域内的成员们来实施这些政策和计划。《扰沌》（Panarchy）一书的作者们就指出，巢状分层结构对复杂系统中的适应性循环极其关键。[79]这种网络结构显示出完全本土化、自主网络、高度集中化和全球关联网络之间的平衡，尽管哪些因素得以平衡还不太清楚。[80]

在北因利斯菲尔项目中，这种分层聚合型结构非常明显：整个社区聚合到更大的"城镇子中心"（village sub-centers），而这些子中心又聚合到更大的"中心"（center）（图13.4）。这种分层结构对城镇的交通系统起到支撑作用（同时也部分地由交通系统所发散开来）。经过设计，从中心出发步行 5 ~ 10 分钟可以到达每个社区。中心由公路和自行车道相互连接，有公交车系统作为保障，还有一个地区性车站供自行车和公共汽车共同使用。这种城市计划的分层为交通选择方案的分层提供支撑，并带来更高水平的出行流动性。因此，网络的这种结构使社区特性和社区自治性与更高效关联的更大的世界达到平衡。这些多样性和不同体系的相似性表明适应力和聚合型网络结构的统一性与一致性——进而，建筑科技系统结构和社会生态系统结构间也存在统一性与一致性。尽管网络理论和复杂系统理论最初的本质使人很难从这种重叠中作出总结，但它仍然从这一方面揭示出将系统的社会、科技因素相结合，从而用不同途径（或者说过程、组织、形式、评估标准）对其实施影响的这一巨大潜力。

结论

复杂系统遍布于我们的世界中——在自然环境或者人造环境中——并且倾向于非线性的、意外的行为。面对这种不确定性（以及气候变化、全球化等形成的其他不确定性），适应力概念为设计师们提供了一个概念化的框架用以定位——甚至是肯定——这种复杂性。通过长期观察维持系统可持续性的那些过程和特征，适应力使传统可持续性的概念得以拓展。许多特征可以适应于环境打造，从而创设具有适应性和可持续性的系统、社区甚至城市。

本章讨论和呈现的大部分概念都只具参考性和启发性：只是某些更深层次的东西的粗略框架，是以快速崛起的工作主体为基础的。实际上，许多概念都提出重要的伦理性问题，而这些问题并没在本章中进行讨论。本章坚持采用情景结合的方法，而非简单地建议某种特定的发展轨迹或正确途径。情景结合法能够平衡本地需求，并且在理解这一平衡时揭示出复杂系统理论的重要性。复杂系统法在联系社会可持续和生态可持续问题上具有发展潜力，并且促进我们进一步理解物理系统和它们相关的社会、经济影响之间的关系，从而为以对复杂世界进行不断深化理解为基础的发展新模式提出建设性意见。

注释

1. Jon Norberg and Craeme S. Cumming, *Complexity Theory for a Sustainable Future* (New York: Columbia University Press, 2008), 1-2.

2. Jon Norberg, James Wilson, Brian Walker, and Elinor Ostrom, "Diversity and Resilience of Social-Ecological Systems," in Norberg and Cumming, *Complexity Theory*, 47.

3. Peter Newman, Timothy Beatley, and Heather Boyer, *Resilient Cities: Responding to Peak Oil and Climate Change* (Washington, DC: Island Press, 2009); the Resilience Alliance, "Urban Resilience," (accessed January 2010); ResilientCity, "Resilient Design Principles," (accessed January 2010).

4. Norberg and Cumming, *Complexity Theory*, 2.

5. Brian Walker and David Salt, *Resilience Thinking: Sustaining Ecosystems and People in a Changing World* (Washington, DC: Island Press, 2006), 36; C.S. Holling and Lance H. Gunderson, "Resilience and Adaptive Cycles," in *Panarchy: Understanding Transformations in Human and Natural Systems*, ed. Lance H. Gunderson and C.S. Holling (Washington, DC: Island Press, 2002), 26.

6. Norberg and Cumming, *Complexity Theory*, 2.

7. C.S. Holling, Lance H. Gunderson, and Donald Ludwig, "In Quest of a Theory of Adaptive Change," in Gunderson and Holling, *Panarchy*.

8. Norberg and Cumming, *Complexity Theory*, 277; see also Holling and Gunderson, "Resilience and Adaptive Cycles," and Holling et al., "Theory of Adaptive Change."

9. This terminology is borrowed from Amory B. Lovins and L. Hunter Lovins, *Energy Policies for Resilience and National Security*, report prepared for the Federal Emergency Management Agency (October 1981), 136.

10. These qualities were synthesized from the following sources: Norberg and Cumming,

Complexity Theory; Norberg et al., "Diversity and Resilience"; Colleen Webb and Őrjan
Bodin, "A Network Perspective on Modularity and Control of Flow in Robust Systems," in
Norberg and Cumming, *Complexity Theory*; Aibert-László Barabási, *Linked: The New Science
of Networks* (Cambridge, MA: Perseus, 2002); and Lovins and Lovins, *Energy Policies*.

11. Norberg and Cumming, *Complexity Theory*, 9-10.

l2. Lovins and Lovins, *Energy Policies*, 145.

13. Norberg et al., "Diversity and Resilience," 47.

14. Ibid., 48.

15. This definition is drawn largely from Lovins and Lovins, *Energy Policies*, 149.

16. Webb and Bodin, "A Network Perspective," 85.

17. See Barabási, *Linked*, for a variety of applications.

18. Norberg and Cumming, *Complexity Theory*, xiv, 81. See also Barabási, *Linked*. Robustness
has a specific meaning in network theory: it is the capacity of a network to withstand the
removal of components (nodes or links) without becoming fragmented into smaller pieces. It
is not the same as resilience, but may contribute to resilience.

l9. Paul Baran, *On Distributed Communications: Introduction to Distributed Communications
Networks* (Santa Monica, CA: The Rand Corporation, 1964), 1.

20. Barabási, *Linked*, l l 2.

21. Ibid., 185.

22. Barabási, *Linked*.

23. Ibid., 70.

24. Ibid., 135.

25. Ibid., 113-117.

26. Albert-László Barabási and Zoltán N. Oltvai, "Network Biology: Understanding the Cell's
Functional Organization," *Nature Reviews Genetics* 5 (February 2004), 101-113.

27. National Renewable Energy Laboratory, *Rebuilding Greensburg, Kansas, as a Model Green*

Community: A Case Study: NREL's Technical Assistance to Greensburg. July 2008-May 2009, a technical report by Lynn Billman (November 2009), iii.

28. Billman, *Rebuilding Greensburg*, 10; Berkebile Nelson Immenschuh McDowell (BNIM) Architects, and the City of Greensburg, Kansas, "Greensburg Sustainable Comprehensive Plan" (adopted by Greensburg City Council May 19, 2008), (accessed January 10, 2010).

29. Billman, *Rebuilding Greensburg*, vii.

30. Ibid., 5.

31. Amory Lovins, *Soft Energy Paths: Toward a Durable Peace* (New York: Harper Colophon Books, 1977), 29, 54, 149-150; Lovins and Lovins, *Energy Policies*.

32. See, e.g., Réka Albert, István Albert, and Gary L. Nakarado, "Structural Vulnerability of the North American Power Grid," *Physical Review E 69* (February 2004): 025103, (accessed January 12, 2010); David P. Chassin and Christian Posse, "Evaluating North American Electric Grid Reliability Using the Barabási-Albert Network Model," *Physica A* 355 (September 2005): 667-677; and Paul Hines and Seth Blumsack, "A Centrality Measure for Electrical Networks," Hawaii International Conference on System Sciences, Proceedinqs of the 41st Annual Meeting, January 7-10, 2008: 185.

33. Barabási, *Linked*, 135; Norberg and Cumming, *Complexity Theory*, 82.

34. Barabási, *Linked*, 211.

35. Ibid., 119-120.

36. Billman, *Rebuilding Greensburg*, 35.

37. Ibid., 12, 36-42.

38. For a description of these policies, see Billman, *Rebuilding Greensburg*, 36.

39. Ibid., 86.

40. Webb and Bodin, "A Network Perspective," 96, 102; Norberg and Cumming, *Complexity Theory*, 83; Raj Kumar Pan and Sitabhra Sinha, "Modular Networks with Hierarchical Organization: The Dynamical Implications of Complex Structure," *Pramana* 71, 2 (August

2008): 331-340.

41. Billman, *Rebuilding Greensburg*, 31 .

42. Lovins, *Soft Energy Paths*, 149-152.

43. Webb and Bodin, "A Network Perspective," 98.

44. Lovins, *Soft Energy Paths*, 149-150.

45. Vernon L. Scarborough, *The Flow of Power: Ancient Water Systems and Landscapes* (Santa

    Fe, NM: School of American Research Press, 2003), 9-16.

46. Norberg *et al.*, "Diversity and Resilience," 96.

47. Mithun Architects + Designers + Planners et al., "Lloyd Crossing: Sustainable Urban Design

    Plan & Catalyst Project" (Portland, OR, 2004), (accessed January 2010).

48. Ibid., 23.

49. Ibid., 15.

50. Ibid., 23.

51. Webb and Bodin, "A Network Perspective."

52. Ibid., 105-106.

53. Ibid., 107.

54. Mithun et al., "Lloyd Crossing," 23, 26.

55. Graeme S. Cumming, David H.M. Cumming, and Charles L. Redman, "Scale Mismatches

    in Social-Ecological Systems: Causes, Consequences, and Solutions," *Ecology and society*

    11, 1(2006): 14, (accessed January 2010).

56. Ibid.

57. Mithun et al., "Lloyd Crossing," 26.

58. Norberg et al., "Diversity and Resilience."

59. Norberg and Cumming, *Complexity Theory*, 83; Webb and Bodin, "A Network

    Perspective," 86.

60. Norberg et al., "Diversity and Resilience," 64, 67.

61. Ibid., 64-65; Webb and Bodin, "A Network Perspective," 108.

62. William McDonough + Partners (hereinafter WM+P), "North Innisfil: A Sustainable Community for the Lake Simcoe Watershed" (March 2009), 2.

63. Ibid., 12.

64. Ibid., 34.

65. Norberg and Cumming, *Complexity Theory*, 12-13.

66. Because social and environmental costs and benefits are largely external to economic transactions, the "economic efficiency" achieved by the market is often markedly different from the "engineering efficiency" advocated by practitioners of sustainable design. For an excellent discussion of these different types of efficiency, see Amory B. Lovins, "Energy Efficiency: A Taxonomic Overview," in *Encyclopedia of Energy,* vol. 2 (San Diego, CA: Elsevier, 2004).

67. Norberg and Cumming, *Complexity Theory*, 12-13; Norberg et al., "Diversity and Resilience," 67.

68. Pan and Sinha, "Modular Networks," 339.

69. Ibid.

70. William McDonough and Michael Braungart, *Cradle to Cradle: Remaking the Way we Make Things* (New York: North Point Press, 2002).

71. WM+P, "North Innisfill," 2.

72. Ibid.

73. Barabási, *Linked,* 6.

74. WM+P, "North Innisfil," 2.

75. Diane M. Dale, "Hali'imaile," *Urban Land Green* (spring 2009):38-42.

76. Rob Hopkins, "Resilience Thinking," *Resurgence* 257 (November/December 2009): l2-15.

77. Pan and Sinha, "Modular Networks."

78. Barabási and Oltvai, "Network Biology."

79. Holling et al., "Theory of Adaptive Change"; Holling and Gunderson, "Resilience and Adaptive Cycles."

80. Pan and Sinha, "Modular Networks."

第四部分　技术

14 技术是可持续性的支撑

——基尔·莫

我们能够在脑子里记住一个技术性社会带来的巨大利益，但是，我们却无法轻易地把握它可能使我们丧失利益的方法，因为技术是我们自己。[1]

任何技术都充满了历史性的意外事件和用以描述其起源、发展和应用的合法化特征。对建筑中技术实践的广泛理论性和历史性理解的缺乏，频繁地迫使建筑师投入更多的工作。基于在建筑内外的可持续性发展的势头，建筑学对它自己关于技术和可持续性发展的假设，以及对我们展开实践且实现了的技术提出疑问，这是至关重要的。

在我们知道要做什么和如何可持续性地去进行实践活动之前，我们必须知道更多的是我们已经做了什么，这是因为技术正是我们自己，我们变成了自己的技术。本章节提出了一个关于一种特别的技术的论述，而这种技术是以关于我们建造的环境的一个相对不值得考虑、无法持续性发展的假设为基础的。这个假设就是：空气是对我们的建筑物进行升温和冷却的合适媒介。在 20 世纪，很少有建筑物系统或者建筑中的技术获得比空调更多的普遍存在性。最终，空调技术比空气的温度和湿度水平更具有影响。这些技术最后取得了这样的发展势头，即它也影响了关于建筑物、城市、能源政策、教育学和对人体舒适度的期望的设计。技术，如同雅克·埃鲁尔（Jacques Ellul）所描述的，"并不代表着机器、科技或者这样或那样为获得一个结果而采取的程序。在我们的技术社会中，*技术是在人类活动的每个领域中达到的且拥有绝对效率（对于一个给定的发展阶段）的方法的集合*"[2]。空调，作为一项技术，已经超越了它本身，最终影响着所建造的环境的多个方面。

接下来的内容描述了这种技术的起源和发展，尤其是可以通过湿度计算图（psychrometric chart）这一工具来衡量（见图 14.1）。通过这样的方式，它暴露了这种技术里面对热舒适方面固有的问题性疏忽，而这反过来有助于确定建筑物热调节的替代技术。以一种技术最充分的形式去理解空调，这个论述必须包含一系列的来源（例如，技术的、历史的、社会的、经济的），从而开始去理解这种技术和它的起源。几个历史性的因素影响了这种技术，包括其行业中企业的野心、市场营销和顾客选择、技术性因素的力量和建筑学持久的技术性宿命论。其在 20 世纪建筑中无足轻重的假设和整合已经生成了一种被接受了的和反复的思维模式，这种模式对建筑物的设计保持了一种无根据的控制力，而建筑物的设计则包含了以技术性默认为特征的不可靠的设计实践。但是，今天，多个经济性和生态性的因素也同样影响着这个技术。此外，存在着更多技术上考虑周全、生态上明智、生理上反应灵敏和建筑上优越的热调节系统，这是我整体和谐的设计实践的一个基础。就这点而论，本章节也是对一个更具有考虑自身影响的观点的证明。这个观点是关于技术研究和革新的方法的，而这个观点紧密结合了关于建筑物纪律性程序的历史，成为 21 世纪建筑物系统性转变的一个可靠基础。这是在 21 世纪里一个技术如何坚持改变的例子，因为在建筑物中热能量的认识论环境从一个草率接受的模型转变成一个经过必要研究、具有正式可能性和策略性革新的模型。

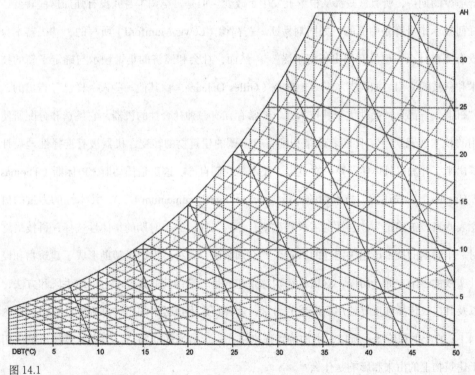

图 14.1

湿度计算图

空调的无处不在和其无根据的技术性力量

我们为什么通过空气来对建筑物进行升温和冷却？

从热力学和生理学上来看，为什么一个不合理的热转化技术——空气——最终却影响着建筑物的设计和调节？

空调技术和科技的起源和影响，如同这种技术已经融合进建筑物里一样，被很好地记录了下来。[3]空调技术的发展促进了我们对热舒适和室内空气质量的理解。在20世纪初，为了人体的舒适度，我们周围的环境变得越来越可被控制和管理。在这个时期内，伴随着迅速发展的空调技术，建筑物的形式和计划、设计实践和工业、能源消耗的水平和对人体舒适度的期待，所有这些都从根本上发生了改变。但是，空调本身并没有强加这些转变，任何技术本身都是中立的。如同刘易斯·芒福德（Lewis Mumford）所写的，"机器本身没有要求什么，也没有作出任何承诺"[4]。然而，社会和经济的集聚预示与确定了新的技术和科技的采用。如同吉尔斯·德勒兹（Gilles Deleuze）像其他一些人一样已经指出的，"机器一直都是社会性优于其技术性。经常存在有一种社会性的机器，它挑选和分配所使用的技术性元素"[5]。伴随着政策和配备有空调的建筑物的转变，机器被有选择性地设计了出来，并加以具体化。再一次重申，技术是我们自己。这正是托马斯·P. 休斯（Thomas P. Hughes）所描述的"技术性的力量（technological momentum）"[6]。技术性的力量的概念表明科技被确定为社会性的需求和欲望，然后，通过一个时期的集体性选择，科技最终对一个时期的技术产生决定性的影响。就空调来说，这种技术力量帮助形成了建筑物和设计实践的多个方面。所以，这里我特别感兴趣的是，空调获取其技术力量的手段和方法，以及其广泛传播和反复使用而产生的力量。这种技术力量最早的影响是湿度计算图（见图14.1）的产生和传播。所以，更加确切地来讲，一个恰当的问题是，湿度计算技术被应用于建筑物上的由来和影响是什么？

绘制湿度计算图：空气——这种几乎空无一物的物质，如何获得如此大的力量

在 20 世纪初，关于水蒸气、温度和气压之间关系的湿度计算研究方法，被如下 3 个分别在北美洲和欧洲的人清楚而又近乎同时地提出来：德国的理查德·莫利尔（Richard Mollier），俄罗斯的利奥尼得·拉姆金（Leonid Ramzin），以及所谓的"空调之父"——美国的威利斯·哈维兰·卡里尔（Willis Haviland Carrier）。[7] 这种在世界的不同地方同时进行的研究反映了新的热力科学一个时期的具体聚合，这种新的热力科学是带有围绕着人类健康和企业野心（特别是在卡里尔的例子中）的开发性利益的。当这些研究中各自的空调系统出现时，卡里尔的方法最终在北美洲获得了最好的发展势头，也由此成为接下来的焦点所在。

在 1911 年年底，卡里尔发表了一篇关于他称为"合理的湿度计算公式（Rational Psychrometric Formulae）"的论文。[8] 卡里尔的传记作者玛格丽特·英格尔斯（Margaret Ingels）指出，"他的'公式'被翻译成多种外国语言，成为空调行业的工程学标准"[9]。湿度计算图将空调科学进行了工具化，而且，就这一点而言，也为 20 世纪湿度计算技术的普遍化做好了准备。因此，对建筑物里的空气进行湿度计算的技术的科学化起源值得人们关注，对它的洞察力和疏忽，也同样值得注意。

当卡里尔在一个空气潮湿的冬夜，站在匹兹堡火车站站台上的时候，他第一次将后来成为他"合理的湿度计算公式"的那些原理进行了概念化。[10] 按照卡里尔的讲述，英格尔斯记录了这次雾中的领悟。

> 这里的空气几乎浸泡在湿气之中。因为温度很低，所以尽管空气是湿透了的，也没有太多实际的湿气。温度可以不用这么低。现在，如果我能够渗透进空气里，在空气饱和的状态下，控制空气的温度，我就能够获得我们想要的那个湿度的空气。我也能够做到让空气从一个细水雾中通过，从而生产真实的雾。通过控制水的问题，我能够控制在空气饱和状态下的空气温度。当我们希望空气非常湿润时，我将会加

热水。当我们希望空气非常干燥时，也就是说，空气中带有很少量的湿气，我将会使用冷水去获得空气饱和状态下的低温。冷水雾实际上将会是冷凝面。[11]

卡里尔将湿度计算表作为他"合理的湿度计算公式"的基础，这个湿度计算表来自国家气象局，是在地区气象预测中用于计算相对湿度的。[12]当这些关于周围空气温度和湿度的宏观联系用于描述混合气团的行为时，这样的气象行为并不能准确解释人类身体在内部环境中谨慎的生理过程。因此，卡里尔应用于热环境的方法也同样如此，而这正是湿度计算图的作用所在。在建筑物内部环境中的人的身体，是以一个温度和湿度相互作用的更微妙的结合体形式在运作的，人的身体对一系列的热转化条件有着谨慎的生理反应。卡里尔湿度计算过程是印刷纺织工厂解决机器容易吸收湿气问题的一个聪明的方法，卡里尔由此进入了正在迅速发展中的空调应用科学领域。但是，由于温度和湿度是卡里尔的"合理的湿度计算公式"的基础，他只是高度关注温度和湿度，因此这个公式无法解释其他同样重要的角色作用。例如，当应用于易吸收湿气的机器上的湿度计算技术被转变成应用于其他建筑物形式上的调节系统和这个系统本身的物质实体时，在内部环境中便产生了辐射热转化。这种对机械化蒸汽的全神投入，以及对其他生理因素的遗漏疏忽，在卡里尔随后发表的用于宣传湿度计算技术的文章中关于空调的权威定义中表现得很明显：

> 空调通过增加或者减少空气中的水分组成来实现对空气湿度的控制。除了对空气湿度的控制，空调通过加热或者冷却空气的方法来控制空气温度，通过清洁或者过滤空气的方式来净化空气，空调还能控制空气的流通。[13]

卡里尔与人合著了一本名为《现代空气的调节、加热和流通》（*Modern Air Conditioning, Heating, and Ventilating*）的书，这是一本关于空调技术的早期教科书。[14]这本书将卡里尔关于合理的湿度计算方法的研究进行工具化，保存了他早期对空调技术领域的洞察与疏忽。在描述"温湿度和舒适"时，作者们马上意识到地表温度是影响人体舒适度的一个因素，但随后很快又忽略了地表温度，而是把他们的注意力放在作为湿度计算过程的组成因素上，如空气温度、空气湿度、空气流通和空气的纯净度。[15] 尽管对地表温度的认识在过去的热条件系统这一部分和较早的部分里产生了影响，该书作者还是除对流系统外，惯常地不再考虑这些要素。但是，既然人体在体表真皮层的热活动面和一个建筑物的热表面或者冷表面之间交换着身体近一半的热能量，不断累积的对在湿度计算实践中的辐射转化进程的疏忽，已经在以空调技术为特征的没有效率的能源政策中扮演了重要角色。这种能源政策剥夺了人们的舒适度和没有必要浪费的资源。就这一点而言，这种热力学和生理学的疏忽在热调节实践的历史中产生了一种辐射空缺（radiant void）。由于这些技术通过工程学校和工程实践得以传播，空调系统在 20 世纪不停地大量增长并积累起技术力量，因此，也从另一个方面造成了这种辐射空缺。

技术的生物学

湿度计算图更多的是为了解决印刷机器上的一个问题而被开发出来的，而不是为了人类的身体需要。卡里尔把空气的调节进行机械化的工作做得如此成功，其中的一个原因是他通过排除人类生理的有关方面来大大简化问题。这同广泛的技术性和智能性模式是相一致的，而这正是一个时期的特征，在这个时期里，如雅克·埃鲁尔所描述的，"所有的事情不得不根据机器来重新考虑"[16]。"人造气象（Man-made Weather）"——卡里尔为他的工作所起的绰号——显露了他思想的机械化习性。这也揭示了他工作中所使用的温度气象学的来源。在他的"人造气象"中，*男人（the Man）*这个名字作为一个营销策略，在修辞学上是引人注目的，可从一开始，他就缺少了对人类身体的一个正确的生理学理解。

雷纳·班哈姆（Reyner Banham）把卡里尔描述成"满足于解决问题，好像这些问题被放在他身上——经常带着惊人的创造力和技术深度或者智力资源——直到他创立湿度计算图很久以后，有人还可能怀疑他是否有任何关于艺术观念的一般方法"[17]。对印刷机环境的湿度和温度控制问题，卡里尔的研究和系统是精明的。由于其营销的敏锐性和创业的野心，他参与较大型的空调领域后，获得了跟他在工程学领域一样的成功。如同卡里尔自己指出的，"在对一个产品的主要需求和它所要求的科学知识之间，前者是最基本的……

实际上，这是所有基本的因素"[18]。这种来自客户需求和创业野心的影响成为空调及其技术的一个主要推动力，而并非是生理功效的影响。

　　班哈姆的著作《环境调节良好的建筑》（*The Architecture of the Well-tempered Environment*）证明了因为空调系统渗透进了建筑物的设计中，连热力学和生理学最基本的知识都不具备的建筑师只能借助于空气系统进行设计，经常带有预示性的兴奋。例如，位于巴黎的由伦佐·皮亚纳（Renzo Piano）和理查德·罗杰（Richard Roger）设计建造的蓬皮杜中心（Pompidou Center，见图 14.2）。这一代的建筑师发现，空间和这些机械系统存在的表现方式充其量是作为建筑学迅速走向现代化的一种象征性构成，而不是人与建筑更深入、更深刻的融合。在许多情况下，建筑师就算不欣喜，但也乐意基于由这些非建筑系统和技术强加的需求而对建筑物围护结构、建筑物预算和人类在建筑物中的健康和舒适度的期待重新进行配置和组合。

图 14.2
蓬皮杜中心　　（由 photoeverywhere.co.uk 网站提供）

湿度计算图技术在这种技术中是一个首要的动因，这种技术被公认为是 20 世纪的一种重大技术力量。湿度计算技术在 20 世纪被开发出来后，在整个 20 世纪里反复被运用，这种不必要的能量密集型热调节模式开始在建筑物中占据主导地位，但通常不带有建筑学的意图。由于这样的机械系统因此占据一个建筑物大概 1/4 的建造预算，这种热技术在生理方面、经济方面、生态方面、技术方面、建筑方面和经验水平方面正逐渐表现不佳。但这将会改变。在一个对减少能源资源的需求增长的环境中，一种关于社会、经济和生态需求的集合系统将会代替现有的热能系统。考虑到在湿度计算技术中固有的疏忽，替代系统将会不可避免地变成更加关注人类身体的动态系统，从而成为清洁能源、经济、建筑物和正式实践的基础。简而言之，建筑物最终会以人身体的表现方法来表现，而不是按印刷机运作的方式来表现，这正是被雅克·埃鲁尔称为"技术的生物学"的一个例子。[19]

循环性的转动：低技术、高性能的建筑

　　　　在一个设置更加人性化，对建筑师所负有的首要人类责任更清醒认识的世界里，创造建筑物的艺术和商业不能被分成两个智力上分离的部分，这在很久以前就已经很清楚了。结构是一方面，机械服务是另一方面。即使工业习惯和合同法律看起来强加了这样一种分离，这也是错误的。[20]

　　在卡里尔机械化的内部气象的空调世界里，不被考虑在内的人的身体处与班哈姆上述"无根据的道歉（Unwarranted Apology）"的核心位置，"无根据的道歉"是对他的书《环境调节良好的建筑》的公开声明。因此，有一种建筑的方法是将热力学和人体生理学知识放在建筑构造及温湿度调节综合方法的重要位置上。这种方法一直是我们以空气为基础的技术与建筑物所缺失的，甚至是有害的作用之间的重要转化方法。对这种思考模式的转移极为重要的物质是将人类温度模型化的媒介——水。在他的书《技术和文明》（*Techniques and Civilization*）中，刘易斯·芒福德用以各时期最普遍的基础材料为基础的方法来描述

技术活动的时期特征——the Eotechnic（"一种水和木头的混合物"）、the Paelotechnic（"一种煤炭和钢铁的混合物"）及 the Neotechnic（"一种电子和合金的混合物"）——人们也可以理解这种将会在建筑物和能源实践中发生意义深远的转变，因为热调节从空气和对流热转换的技术转变为水和辐射热转换的技术。这些易液化的转变将会是明显的，因为学科从忽视人类身体的生理习惯和传统转变为一个建造建筑物的时期，这些建筑物所使用的热力学系统跟人类使用的热力学系统是一样的。

　　既然水的密度是空气的 832 倍，它的能量密度同样要高很多。就这一点而言，水能够比空气获取和转化更多的能量（图 14.3）。因为这种密度，在通过综合循环和皮肤表面系统来进行的辐射转化的作用下，人的身体转化的能量大概是在对流转移作用下人的身体所转化能量的 2 倍。人的身体首先是一个热活性表面系统。很难想象人的身体如何使用空气加热和冷却自身，或者为什么会使用空气加热和冷却自身。（在那种情况下）人的身体大概将会是自身尺寸大小的 800 倍。呼吸系统的尺寸大小，引导空气的静脉和动脉的直径，以及呼吸所要求的空气热量摄入，所有的这些都是无意义的，因为这会是没有效率的。因此，难以理解为什么建筑物要采用这样的方法来设计和调节空气。

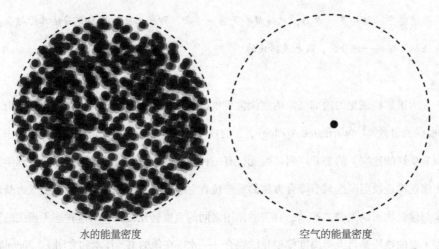

水的能量密度　　　　　　　　　　　空气的能量密度

图 14.3
水和空气的能量密度

与人的身体一样，带有热活性表面的建筑物将热能量从它的中心部位到它的表面及它周围的环境进行循环转化，反之亦然。与人的身体一样，热活性表面的建筑物通过热调节来进行通风排气。与人的身体一样，当建筑物的表面成为它首要的热调节系统的时候——一个高度整合的系统——对建筑物，也对建筑预算的分布情况、能源政策和形式电压的催化组效应便会出现。彼得·朱姆托（Peter Zumthor）的奥地利布雷根茨美术馆和 SANAA 建筑事务所的关税同盟设计管理学院就是热活性表面技术具有升值性的例子。这种技术通过同等的严谨，开发出了这些多种多样而又深度整合的技术和正式的成果。

　　热活性表面和带有水分的建筑物里面的结构是一种瓦解热调节系统、成品材料系统和结构化系统的技术。结果就是热活性表面建造对我们的建筑物进行了碎片整理，从而降低了建筑物在物理和组织上的复杂性，这种复杂性在带有建筑技术性系统的每一个新的建筑物里面通常看起来是在增加的，而这经常是有害的。戴维·诺贝尔（David Nobel）将这种最终站不住脚的技术性升级描述为一种"机器思想"，这种"机器思想""可能是可理解的，然而却是自私自利的信念，即不管是什么问题，机器都是解决方法。这种思想在对资金密集型方法的偏好和不知疲倦的推销中显露了自己，在普遍但错误的信念中显露了自己，而这种信念便是生产过程中更多资金的集中，可以带来更高的生产率"[21]同样在机器思想中也有一个含义，即因为社会的、生态的、经济的和政治的问题逐步扩大，技术也必须逐步升级。但是，当技术策略逐步升级的时候，通过一系列社会的、经济的和生态的环境，它变得更加合适且更具有可应用性，这一点是很明显的。典型的较高表现和较低技术的解决方案是更持久的，可以消耗得更少，在发达国家和发展中国家都是可被应用的。E.F. 舒马赫（E.F. Schumacher）用"中间技术（intermediate technology）"的概念反驳了机器思想的思想意识：

　　　　中间技术的想法并不是简单地意味着在历史中"退回"到现在过时了的方法，虽然关于应用在发达国家方法的系统性研究，可能在一百年以前在实际上就已产生了高度建设性的结果。我们常认为，西方科学纯粹的可应用的成就主要是依赖于通过科学研究已经开发出来的仪器和机器，拒绝仪器和机器就相当于拒绝科学。这是一个过分肤浅的观点。真正的成就依赖于精确知识的积累和这些知识能够通过各种各样的方法进行应用。在这些真正的科学成就中，现代工业目前的应用只是其中一个。所以，中间技术的发展意味着一个进入新领地的真实的前进运动。[22]

舒马赫要求我们不要以一种不可避免的、确定性的发展去思考技术，而是更多地从道德方面去思考技术，即一种情境上合适的实践行为。关于减少资源的需求在不停增长，在这样的环境中，一个关于通过使用较低的、更合适的技术获得较高表现的典范突然取得了重大功效。相比于依赖技术的方法中固有的对知识和成本要求的技术性升级，情境上合适的技术则紧密地与舒马赫所说的"简单设备（simple equipment）"相结合：

> 在正常情况下，简单设备比高度精密的设备更少地依赖纯度更高或者规格更精确的原材料，更能适应市场的波动。工作人员更容易培训，监管、控制和组织变得更简单，应对不可预知的困难的脆弱性更少。[23]

相比于大多数当代建筑物多层、高度附加的方式——有一个这样的范例，将新系统或者新材料应用于在设计中遇到的每一个问题上——这是建筑的一次升华。在一个热活性表面中，很多附加性的系统被转变成了数量更少并更加耐用的系统，由此，结构和热调节系统立刻成了实践中一个引人注目的方向。

一个近期关于热活性表面方法的例子是位于丹佛市中心的两栋办公楼建筑物的投标。除了受到在北美大多数以市场为导向的办公室空间的典型限制，这两栋办公楼建筑物（每栋办公楼大概是 10 万平方英尺）的高度还被限制在 65 英尺，因为丹佛市的一个地标性建筑物——艺术博物馆就建在旁边。因此，通过竞标，以空气为基础的一个投标被限制到 4 层高度（图 14.4）。这时，可通过建筑物的通风负荷来解耦其热负荷。来自我自己作为其顾问的安德森梅森戴尔建筑师事务所的热活性表面方法通过修改各楼层之间的高度，移走大部分的管道和其他设备（因为这些管道和设备占据了越来越厚的天花板和楼室），从而能够插入另一个层次的办公空间。另外，因为天台房间在这个历史性敏感的环境中并不是一个选项，所以通过移走几乎所有的通风机房和管槽，建筑师同样打开了相当大面积的空间。在这些地方，当一个尺寸完全缩小了的专用户外空气系统（Dedicated Outdoor Air System，DOAS）提供了通风排气和空气交换的功能时，热活性结构处理着加热和冷却负荷。把这些增加出来的办公空间集中在一起，这些可出租的收益显著地改变了开发商的试算报表。例如，建筑物的围护预算是按照可出租楼层空间的一个百分比来进行计算的。因为有了可出租空间的额外楼层，建筑师可以投入更多的设计时间和预算在建筑物的围护结构上，这是在热活性表面策略上一个关键的成就。此外，花费在管道和吊顶上的预算被重新引导，投向了一个带着外露石膏天花板、更坚固的预浇混凝土热活性表面结构上。就保留未出租的办公室空间而言，热活性表面策略对开发商来说是最优化的，因为这样的系统使用一种低空气温度的方法来进行加热，这样不但节省了经营者的运营成本，而且这种系统易于按照区域进行划分。由于增加了建筑物围护的预算和预浇混凝土结构，这种技术同样增加了使建筑物变得更加持久耐用的可能性。在北美洲的一个趋势中，持久耐用性成为可持续性发展的一个首要障碍。这种趋势，是建筑物的废弃更多地由抵押期限来确定，而

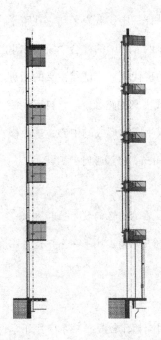

图 14.4
丹佛一处办公楼的两种选择　左边：典型的空气墙剖面
右边：热活性水墙剖面　（由安德森梅森戴尔建筑师事务所提供）

不由我们建造环境的功用来确定，而这促进了可持续性发展的前景。当这些优势跟较少的能源消耗、更好的人体舒适度和更高的办公室生产率混合在一起的时候，热活性表面方法在这个例子中获得了力量和发展势头。

结论：反射性的研究和实践，耐心是一种有创造性的探索

如同神经学者库尔特·戈尔茨坦（Kurt Goldstein）所写的，"在病态的现象中有重大的启示"[24]。在建筑物的热环境这个方面，以空气为基础的技术研究展现了通向它自身万能之计的替代途径。对于当代建筑物中从能量性能和室内空气质量到持久耐用性和当代建筑物不断增加的复杂性这样一系列的问题而言，要素的条件和调节是建筑物中热舒适度的对流方式所特有的。通过重新评估现有的技术——和在它们的历史发展与反复实施中忽略了的原理——一个重新定向建筑物科学和系统的途径出现了。

随着建筑技术在研究和实践方面的日益丰富，如果不是经常性地由技术决定的话，对自身学科的假设和习惯进行更有耐心的研究是有效转变的源泉。建筑从它本身不断再现的程序和技术（如它所接收到的和反复使用的知识）的自反性评估中，获得了与它在跨学科范围中所借用的议程或新软件、新技术及新科技一样多的东西。德国的社会学家乌尔里希·贝克（Ulrich Beck）已经将这样一个方法描述为自反性的现代化："现代主义的激进化粉碎了工业社会的前提和轮廓，并且打开了通向另一个现代主义的路径。"[25] 自反性模式将我们的技术中不断增加的相关材料和能源实践放置在建筑生产和形成的中心，这个模式坚持更加有策略性地推进建筑的实践。斯坦·艾伦（Stan Allen）已经呼吁：

> 一个足够灵活到与现实的复杂性紧密结合的实践观念，在它自己的技术性和概念性的基础上变得足够安全，从而能够走在给定现实简单的反射前面……一个严谨的前进运动，能够创造出来自建筑工作程序硬逻辑的新概念。[26]

当跟所谓"新的"或者"产生中的"技术的机器思想死胡同相比较时，一个应用于学

科程序的自反性的方法，如果不打破旧习，它就不会有创造性，不会是激进的、大胆的；因为对基础性的假设和策略的质疑总是有的。在这个方面，一个关于研究的质问的、自反性的模式生成了一个应用于我们当前技术的方法，该方法收回了热力学和生理学的学科默许，从而支持丰富的热力学想象，使之能够促进建筑持续不变地专注于我们目前资源限制的环境中的形式。通过翻寻被忽略的学科性的假设，关于循环与热活性表面的研究为建筑创造了大量的可能性。这样的创造，不仅对现在的受托责任是决定性的，而且更重要的是，对可以让建筑如此丰富的且整合后的生态的、经济的、社会的、文化的、技术的、热力学的和正式的行为的实现能起根本性作用。今天，建筑必须要以足够大的逃离速度来脱离自身强加的技术性惰性和技术性默许的双重限制，才能够想象新技术，因为它自己的技术决定了可持续性建筑的发展之路。

注释

l. George Grant, *Technology and Empire: Perspectives on North America* (Toronto: House of Anansi, 1969), 137-143.

2. Jacques Ellul, *The Technological society* (New York: Vintage Books, 1967); emphasis in original.

3. See Michelle Addington, "The History and Future of Ventilation," in *Indoor Air Quality Handbook*, ed. Samet Spengler and McCarthy (New York: McGraw-Hill, 2001), 2.1-2.1 6; Bill Addis, *Building: 3000 Years of Design, Engineering, and Construction* (London: Phaidon Press, 2007); Reyner Banham, *The Architecture of the Well-tempered Environment* (London : Architectural Press, 1969); Robert Bruegmann, "Central Heating and Forced Ventilation: Origins and Effects on Architectural Design." *Journal of the Society of Architectural Historians* 37, 3 (October 1978): l43-160; Gail Cooper, *Air-conditioning America: Engineers and the Controlled Environment, 1900-1960* (Baltimore, MD: johns Hopkins University Press, 1998); Cecil D. Eliot, *Techniques and Architecture: The Development of Materials and Systems for Building* (Cambridge, MA: MIT Press, 1992).

4. Lewis Mumford, *Technics and Civilization* (New York: Harcourt, Brace & Co, 1934), 6.

5. Gilles Deleuze and Claire Parnet, *Dialogues II* (New York: Columbia University Press, 1987), 70.

6. Thomas P. Hughes, "Technological Momentum," in *Does Technology Drive History?* ed. Merrit Roe Smith and Leo Marx (Cambridge, MA: MIT Press, 1994).

7. Branislav B. Todorovic, "Occurrence of Humid Air Diagrams Within a Short Period at Three Distant Places on a Globe," *ASHRAE Transactions* 113, 1 (January 2007) (accessed January 2010).

8. Willis Carrier, "Rational Psychrometric Formulae," *American Society of Mechanical Engineers (ASME) Transactions* 33 (1911): 1005.

9. See Margaret Ingels, *Willis Haviland Carrier, Father of Air Conditioning* (Garden City, NJ: Country Life Press, 1952), 42.

10. Ibid., 20.

11. Ibid., 20-21.

12. Ibid., 15-17.

13. Ibid., 17.

14. Willis H. Carrier, Realto E. Cherne, and Walter A. Grant, *Modern Air Conditioning, Heating and Ventilating* (New York: Pitman Publishing Corporation, 1940).

15. Ibid., 6.

16. Ellul, *The Technological society*, 5.

17. Banham, *The Architecture of the Well-tempered Environment* 171-172.

18. Quoted in Cooper, *Air-conditioning America*, 81.

19. Ellul, *The Technological society*, 22.

20. Banham, *The Architecture of the Well-tempered Environment*, II.

21. David F. Noble. "Statement of David F. Noble at Hearings on Industrial Sub-Committee of the 98th U.S. Congress," in David F. Noble, *Progress Without People* (Chicago, IL: Charles

H. Kerr Publishing, 1993), 100.

22. E.F. Schumacher, *Small is Beautiful: Economics as if People Mattered* (New York: Harper Perennial, 1989), 198.

23 Ibid., 191-192.

24. Kurt Goldstein, *The Organism* (New York: Zone Books, 1995), 29.

25. Ulrich Beck, "The Reinvention of Politics: Towards a Theory of Reflexive Modernization," in *Reflexive Modernization: Politics, Tradition, and Aesthetics in the Modern social Order* , ed . Ulrich Beck, Anthony Giddes, and Scott Lash (Stanford, CA: Stanford University Press, 1994), 3.

26. Stan Allen, "Practice versus Project," in *Practice: Architecture Technique, and Representation* (Amsterdam: G + B Arts International, 2000), xvi.

15 "能源和环境设计先锋"
在使用 5 年后情况如何？

——南希·B. 所罗门*

毫无疑问，"能源与环境设计先锋"（leadership in Energy and Environmental Design，LEED）已经成功了，它是由美国绿色建筑协会（U.S.Green Building Council，USGBC）开发出来的绿色建筑评级系统。毕竟，它的最初使命是市场转型。"在我的职业生涯中，没有其他任何工具能够如此有效地促进设计师和建造者去着眼于建筑物的环境性表现。"鲍勃·贝尔克比尔（Bob Berkebile）说道。他是美国建筑协会会员（FAIA），也是位于密苏里州堪萨斯城的 BNIM（Berkebile Nelson Immenschuh McDowell）建筑师事务所的负责人，美国建筑师联合会（AIA）环境委员会（COTE）的创始董事长，美国绿色建筑协会的前董事会成员。

今天，LEED 实际上已经变成一个家喻户晓的词语了。越来越多的项目进行了注册登记，LEED 评级不断出现在由开发商、建筑物所有人、建筑师和承包商分发的营销小册子上面。资质合格的专业人员为在他们的头衔中加上 LEED 感到骄傲，最重要的是，许多联邦机构、州政府和地方政府要求进行一些形式的 LEED 认证。绿色建筑不再是一个边缘现象。

尽管事实是 LEED 已经成为——且一直是——促成这种必要的转变的一个关键工具，但它远非完美。近期不同来源的 LEED 评估已经表明了它的一些突出缺陷。该认证原始开发者中的许多人对此并不感到意外。当提及决定发布一种会应用到商业办公楼的可持续性发展的测量工具的关键时刻，贝尔克比尔回想起来，当时美国绿色建筑协会的志愿者们"知道它是复杂难懂和有限的，许多人想要等到这个工具更加科学化的时候再发布，但更多的人想要快点发布这种工具"，贝尔克比尔继续说，"当时令人感到震惊的是，许多机构和城市如此快地接受了它，把它作为一种对绿色建筑物进行评级的工具，没有意识到它不是地区性的，它没有做生命周期分析，以及它是聚焦于公司建筑物的。"

"能源和环境设计先锋"的基本知识

在 20 世纪 90 年代初，建筑部门的许多方面显现出了对绿色运动的怀疑——甚至是完全敌对的。建筑行业，像一艘油轮在一个方向上行进，不能很快且很轻易地在一个位置上进行 180° 的转弯。例如，一些建筑物产品的生产商还没准备好如何回应关于他们的材料造成环境性影响的问题，这些人害怕发布专营信息。而承包商习惯于某些商业行为，他们看不到改变他们方式的财务动机。虽然科学证据表明标准的建筑过程导致了环境恶化，但是没有人能够清楚地量化哪些方式是比较糟糕的，或者哪些替代方式比较好。建筑行业仍然在摸索一个可被广泛接受的关于绿色建筑物的定义和测量法。许多人寻找一个安全平台，在这里，可以考虑经济、环境和社会的成本，以及由不同设计和建筑选项所生成的利润，从而能够探索出一条穿过许多未知事件的路径。通过这条路径，我们可以制订一个积极可行的行动计划。

美国绿色建筑协会成立于 1993 年，作为建筑相关组织里面的一个少数派的联合会，它扮演着探索和发布测量绿色建筑的工具的角色。到了 1995 年，协会的员工和志愿者开始开发一种用于可持续发展的建筑物的数字测量工具。针对新建造（New Construction）制定的 LEED1.0 版本（LEED-NC）于 1999 年进行试验性发布，而 2.0 版本则在 2000 年 3 月公开发布。从那以后，大约 1 900 个项目已经登记使用 LEED-NC，另外还有 200 个项目已经在该标准下面进行认证。

评级系统被分成了 6 个类别。有 5 个类别是针对明确的环境问题——可持续性开发的地点，水的使用效率，能源和大气层，材料和资源，以及室内环境质量。还有一个类型是针对革新的，因为它不适合于其他任何类别，就被放到了一边。这些类别被分解成具体的设计目标，这些具体的设计目标有潜力去提高在焦点区域内建筑物的环境表现。这些目标中的一些考虑了进行 LEED 认证的前提条件。其他的目标则为非强制性的。不管是强制要求的目标还是非强制性的目标，达到一个目标就得 1 分。认证是以针对设计者在提高建筑物表现中的意图的评估为基础的。一个项目要通过认证，必须要得到 26 分。如果得到

33 分，该项目可以被评为银级；如果得到 39 分，该项目可以被评为金级；如果得到 52 分，该项目就可以被评为铂金级。在理论上，总分达到 69 分是可能的。

项目在设计初期进行登记注册，便收到了一个用于协助记录项目绩效的工具。目前的收费标准是 750 ~ 3 750 美元，750 美元的费用是针对由会员提交的小项目（面积小于 75 000 平方英尺）收取的，而 3 750 美元的费用是针对由非会员提交的大项目（面积大于 300 000 平方英尺）收取的。另有一个单独的费用，是针对时间工程文件进行收费的，收费标准为 1 500 ~ 7 500 美元，在进行认证评审时收取。因此，总的认证费用需要 2 250 ~ 11 250 美元，2 250 美元的收费标准针对的是会员的小项目，而 11 250 美元的收费标准针对的是非会员的大项目。

从发布 LEED 时起，美国绿色建筑协会就意识到此认证需要随着时间而发展。LEED 2.1 版本于 2002 年 11 月发布，用于使文件处理简单化。除此之外，从 1999 年开始，美国绿色建筑协会通过开发多个 LEED 产品来满足不同建筑市场的需求。针对已存在的建筑（existing buildings，EB）、商用内饰（commercial interiors，CI）、核心和配套项目（core and shell projects，CS）、居家（homes，H）和邻里发展（neighborhood development，ND），美国绿色建筑协会通过分拆新建筑的基本模板，开始开发其他评级系统。

对评估工具进行评估

LEED 已经以一种形式或另外的形式运行 5 年了，出于不同的目的，人们已经从外部和内部对该系统进行了检查。在这些人之中，密歇根州立大学可持续性发展系统中心的克里斯·朔伊尔（Chris Scheuer）和格雷戈里·吉奥里恩（Gregory Keoleian）在一份给国家标准和技术学会的题为《对使用生命周期评价方法的 LEED 评估》的报告里，对 LEED 进行了评估，该份报告发表于 2002 年 9 月。戴维斯兰登有限公司的丽莎·费伊·马西森（Lisa Fay Matthiessen）和彼得·莫里斯（Peter Morris）分析了绿色项目的成本，包括那些寻求 LEED 认证的项目和不寻求 LEED 认证的项目，然后在 2004 年 7 月的一份题为《为绿色进行成本核算：一个综合成本的数据库和预算方法论》的文章里公布了他们的研究结果。

今年（2005 年），阿斯彭滑雪公司（Aspen Skiing Company）的环境事务经理奥登·辛德勒（Auden Schendler）与资源效率社区办公室的兰迪·尤德尔（Randy Udall），二人都在科罗拉多州的阿斯彭工作，合写了一篇关于 LEED 的评论文章，题为《LEED 被打破了……让我们修好它》。这个题目读起来像一个战斗的口号。还有，虽然有更多的政治语气，但在麦格劳·希尔（McGraw-Hill）集团公司的一个订阅网站分区，普拉茨的杰伊·斯泰因（Jay Stein）和雷切尔·瑞斯（Rachel Reiss）还是在他们题为《确保可持续性设计的可持续发展性：关于 LEED 设计师需要知道什么》的文章中指出了在 LEED 系统里面的矛盾和未知的内容，同时为设计师提供了如何围绕这一系统进行工作的方法。

两个大的差错

在它值得赞美的关于创建一个所有人都理解和应用的国家评级计划的希望里，美国绿色建筑协会开发了一个简单、通用的系统，在这个系统里，一个目标或者信用得到 1 分。在这个看起来合理的结构中，出现了两个观点，它们看起来是对 LEED 框架最主要的批评：生物区的不敏感性，相对缺乏与生命周期分析的联系。

事实上，许多可持续性发展的设计策略具有区域性的特征。它们必须将地区气候、地理、资源、野生生物和生活环境考虑在内。如同斯泰因和瑞斯指出的，"水资源保护在炎热和干燥的气候中是要更优先考虑的，但是，美国绿色建筑协会在西雅图为水资源保护而奖励的信用的数量与在凤凰城奖励的一样多……"一个意想不到的结果是，环保意识较弱的设计团队可能选择能被 LEED 确认而又花费最小的策略去获得各自的信用，即使这些策略的实施可能不会大幅度地提升项目的持续性发展。

生命周期分析（life-cycle analysis，LCA）是指贯穿于一个特定产品的整个生命周期，测量其材料资源和被消耗的能源及其所产生的环境性影响的科学性学科。通过比较替代产品的这个数据，设计师能够——至少在理论上——挑选对环境伤害最小的材料和零部件。但是，LEED 的每个信用得 1 分的结构没有推进这种更复杂的分析。斯泰因和瑞斯继续说，"当设计革新性的项目时，通过再使用原有建筑物结构和表面的 75%……相较于通过整合至少 5% 回收利用和重复使用的建筑材料，开发商可以节省更多的材料资源，但这两种策略在 LEED 评级中都获得了 1 分"。

附加的考虑

许多人指责 LEED 太官僚主义。一些关于时间和文书工作的抱怨牵扯到文件应用策略。其他人指向了美国绿色建筑协会对仅仅是一个木材认证计划的依赖——森林管委会——这太狭隘了。可是其他人描述了这样的经历，即 LEED 认证太过沉迷于技术细节，而失去了对正好就在他们眼前，产生于重要设计和实践策略的重大环境进步的洞察力。

从因追求认证的成本和一个混乱的能量模型计划而带来的挫折到提议修建的建筑物拔地而起后，最终的评估要以环境的健康指示器（从居住环境的多样性到水的质量）作为基础，抱怨和建议从没停止。

同行压力

除了外部的批评外，LEED 也面临着它的第一个潜在的对手——绿色星球（Green Globes），这是一个以网络为基础，针对新的商业建筑的可持续性发展的设计工具。几年之前在加拿大市场首次发布后，绿色星球被进行了改编，然后于 2004 年被绿色建筑倡议（Green Building Initiative）这个组织带到了美国，该组织获得了与全国住宅建筑商协会的首次合作，去推广该协会的《绿色家居建筑指南》（*Model Green Home Building Guidelines*）。在 2005 年 3 月发表在《环境建筑消息报》（*Environmental Building News*）上面的一篇文章中，纳达夫·玛琳（Nadav Malin）写道："绿色建筑倡议获得了木材推销网（the Wood Promotion Network）和反对 LEED 中一些条款的许多行业组织的支持……"

虽然绿色星球提供了一些目前在 LEED 中没有的特殊产品——包括它的网络平台与能量模型的链接和 LCA 软件工具——它仍然缺乏给予 LEED 支持的许多特性。根据位于艾伯塔省埃德蒙顿市的玛纳斯艾萨克建筑师事务所（加拿大绿色建筑委员会的创始会员）的薇薇安·玛纳斯（Vivian Manasc）所言，"没有任何其他评级系统有与LEED一样广泛的市场基础。美国绿色建筑协会的4 000多名会员投票表决评级系统里面是什么的结果，显示LEED有巨大的公共投入。只要你不用去应付市场的杂乱无章，使用一个优雅的系统很容易"。

美国绿色建筑协会即将来临的计划

LEED在很大程度上受累于它自己的成功。因为存在着对环境化指导的巨大需求，人们非常快地抓住了它——并且为不同的建筑物形式要求如此多的版本——美国绿色建筑协会还没有足够的时间和资源去充分改善与增加原来模型的深度。虽然如此，彼得·坦普尔顿（Peter Templeton）说："我们注重听取反馈。"他是美国绿色建筑协会的LEED认证与国际化计划的主管经理。

坦普尔顿相信一些受关注的问题将会在LEED2.2版本中表现出来，该版本目前在制作中，暂定于2005年秋天发行。例如，这个版本将会参考商业建筑和高层居住建筑能效标准2004年版本，从而避免我们1999年版本的标准中恼人的能源建模问题。这个新版本也包含有一个网络工具，它可以更方便用户使用，而且能减少文书工作。坦普尔顿期待着在文件工作方面和评审程序中的其他变化，可以让申请人更容易应付行政程序。他还预见了信用计分本身的一些完善细节。

更大、更结构化的计划正在被考虑添加在LEED3.0版本中。奈杰尔·霍华德（Nigel Howard），LEED和国际化计划的副经理，相信3.0版本将会是一个模板，朝着这个模板，所有的LEED产品都可以根据各自的时间表逐步发展。霍华德说："我们并不想更迫不及待地去制作LEED3.0——但我们想要把它做得更聪明。"

作为一个例子，霍华德对可持续性发展场地提出了一个生态指数。在这个方案中，将会有范围更大的分数，取决于一个项目对它所在地区生活环境的潜在影响。一个在被废弃了的没有任何动植物种类的地点上面建造的项目，将会显现出一个净改善——所以会获得更多的分数——如果对部分地方做了景观美化。而一个被建造在林地上面的项目，在很大程度上，会比建造在草原上的项目收到更大的处罚，因为原始的林地比草原有更多的生态多样性，所以，建筑物会对所在地点的环境产生更大的消极影响。

霍华德表明，LEED 将会通过生命周期评估形式的思想来不断加固自身的基础，尽管它很快指出，一些重要的可持续性发展的设计方案不会用生命周期评估来表达。"传统的生命周期评估重点关注材料和产品"，他解释说。它倾向于着眼全球性的影响（例如，自然资源和有毒气体排放），而不是地区性的影响（例如，暴雨降水管理和轻度污染）或者内部结果（例如，热舒适和自然观点）。为寻找正确的组合，美国绿色建筑协会近期建立了一个委员会，进行关于生命周期评估在绿色能源和环境设计认证中的作用，以及能使之成为现实且合适的方法论、数据和工具等方面的思考。

最后，同样非常重要的是，霍华德希望，LEED3.0 将会建立生物域上的加权信用，这是为了奖赏那些将环境化的利益提供给一个具体地点的策略。

绿色的未来

难以知道美国绿色建筑协会所预见的改变是否会让所有的批评者满意，或者对他们来说，这些变化来得是否足够快。但是那些长期以来都处在这场运动最前线的人采取了一种广泛的情境观点。例如，像美国建筑师联合会的比尔·里德（Bill Reed）这样的从业者，他是马萨诸塞州阿灵顿自然逻辑（Natural Logic）一体化设计的副经理，他将 LEED 看作一个更大、更全面、更深远的进程的一部分。当潜在的客户打电话给他，跟他谈关于正在做的一个 LEED 项目时，他告诉他们："我们并不仅仅做 LEED。我们干恢复性等级的工作。"人们打电话和问问题的事实足以证明，LEED 已经是完全成功的。"我认为 LEED 正在为预期使用目的服务。"里德说，"但这并不是最终目的。"

注释

* 摘自《建筑实录》(*Architechture Record*，2005 年 6 月，135-142 页)。经《建筑实录》允许翻印。

16   10年以后的"能源和环境设计先锋"

——迈克尔·扎瑞茨基

在过去的 5 年里，为获得 LEED 证书而进行登记注册的项目数量不断增长，同样，通过 LEED 资质认证的专业人员数量也呈显著增长的趋势。但是，在南希·所罗门（Nancy Solomon）发表了一篇关于 LEED 绿色建筑评级系统 [1] 的文章的 5 年后，她所提出的批评中的许多问题都还没有得到解决 [2]。所罗门的文章仅仅是许多批评美国绿色建筑委员会 LEED 绿色建筑评级系统的文章中的一篇 [3]。尽管有这么广泛的批评，LEED 的公共吸引力和接受度仍然在持续增长。

在最近的美国绿色建筑协会的年度展会和论坛上，即绿色建筑 2009，有来自 78 个国家的 27 373 位与会者 [4]，而在 2005 年，只有不到 10 000 位与会者参加 [5]。截至 2009 年 11 月，共有 25 608 个注册的商业项目，其中有 3 858 个通过认证的项目，还有 19 063 个注册的住宅项目，其中有 3 050 个通过认证的项目。在 2005 年，没有 LEED 住宅的评级系统，但有接近 3 200 个注册的商业项目，其中仅有 400 多个通过认证的商业项目。在 2005 年，仅有不到 6 000 个会员，而截至 2009 年，会员数量以指数级方式增加到接近 20 000 个。[6] 在 2005 年，仅有超过 20 000 名通过 LEED 资质认证的专业人员（LEED APs），而截至 2009 年 11 月，已经有 133 489 名通过 LEED 资质认证的专业人员。[7]

现在有上百个联邦政府、州政府和地方政府的方案要求或者鼓励使用针对新建筑不同水平的 LEED 认证 [8]，其中还包括美国政府和军队的许多部门。一个引人注意的委托来自美国总务管理局（General Services Adminstration，GSA）：

> 为了客观地衡量可持续性发展设计的成果，总务管理局在 2000 年决定，从 2003 年开始，所有的市政府大楼项目都必须获得 LEED 认证，目标是 LEED 银级。在 2008 年，为了适应变化的市场，总务管理局开始要求所有的出租建筑物都必须获得 LEED 银级认证。
>
> 总务管理局是国家最大的平民地主，管理着超过 8 600 幢自有和租赁的建筑物，有超过 100 万的联邦雇员。总务管理局是美国绿色建筑委员会的第一个联邦会员，

该管理局在商用内饰方面支持了 LEED 的发展。截至 2008 年 1 月，总务管理局有 24 个通过认证的项目，包括法院、实验室、办公大楼、一个国境站和一处儿童保育设施。[9]

我认为没有人曾预料到 LEED 绿色建筑评级系统会按它现在的速度变得流行起来。但是，在"绿色"的模糊世界里，存在有一种不可否认的舒适，就是让一个组织来评估和认证某些东西，而这个组织有几十家世界 500 强公司和美国政府的支持，还有大多数大学和其他文化机构的支持。

LEED 并不是第一个绿色建筑评级系统，但它肯定是在美国使用最普遍的评级系统。任何组织都可能有成长的烦恼。但是，如同在这一章节中所描述的，最近 LEED 和美国绿色建筑协会已经遇到了一些重要的反击和竞争。

有许多文章和书籍是针对关于 LEED 近期的批评的，尽管我只是特指几个。通过查看这些发表的文章，在 2010 年和 2005 年两年之间一个引人注意的差别是，将 LEED 作为一个从根本上改变设计和建筑行业巨大举措的最初信条，已经被正在增长的批评所取代。这个章节会提出近期一些对 LEED 的批评，同样也会提出一些被开发出来的替代方法。

一个发展着的任务

为了回应近期一些关于 LEED 的批评，在最新的 LEED 版本（2010 年的 3.0 版本）里面，美国绿色建筑协会作出了一些重要的改变。这些改变接下来将会被讨论。但是，由来已久的改变在美国绿色建筑协会的任务中也是明显的，这些改变已经扩大了范围——从建筑物到社区规模。在 2005 年，美国绿色建筑协会的任务是"改进建筑物的设计和建造，而这些建筑物是环境上负责的、有益的和健康的用于生活和工作的地方"[10]。2010 年，根据其网站上的信息，美国绿色建筑协会的任务是"转变社区和建筑物的设计、建造和运营方法，创建一个环境方面和社会方面负责任的、健康的和繁荣的环境，从而提高生活的质量"[11]。在 2010 年，美国绿色建筑协会将其愿景描绘如下："建筑物和社区将令一个时代里面所有生命的健康和活力重获新生并得以维持。"[12]

美国绿色建筑协会新的要旨是他们将变得更致力于可持续性发展的三重底线（社会的、经济的、环境的）的社会性方面。但是，在 LEED 里面几乎没有证据表明社会或者环境方面正在被认真地加以考虑。

关于 LEED 的批评

没有人会否认美国绿色建筑协会和 LEED 的绿色建筑评级系统给我们带来了对"绿色设计"的关键问题的重要关注，包括地点影响、能源效率、水的使用、材料和能源的使用，以及室内空气质量。但是自从 LEED 出现以来，"绿色设计"和"可持续性设计"之间的界限已经变得更清楚了。在这一点上，对关于社会的、经济的或生态的关注的广泛观点没有提供任何建设性意见的项目正在得到 LEED 认证，可这些项目没有表达出更高级别的可持续性发展。

对 LEED 和美国绿色建筑协会的批评可以被总结成 4 类：[13]

1. LEED 没有解决可持续性的问题。

2. 美国绿色建筑协会声称的 LEED 的结果是不准确的和夸大的。

3. 与美国绿色建筑协会相关联的成本确保了只有那些富有的实体才能够参与到 LEED 的进程中来。

4. 美国绿色建筑协会的目标具有误导性。

不可持续性发展的 LEED 认证

· LEED 没有表达关于可持续性发展的问题。如同兰斯·赫塞（Lance Hosey）在 2008 年的一篇文章中指出的，针对新建筑的多达 81 页的 LEED 手册很少提及"可持续性发展"这个术语，并且从没给出过关于这个术语的任何定义。他还说："建筑师将 LEED 等同于可持续性发展的设计，但 LEED 本身并没有讲清楚什么是可持续性发展的设计。"[14]

·如果三重底线可持续性发展要求社会和经济的公平，同样也要求环境的公平的话，那么，将 LEED 认证的获得以某种方式等同于可持续性发展的设计的建议是否可以接受？通过忽略可持续性发展设计的社会问题，LEED 声称绿色建筑并不被要求表达社会的和经济的问题。

·实际上，在没有对一个地方增加任何社会上的或者建筑上的积极利益的情况下，建筑也能够获得 LEED 的认证。

·没有对建筑性能进行不间断的评估。一个已经得到 LEED 认证的项目不被要求重新申请 LEED 认证，不管是否可能有对建筑的设计、建造、运营和维护的修改。

·对没有使用某一种材料，没有任何 LEED 的信用奖励。如果一个项目通过将浇混凝土板作为一个完工的楼层地面来达到材料使用的最小化，在 LEED 绿色建筑评级系统中是得不到任何信用分数的。但是，如果再生地毯被放置在水泥地面上，这便可以获得 LEED 信用分数。

夸大的声明

·对一个已获得 LEED 认证的项目而言，它不需证明自己的能源性能表现，因为认证是以能源模型为基础的（并不是建立在实际的能源数据上面）。

·美国绿色建筑协会可能夸大了 LEED。正如首席执行官里克·费德里兹（Rick Fedrizzi）在绿色建筑 2004 年展会的开幕式上所声明的，"如果它不是 LEED 的，它就不是绿色的" [15]。

认证的成本

·虽然美国绿色建筑协会是一个非营利性的组织，但它正在迎合公司客户。美国绿色建筑协会有地区性和全国性的注册费用。会期 3 天的 2009 年绿色建筑讨论会，美国绿色建筑协会注册会员参加会议的费用是 600 美元，而非注册会员参加会议的费用是 775 美元。

·在美国绿色建筑协会的内部有一个环节成本过高。里克·费德里兹是该机构的创始人兼主席（1993年），他还在2004年被任命为美国绿色建筑协会的董事长和首席执行官。如果美国绿色建筑协会的一个地区分会要寻求一个让费德里兹出席该地区分会的机会，那么要在该地区分会的基金中拿出4 000美元支付给总会（2008年的价格），而这超出了许多地区分会的承受能力。

误导性的目标

·LEED绿色建筑评级系统里面没有任何适用于降低碳和温室气体排放的具体信用。

·项目的重要环境影响在取得LEED认证的项目中可以被忽视。有许多关于过大的单户住宅（面积超过4 000平方英尺）获得了LEED的住宅认证的例子。很显然，一个较小的房子的环境影响几乎一直都比一个巨大的"绿色"房子要小。

·信用分数的不对等可以达到这样的程度，即一个LEED分数可以通过显著地升级机械系统（耗费几千美元）来获得，而它也可以通过给一个项目增加一点自行车架（花费很小）来获得。

·虽然美国绿色建筑协会是一个非营利性的组织，但是它不够透明。吉福德（Gifford）的文章稍后提供了会描述到这方面的一个例子。

美国绿色建筑协会关于LEED能源节约的声明

从今往后，如果一个建筑的公用事业账单没有证明它的能源利用是有效率的，那么这个建筑就不能被评为是绿色的或者环保的。[16]

被评级的建筑应该带着可拆开的螺丝钉登上领奖台，因为该建筑每年的能源账单都将会被检查。[17]

美国绿色建筑协会近期发表的一个夸张说法导致了对LEED的重要批判，并且最终引起了国家媒体的注意：关于获得 LEED 认证的建筑是否如同美国绿色建筑协会声称的能节约那么多能源的问题。这一批判始于美国绿色建筑协会的首席执行官里克·费德里兹在 2007 年绿色建筑会议上面的演讲。他在演讲中声称，"按照 LEED 新建筑（NC）指南的标准建造的建筑物比按传统方式建造的建筑物平均节省 30% 的能源，建筑物的评级越高，它的能源节约性能表现就越好，LEED 一般认证的建筑物能节约 25% 的能源，获得 LEED 银级认证的建筑物能节约 35% 的能源，获得 LEED 金级和铂金级认证的建筑物能节约超过 45% 或者更多的能源"[18]。这些数据在密切关注下出现在了 2007 年的一篇网络文章中，这篇文章题为《绿色建筑评级的一种更好的方法：LEED 为绿色建筑设置了标准，但建造绿色建筑实际上真能节约任何能源吗？》。该文章的作者是一个独立的能源合同商，名字叫亨利·吉福德（Henry Gifford）。吉福德是建筑和能源有限公司的共同创始人，该公司的业务涉及超过 70% 的能源节约型建筑。这篇文章引起了极大的关注[19]，同时激起了一阵关于对来自美国绿色建筑协会的能源节约声明的准确性的激烈讨论。

米雷娅·纳瓦罗（Mireya Navarro）发表在《纽约时报》上的一篇题为《一些不能达到绿色标签要求的建筑》的文章中对 LEED 的批评引起了公共媒体的关注。

> 美国绿色建筑协会的委员会自己的研究表明，1/4 获得认证的新建筑并没有节约如它们的设计师所预测的那么多的能源，而且大多数建筑在投入使用后，并没有检查能源消耗的情况。这个计划受到了来自建筑师、工程师和能源专家的攻击，这些人争论说，因为建筑物能源节约性能没有被检查，认证在减少与全球变暖相关的节能减排方面很快会失效。[20]

纳瓦罗的文章参考了新建筑学会（New Buildings Institute，NBI）的研究，以及其他已经指出获得 LEED 认证的建筑的长期能源节约性能可能没有如预期那么有效的研究。在《纽约时报》上的文章发表后，美国绿色建筑协会的分会领导人马上收到了一个警告，被告知他们不应该与协会会员进行关于这篇文章的谈论，并且所有的问题都要参考美国绿色建筑协会国家总部的回应。一份否定吉福德的文章的信函被发给了所有的分会领导人。在吉福德的网站上，他回复了这些声明，争论还在激烈地进行着。[21]

对美国绿色建筑协会的批评之一是他们的商业事务中缺少透明性。例如，在美国绿色建筑协会的网站上，"新闻和事件"这一版块的一个小类"新闻进行时"里面有看起来是发表在媒体上面的关于 LEED 的文章的一个综合列表。但是，上面提到的这篇文章并没有被包含进这个列表中。[22]

可替代的评级系统

在整个工业化世界里，无论是在美国国内还是在国际上，LEED 都是应用最为广泛的建筑评级系统。几个国家都有国家绿色建筑委员会，当今世界还成立了一个国际绿色建筑委员会。绿色星球这个组织在美国和海外的部分地区的住宅项目中拥有重要的市场份额。还有其他几个组织，例如，BREEAM（建筑研究机构的环境评估方法）[23]，由奥雅纳工程顾问股份有限公司开发的 SPeAR（可持续性发展项目评估程序）[24]，MBDC（麦克多诺·布朗加设计化工公司）"从摇篮到摇篮"认证[25]，能源星资质之家[26]。但这些评级系统中没有一个有 LEED 式的发展，并且没有一个评级系统通过有效的市场营销来着手处理关于绿色设计的问题。

接下来是对一些因各种各样的原因而在快速成长中的替代 LEED 的流行系统工具的描述。可居住建筑的挑战是从 LEED 中直接发展起来的一种更严格、更具整体性的评级系统。"被动的房子（Passivhaus）"是一个来自德国的早就存在的评级系统，该系统仅仅针对能源效率，但非常有效。SEED 是一种社会性导向的评估，该评估系统表达项目有较大的社会和经济影响。SIB 是关于地区方案的一个例子，它针对 LEED 中不包括的可持续性发展的方面。

可居住建筑的挑战

在 2006 年，美国绿色建筑的加拿大分会开发出了一种替代的建筑评级系统，用于创造出"可居住的建筑（living buildings）"，来挑战 LEED。它的命名"可居住建筑的挑战（the Living Building Challenge）"来自国际可居住建筑学会。[27] 它近期有一个升级版本（V.2.0），描述如下：

> 可居住建筑的挑战 2.0 版本是一个有内聚性的标准——它将来自世界各地的，有关建筑学、工程学、计划学、景观设计和政策的先进想法集合在一起。
>
> 它向我们提出了挑战，提出了以下问题：设计和建造的每一个简单的动作是否能让我们的世界变成一个更好的地方？
>
> 每一个介入是否导致了更好的生物多样性，提升了土壤健康，为美丽和个人表达提供更多的附加方法，对气候、文化和地方更深的理解，我们的食物和运输系统的重新排列，以及一个更深远的意义：对关于在一个资源和机会可以被公平和平等地提供的星球上面生活的公民来说，这意味着什么？
>
> 可居住建筑的挑战这个系统是由 7 个性能区域或"花瓣"组成的：地点、水、能源、健康、材料、平等和美丽。"花瓣"部分被细分成总共 20 个规则，每一个规则重点关注一个具体的影响范围。[28]

它是一个全面的和具有挑战性的评估过程，虽然截至 2010 年 1 月，还没有建筑获得这个认证，但已经有 60 个项目注册申请认证，目前正处于认证过程中。

被动的房子

"被动的房子（Passive House）"评级系统从 1993 年开始就已经在德国实施了。[29] 这个系统仅关注能源使用的最小化，它的中心原则概括如下：

> 在一个"被动的房子"里，相较于旧建筑里面的房子，空间热能的消耗减少了 90%；而相较于一般的新建筑，则减少了 75%。"被动的房子"供暖所需要的能源是

每年每平方米生活空间 15 千瓦时，因此，大大低于一个低能源消耗房子的能源消耗。与此同时，在一个"被动的房子"里面的舒适度明显更高。相较于一般的建筑，这些建筑在欧洲因流失了许多热能而不得不采取积极的供暖行为，"被动的房子"使用房子围护结构内部的自由热源——例如，房子里人的热量和透过窗户照射进来的太阳能——供暖系统被显著地简单化。特殊的窗户和一个围护结构是由高效的绝缘板做成的，有助于将热能保持在里面。一个通风排气系统不间断地将新鲜空气运送到房子内部。一个高效的热能恢复单元在很大程度上减少了空气流通造成的热能损失。[30]

对于那些热衷于减少能源消耗的人来说，"被动的房子"是被普遍接受的标准。有几千个项目是按照"被动的房子"这个标准来建造的。从房子建成开始，就对房子性能的重要数据进行评估。

SEED：社会、经济、环境化的设计

2005 年，在哈佛研究生设计学院举办了一场圆桌会议，该会议包括了超过 30 个公共利益设计领域的著名专家，他们提出了大量可持续性发展的问题，会议的结果就是一个新的评级系统诞生了，它被命名为 SEED——即社会、经济、环境化的设计网络。它对 LEED 有限的涵盖面进行了清晰的回复，SEED 网络的任务是"提升每一个人生活在一个社会、经济、环境方面健康的社区里面的权利"[31]。

SEED 网络相信"设计可以完全支持一个社区"。以下是 SEED 的原则：

1. 为那些在公共生活中发言权有限的人辩护。
2. 建造一个结构，把所有利益相关者聚集在一起，让社区来作出决定。
3. 通过反映不同的价值和社会认同的对话来推进社会平等。
4. 生成从地方成长起来的想法，以此构建地区认同。
5. 一个社区的设计应该有助于保护资源并将浪费最小化。

SEED 网络并不是一个建筑评级系统，它是一个那些决心从事可持续性发展社区设计的原则的从业者的一个承诺网络。

再现设计公司的建筑社会影响评级系统

在全美，俄亥俄州的辛辛那提市并没有因为进步的思想而闻名。但是，有一家年轻的建筑公司在完全接受 LEED 的积极认证条例的同时，将设计决定的社会影响评估不断推进。这家由 21 个人组成的公司创始于 2007 年，从成立之日起就致力于美国绿色建筑协会和 LEED 建筑评级系统，其雇员包括两位美国绿色建筑协会辛辛那提分会的前主席和辛辛那提分会的现任主席。该公司的网站声明，"再现设计公司（emersion DESIGN）是世界上第一个拥有 LEED 铂金级办公室的建筑工程公司"[32]。

据再现公司的雇员和建筑社会影响（Social Impacts of Building，SIB）理论的合著者肖恩·海斯（Shawn Hesse）所说，在他们接近 90% 的项目中，他们使用 LEED 作为一个关于能源、水和材料使用目标的检验工具，无论这些项目是否会被认证。[33] 但是，他们也意识到 LEED 没有表达他们所致力于的那些社会问题。因此，他们自己在 2008 年开发出建筑评级系统的社会影响系统，又在之后进行了几次升级。因为 SIB 系统，再现设计得到了一个由美国建筑师联合会（AIA）颁发的"建筑进步奖"。他们已经被美国绿色建筑协会请求通过分会网络，进行关于社会公平倡议方面的工作。据海斯说：

> 社会公平被提升为可持续性发展建筑的一个核心内容已经至少有 10 年的时间了，但与我们已发展形成的作为一个有关环境可持续问题的产业的完善程度相比，建筑行业在（社会公平）这方面的投入就显得逊色了……建筑项目有无数方法影响着社会层面，对于既不是经济适用房也不是农村社区中心的几千个项目的理解和评估看起来做得还不是很多。我们开发 SIB 系统的目标是开发一个工具，将其用于衡量任何项目的社会影响，评估每一个项目的社会可持续性发展。关于工人的安全、健康

和他们支持自己家庭的能力的问题，在设计过程中能听到的社区声音的水平，有助于作出决定的声音的多样性，关于材料来源的知识，甚至是对项目建成后及运营中如何成为社区的一部分的理解，所有这些都是建筑项目所具有的且可以被衡量的社会影响的组成元素。[34]

再现设计公司的社会影响建筑（SIB）评级系统是值得关注的，不仅仅是因为它的内容，还因为它是关于一个谦虚的公司致力于创造、实施和持续性地重新思考一个评级系统的潜力的例子。

建筑评级系统的优势

实施 LEED 和其他评级系统的结果是会产生很多环境效益。与典型的建筑建造相比较，获得 LEED 认证的建筑使用较低比例的带有高度毒性的材料，使用较少的水和能源，而且对自然景观的消极影响较小。客户正需要"绿色"建筑，而 LEED 提供了一个能促进这些好处形成的系统。

建筑评级系统的另一个优势是一旦该项目被注册或者加入了一个评级系统，客户和建筑所有者的承诺就会不断增加。一旦进行了财政上的承诺，项目团队就能够利用这一承诺为项目创造较大的环境效益。虽然在一个"绿色的"或者能源节约型的建筑里面存在着长期的成本节约，而这些成本节约是减少能源成本和水的消耗的结果，或者是通过衡量居住者由于在设计和建造过程中日光的增加而提高了生产率来得到的。[35] 但是，存在着一个更大的可能性，即当为了减少完成项目所需的成本或者时间而对每一个设计决定的成本利益进行评估时，存在着一段时期的"价值工程（value-engineering）"。如果一个客户没有作出一个财政承诺去获得一个具体的建筑评级，那么存在着一种更大的可能性——项目中带有附加的前期成本的方面将会被删掉。但是，一个取得了 LEED 注册的项目能够被项目经理、建筑师或者客户集团利用杠杆作用来改变，客户集团将使用 LEED 绿色建筑评级系统的承诺，作为通向可以表达设计决定的大量影响全面可持续性发展的设计措施的一个垫脚石。如此，设计师、项目经理和其他人就能够大量增加正确的决策——以一个建筑评级系统的名义来作决定。

绿色建筑评级系统大量涌现的影响中最重大的影响是关于可持续性发展、可持续性发展的设计和绿色建筑的对话的增加。客户正在促使设计师和建造商在这些问题上变得更加专业，而在高等教育机构中，学生正要求进行复杂得多的讨论。作为绿色建筑增加的结果，在网络上和实际中有更多的可用资源。诸如芝加哥的"绿色技术芝加哥中心"[36]、伊利诺伊州以及乔治亚州亚特兰大的Southface[37]这样的资源正在提供给所有者、建造商、设计师、合同商和其他想要实现任何类型"绿色"与环保的可持续性发展策略方面的人。另外，这些中心在他们共同利益的基础上，经常推动了社会团体的发展。因此，绿色设计是具有社会影响的。

LEED3.0 版本

美国绿色建筑协会正在回应批评，这是有明确证据的。2009年的4月27日，发行了LEED3.0版本，与之前的版本相比，它有几个主要的升级项目。[38] 这些升级项目包括简化LEED认证程序的尝试，为进一步简化注册程序的"LEED产品的一致化"，以影响不同环境和不同人的身体健康的能力为基础的信用权重，响应生物气候的差异和优先性的区域优先信用。

与3.0版本中的变化一起，LEED审定程序中一个重要的重建也随之到来了（之前是通过LEED资质认证的专业人员，现在是LEED的专业人员）。现在有3种水平的LEED专业人员资格，这3种资格可以通过考试获得，也可以由在LEED项目中工作的经验来获得。

根据海斯的说法，美国绿色建筑协会正处在这样一个过程中，即"创建一个社会平等工作集团，从而能够建议将社会平等性更好地融进LEED评级系统的方法"[39]。这是令人愉快的消息，尽管在一个为超过13万位会员服务的带有民主愿望的非营利性组织里，不会很快发生什么事情。

这些变化代表了 LEED 绿色建筑评级系统的积极改变。但是，仍然有貌似无数的建筑上糟透的和社会性排外的，基于开发商的项目在展示着作为其 LEED 认证结果的"绿色"状态。除非这些项目能被留在一个更高的标准中，否则这章中提及的一些批评会不可避免地增加。因为一个更广阔、更微妙的关于可持续性发展设计的理解进入了公共想象，所以 LEED 要么更严格和切实地回应这些不断增长的批评，要么它就将被更全面的建筑评级系统所取代。

注释

1. "Intro - What LEED Is," US Green Building Council. As of 2009, the phrase LEED "green building certification program" has replaced LEED "green building rating system" in the USGBC literature (accessed February 13, 2010).

2. Nancy Solomon, "How Is LEED Faring After Five Years in Use?: The Best-known Rating System for Green Buildings in the United States, LEED Struggles With Its Own Rapid Rise in Popularity," *Architecture Record*, June 2005, 135-142. Reprinted as Chapter 15 in this volume.

3. Green Building Certification Institute (GBCI) (accessed February 12, 2010). The USGBC administered LEED from its inception in 1999 until GBCI took over the administration of LEED in January 2008.

4. "USGBC Update—November 2009," US Green Building Council (accessed January 24, 2010).

5. USGBC, "About USGBC," powerpoint presentation (accessed February 10, 2010).

6. Ibid.

7. Ibid.

8. "LEED Public Policies," US Green Building Council (accessed February 1, 2010).

9. Ibid.

10. "Introduction to US Green Building Council, 2005," from file usgbc_intro2.ppt (2/25/05), (accessed March 1, 2005).

11. "About USGBC," US Green Building Council (accessed February 10, 2010).

12. Ibid.

13. Articles include: Informed Building website, "LEED Not Without Criticism," (accessed January 5, 2010); Lloyd Alter, "The Four Sins of LEEDwashing: LEED Green Buildings that Perhaps aren't Really Green", Treehugger website (accessed Janua ry 5, 2010).

14. Lance Hosey, "Toward A Humane Environment: Sustainable Design and Social Justice," in *Expanding Architecture: Design As Activism*, ed. Bryan Bell and Katie Wakeford (Los Angeles, CA: Metropolis Books, 2008), 35.

15. Ibid.

16. Henry Gifford, "A Better Way to Rate Green Buildings: LEED Sets the Standard for Green Buildings, But Do Green Buildings Actually Save Any Energy?," (accessed February 10, 2010).

17. Ibid., 9.

18. These facts were referenced from a New Buildings Institute study. The New Buildings Institute (NBI) is a non-profit organization devoted to building performance research .

19. Google search for "Henry Gifford LEED" generated 146,000 hits (accessed February 19, 2010).

20. Mireya Navarro, "Some Buildings Not Living Up to Green Label," *New York Times*, August, 31, 2009.

21. "EnergySavingScience.com: Henry Gifford's Personal Website, " (accessed January 5, 2010).

22. "In The News," US Green Building Council (accessed January 24, 2010).

23. "BREEAM: The Environmental Assessment Method for Buildings Around The World," (accessed January 12, 2010).

24. "Sustainability Consulting," Arup (accessed January 12, 2010).

25. "MBDC Cradle to Cradle Certification," (accessed January 12, 2010).

26. "New Homes," US Department of Energy and US Environmental Protection Agency, Energy Star (accessed January 12, 2010).

27. "International Living Building Institute," (accessed January 12, 2010).

28. Ibid.

29. Dr. Wolfgang Feist, "Passive House Institute," (accessed January 12, 2010).

30. Dr. Wolfgang Feist, "What Is A Passive House?" (accessed January 12, 2010).

31. Barbara Wilson, "The Architectural Bat-signal: Exploring the Relationship between Justice and Design," in Bell and Wakeford *Expanding Architecture: Design As Activism*, 29.

32. emersion DESIGN is a 21-person architecture, engineering, interior design, planning, and sustainable consulting firm with projects in higher education, corporations and non-profit organizations, science and technology, and the Federal government. Projects range from a façade renovation of the University of Cincinnati's Procter Hall to a master plan for NASA framing over $1 billion in investment over 20 years. They have won design awards for interior design, architecture, and architectural research. They were the first architecture and engineering firm in the world to operate out of a LEED Platinum office, which was built for under $27 per square foot.

33. From an email interview with Shawn Hesse of emersion DESIGN, February 23, 2010.

34. Ibid.

35. Heschong Mahone Group, "Daylighting in Schools: An Investigation into the Relationship Between Daylight and Human Performance," 1999 (accessed February 23, 2010).

36. Chicago Center for Green Technology, CityofChicago.org, (accessed February 18, 2010).

37. Southface (accessed February 18, 2010).

38. "About USGBC," US Green Building Council.

39. From an interview with Shawn Hesse of emersion DESIGN, February 23, 2010.

17 对贝尼奇建筑师事务所的
克里斯托夫·詹特森的采访

2010 年 2 月

——迈克尔·扎瑞茨基

您定义的"可持续设计"是什么？您如何在设计的过程中实现这个目标？

术语"可持续设计（sustainable design）"有许多解释。《布伦特兰德报告》（*Brundtland Report*）通过对广泛关注的社区环境问题进行阐释，普及了"可持续发展"的观点，将可持续设计定义为"一种可以满足目前的需求，而不会削弱后代人满足他们自己的需求的能力"。可持续发展在政治上的定义已经被扩大了，涵盖了社会发展和经济进步。不幸的是，可持续性已经被应用到所有人的所有事情上。在建筑上，这个术语也不断被滥用，很可能在未来仅仅成为一个标签，这是很危险的。

在过去的15年间，不断增加的压力始终影响着我们在施工技术和建筑方面的发展。主要的焦点已经转移到了用一种更加经济和负责的方式来利用自然资源。我们必须明确自然资源是有限的，同时，我们也必须利用每个项目所提供的机会认真地评价行为方式；因为这可以为我们学习如何在所处的环境中生活和工作提供线索。不管未来的人口发展如何，我们都能够降低未来出现资源短缺的风险。我们不仅应当关注自然强加给我们的限制，也应当赞美自然的富有以及多样性，因为经济领域目前普遍接受这样的观点，即保护我们的环境是潜在增长、社会发展和经济进步的基本机会。

我们建筑设计的方法是一个全面整合的方法，在此，"可持续性"不仅是附加上去的，而且是每一个设计决策的关键。它主要包括两方面的目的：第一个是让使用者感受到最大的舒适，第二个是使人们了解什么是负责的设计。我们相信，我们可以进行平衡的、考虑周全的回应，基于当地文化和气候条件，化解自然环境对人类的脾气，并提供必要的基本保护。

我们的每一个项目都不是依赖于形式和环境设计的先入观念，而是对任务的特殊性给予足够的关注。本着减少对机械系统的依赖，同时又保持高度安全性和高水平的能源效率的理念，大量先进的设计战略被采用，并结合了被动的和技术领先的分析。结果是，从气候的角度看，建筑环境是舒适的，同时体现了建筑上的创新和美学观念。

这些目标包括受特定设计项目影响的社会、政治、文化以及经济因素吗？

我们相信任何可持续设计最有意义的部分就是其大背景。它强调多个方面，比如生活质量、健康以及对多样化社区的包容。这样，我们就可以探索高水平的"城市可持续性"；

图 17.1
贝尼奇建筑师事务所设计
的健赞中心入口
（照片由罗兰·哈比拍摄）

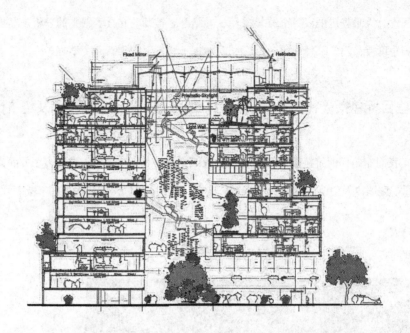

图 17.2
贝尼奇建筑师事务所设计的健赞中心大厅剖面图　（由贝尼奇建筑师事务所提供）

例如，满足更大社区的需求与实现其目标的能力。因此，我们的设计方式是整体性的，而且常常是长期性的，强调在创建健康的、启发灵感的环境方面的体验质量。

在教育客户、所有者以及使用者关于可持续性和可持续设计方面，设计师的职责是什么？

建筑在这个过程中起到工具的作用。通常，优秀的创新理念绝不会将可持续性放到设计发展的第二阶段之后，因为它们是建筑过程中可测量需求的牺牲品。从理念到现实是一个非常脆弱的过程，建筑师的任务就是使这个过程能够顺利完成。

您如何评估是否已经实现了环境和可持续性的目标？

健赞公司（Genzyme Corporation）继续测量能源消耗，并发现其总部的费用成本比他们之前的办公大楼节省了 42%。能源节约的一个典型例子就是双层玻璃的幕墙，它不但可以将大楼与外界隔离开来，同时还允许新鲜空气在大楼中流通，这对员工来说也是有益的。一个广泛的自然光增强系统允许 75% 的员工可以在只有自然光照的环境中工作，进一步减少了能源消耗。

您对建筑评级系统，比如说能源与环境设计以及它们在设计过程中所发挥的作用，是怎么看的呢？

评级系统是一个可以在设计和建筑工业中创造意识的优秀工具。但是它无法替代好的设计。一座成功的绿色大楼是基于宏大的设计战略并有意识地实施的，这种设计战略旨在尽可能地创建最可持续的大楼，设计是其中的一部分。

您是否会鼓励客户使用特定的建筑评级系统？如果在客户没有要求的情况下，您是否还会选择建筑评级系统？

在许多工程案例中，开发一个带有评级系统的项目是很有意义的，这不仅为客户，也为设计团队和建筑商创造了一种"制约和平衡"的机制。我们的许多项目成功地表明，在设计过程的开始阶段建立起一个系统阐释项目目标的项目章程是有必要的。在项目后期，这个项目章程可以帮助其将项目重点放在首要目标上，包括可持续性措施。

健赞中心的可持续性和环境设计目标是由其建筑师定义的，还是所有者、使用者或者其他方定义的？

作为一个美国建筑公司"绿色"设计理念实践的样板工程，该大楼为规划和建筑行业提供了有价值的反馈信息，这些反馈信息不仅是关于对环境负责型建筑的成本分析，而且涉及客户、建筑师和建筑行业可以选择的可行性新设计。

在该项目中，所有方——开发商、居民以及建筑师——都致力于创建一个可持续项目。

您如何评估您在健赞中心实现了的这些目标？

健赞中心的成功不仅仅包括它在能源效率方面的成就以及其他主要关注大楼材料和系统性能方面的技术成就。在我看来，真正的成功在于技术帮助改善工作场所质量的方式以及大楼使用者喜欢他们新的工作环境这一事实。

您是否觉得您已经在健赞中心实现了这些目标？

健赞的运作情况：

· 水使用量减少 34%

· 电力消耗减少 42%

· 75% 的材料含有可循环再利用的部分

· 80% 的工作区域可以不用人工照明

· 82% 的员工认为他们的工作效率显著提高

· 90% 的建筑垃圾被回收

· 100% 的常规占用空间均可以看见外部景观

健赞中心是一个获得"能源与环境设计铂金奖"的大楼。这是该项目一开始就设立的一个目标吗？

健赞中心项目的实施基于一场国际设计比赛。从一开始，我们就被建议去开发一座大楼，主要关注对环境的责任和健康的高质量工作环境。这个理念是整体性概念，涉及大楼的所有系统和元件。2000 年能源与环境设计是一个相当新颖的评级系统，是在设计开发阶段设计考虑的一部分。

是谁提出将"能源与环境设计铂金奖"证书作为健赞中心的一个目标？

能源与环境设计铂金奖（LEED Platinum）是使用者 / 客户（健赞公司）在与开发商（莱姆房地产公司，Lyme Properties）的合约中所设立的一个目标。

对于任意特定的项目，您是如何将绿色设计（能源、水、材料等）的各项原则放在首要位置的？

某个项目的设计一旦开始，我们通常会与我们的成本预算咨询商一起进行成本—收益研究，以决定对已选择的关键部件来说最经济的设计方向。在此，不能光考虑资金成本，还应当考虑维护和维修成本、保温性能、使用寿命、外观以及对各种可行性选择的价值的潜在影响，这是非常值得重视的。这些应当包括初始成本和长期经营与维护成本的详细分析，以及相应的能源成本差异分析。我们定期针对可持续性问题对设计选项进行成本分析，并且将与之类似的工作归为此类。

对我们来说，这意味着投资的资金被明智地运用了，这并不是单纯地出于盈利的目的，而是基于价值的创造。为了实现这种价值，我们的工作就必须依靠对预算需求、项目以及愿景三者之间合理平衡的探索。只有通过在整个设计发展中将成本分析作为该过程的一个辅助部分，这种平衡才能实现，而且这正是我们严格遵守的。这种方法将被用在其后面的项目中，以使得这些项目能够在满足严格的预算约束条件下，成功地满足项目需求，并创造出令人赏心悦目的环境，成为最具价值的投资项目。

18 重新改造汽车

——艾默里·B. 洛文斯[*]

设计、制造和销售汽车的新方式可以使这些汽车的燃油消耗降低 10 倍，同时使汽车更加安全迅速，更加美观舒适，更加耐用，也可能更加便宜。自微型集成电路片发明以来，在产业结构上就发生着有史以来最大的变化。

（艾默里·B.洛文斯与 L.亨特·洛文斯）

1993 年 9 月 29 日，不可思议的事情发生了。经过数十年的敌对状态以及与副总统阿尔·戈尔（Al Gore）数月的紧张谈判，三大汽车制造商的首脑接受了比尔·克林顿（Bill Clinton）总统的考验，决定进行合作。他们在政府的技术和资金帮助下，竭尽全力试图在 10 年内开发出能效提高 3 倍的"清洁能源汽车"。一年后，他们取得了令人鼓舞的进步。与总统约翰·F.肯尼迪（John F. Kennedy）将人送到月球的目标一样，新一代汽车合作伙伴（the Partnership for a New Generation of Vehicles, PNGV）旨在创造一个跨越式意识——这次是在底特律。然而，PNGV 的目标更容易达成，但比阿波罗计划更加重要。它甚至可以成为绿色工业复兴的核心——引发深刻的变革，影响我们开车的方式和行驶里程，而且会影响我们整个经济的运行。

在过去 10 年，这种燃油高效型汽车的发展停滞不前。然而，在接下来的 10 年中，将能效提高 3 倍的目标似乎会被极大地超越。然而，如果没有政府的授命，2003 年前的竞争局面可能已经为市场带来了能效足够高的汽车，能够在只消耗一箱油的情况下将一家人从东海岸载到西海岸，而且可能比他们现在的出行方式更加安全和舒适，比他们现在使用的电动汽车加上所需的充电能源站更加清洁。

为了了解这种显示出的思维方式上翻天覆地的变化，想象一下美国国民总产出的 1/7 来自三大打字机制造商（以及他们的供应商、分销商、经销商和其他相关企业）。几十年来，这些公司取得了巨大进步，从手工到电动，再到字模球设计。现在，它们正在为即将来临的电动打字机 X Ⅶ开发细小的精密器件。它们每年卖出大约 1 000 万台性能出众的打字机，并获得利润。但是出现了一个问题：竞争对手正在开发无线笔记本计算机。

这就是今天的三大汽车制造商。它们拥有更多的技术，而不是愿景。它们在将汽车销售给美国人的过程中，正在痛苦地追求增量精化，而国外的汽车正烧着进口的石油，都要将大桥压垮了。现代汽车是一个非常复杂的工程成就——铁器时代的巅峰之作。但是它们是过时的，而且汽车快速发展的时代已经结束了。先进材料、软件、电器、动力电子设备、微电子、电力储存设备、小型发动机、燃料电池以及计算机辅助设计和制造正体现着引人注目的创新特质。它们被巧妙地整合在一起，以生产出安全、消费者可支付得起的汽车或者仅用一加仑汽油可以行驶几百英里的高级家庭汽车——行驶数据大约是现在新汽车30英里/加仑（mpg）的10倍，而且是PNGV开发的汽车80mpg的数倍。

要实现这一目标，需要一种全新的汽车设计——超轻混合型汽车或"超级汽车（hypercar）"[即之前的"超级跑车（supercar）"，我们现在喜欢称为"超级汽车"，这是因为这也指代那些一个小时而不是一加仑汽油就能跑几百英里的超强动力型汽车]。这种"超级汽车"的关键技术已经存在。世界各地诸多厂商开始构建技术原型。美国是将这种概念带到市场的最佳国度——而且最好先于其他国家这样做。超级汽车，而不是进口的豪华箱式轿车，将成为底特律的最大威胁。但是与此同时，它们也是其获得拯救的希望。

超轻汽车战略

多年来，在提高发动机和动力传动机构的不懈努力下，汽车在行驶前损失的燃油消耗已经减少到了80%～85%（大约95%的轮子功率用于推动汽车本身前行，因此实际上，不到2%的燃油消耗被用来推动驾驶人员的前进）。

这种令人震惊的浪费主要源于一个简单的原因：汽车是由钢铁制成的，钢铁很重，因此需要动力强大的发动机来推动它们前进。通常，高速路行驶大约只需要发动机平均功率的1/6，而在城市行驶就只需要大约1/20。如此大的总质量使发动机的平均效率降低了一半，并且使减少污染的任务变得更加难以完成。而且，问题变得越发严重，自1985年来，一半的效率提高被生产更加强大的动力所浪费。

汽车生产商每年都会增加更多的小配件，以补偿巨大动力传动系统推动巨大的钢铁巨兽所产生的内在损失。但是真正高效的汽车不能由钢铁制造而成，这与一架好的飞机不能用铸铁制造是一个道理。我们不能将汽车设计成更像坦克的模样，而应该像飞机一样。基于汽车的基础物理性能，当我们着手行动的时候，神奇的事情就将发生。

由于需要 5 ~ 7 燃油单位才能将 1 个单位的能量传送到轮子，在车轮上节能能够极大地节约燃料。轮周功率（wheelpower）以下列 3 种方式损失。在城市的水平公路上行驶时，大约有 1/3 的轮周功率被用来推动汽车前行，从而停车时会导致刹车过热。另外 1/3（当速度达到在高速公路上行驶时，上升到 60% ~ 70%）的能量使得汽车在行驶过程中推到一边的空气温度升高。最后 1/3 的能量使得轮胎和道路温度升高。

制造超级高效的汽车的关键在于通过减轻汽车质量、从空气动力学的角度使车身变得光滑以回收其大部分刹车能量，以及以减少这 3 种损失。这样的设计可以：

· 通过使用先进材料和主要人工合成复合材料，减少 65% ~ 75% 的质量（从而减少汽车前进所需要的动力），同时通过更坚固和复杂的设计提高安全性。

· 通过磨光流线型化和更加压缩的填充物，减少 60% ~ 80% 的空气阻力。

· 通过使用更加优质的轮胎和更轻的质量，减少 65% ~ 80% 的轮胎和道路能源损失。

一旦这种"超轻战略"在很大程度上消除了无法回收利用的能源损失，轮周功率可以进入的其他地方就只有刹车。如果这些轮子是由那些特殊的既可以提供电动动力也可以进行电动刹车的发动机推动的，那么它们就可以将不需要的动力转化为有用的电力。

然而，超级汽车并不是普通的电动汽车，普通的电动汽车通过电池驱动，并需要连接有效电源才能进行充电。除了最近取得的令人印象深刻的进步，这样的汽车仍然不能承载太多质量，或者在不用笨重的、成本相对较高的、寿命短的电池的情况下行驶太远的距离。在质量相同的情况下，由于汽油和其他液体燃料能够储存的有用能量是电池能够储存的 100 倍，因此在长途行驶中，最好使用燃料进行供能，而不是选择电池，然后燃料在一个小型机载发动机中燃烧所需要的燃料以产生电力，推动车轮前进。一些电池〔或者，不久之后，碳纤维"超级飞轮（super fly wheel）"〕可以暂时储存从这些轮子动力上回收的刹车能量，并且其重新使用率将至少达到 70%，可用于爬坡或加速。依赖于其如此增加的能量，发动机仅仅需要达到平均负载，而不是最大负载，因此可以缩小至目前标准大小的 1/10。这样它就可以以最优方式或者接近最优方式行驶，使得其能效能够翻倍，并且在任何不需要的时候可以随时关闭。

这种配置被称为"混合电动驱动（hybrid-electric drive）"，因为它使用了电动轮胎动力，但其电力来自机载燃料。如此的一个推动系统，其质量大约仅有电动汽车的 1/4，而纯电动汽车必须载着半吨的电池到商店购买六件装。因此，混合动力汽车拥有电动推动的优点，却避免了由电池带来的麻烦。

一加二等于十

汽车制造商以及独立设计商已经制造出了超轻型或混合电动的体验汽车，但是既是超轻型又是混合动力的汽车现在还很少。然而，将这些功能结合在一起就可以生产出特别的汽车，但是直到目前，并没有很多人看好这种协同的结果。将混合电动驱动搭载到普通的汽车上，可以将其效率增加 1/3 ~ 1/2。将普通汽车超轻化但又不使用混合动力，大约会将其效率提高一倍。将超轻化和混合动力结合在一起，可以将汽车的效率提高大约 10 倍。

这种令人惊奇的结果主要源于两个原因。第一，正如上文已经解释的，超轻型汽车仅仅损失一点传递到空气和由道路摩擦导致的无法回收的能量，并且混合电动驱动可以回收大部分传递到刹车上的能量。第二，减重的部件。当您使一辆重型汽车减轻 1 磅的质量，事实上，您可能使汽车的质量减少 1.5 磅，因为它需要一个更轻的结构和悬挂系统，一个更小的发动机，以及更少的燃料推动该汽车的前进，等等。但是对于一辆超轻汽车来说，减少 1 磅可能意味着 5 磅质量的减少，部分原因是动力转向、动力刹车、动力制冷以及许多其他常规系统就变得无关紧要了。这种设计变得相当简洁。在质量减少方面，间接质量减少的滚雪球效应在超轻汽车上要比在重型汽车上大，混合电动要比非混合电动大，而且在超轻混合电动结合体中最大。

要实现这些协同效应，所有需要的原料已经是知晓的，并且是可获得的。追溯到 1921 年，德国汽车制造商就生产出了比现在的汽车光滑且空气阻力小 2 倍的汽车。大多数减阻可以源自一种简单的方式，那就是将汽车的车身部分做得和底部一样光滑。今天最好的体验式家庭汽车的光滑度要高出正常值的 25%。同时，超级坚固的新材料使得汽车车身更加轻盈。一辆轻型化汽车需要更小的发动机，而更加坚固的车身则可以做得更薄。这两种改变可以使得汽车的内部空间变得更加宽敞，但是总体积却更小。更小的车前部分加上更加光滑的轮廓，可以将当前汽车受到的空气阻力减少 1/3。先进的空气动力学技术可能能够将这种能量的节能效率提高一倍。

现代辐射轮胎损失的能量也只是 20 世纪 70 年代的偏压轮胎的一半，而且 1990 年发明的最好的辐射轮胎大约又将损失减少了一半。随着汽车质量的减少，"滚动阻力（rolling resistance）"也以相同比例进一步降低。现在引起轮胎和道路发热的滚动阻力的损失已经下降了 65% ~ 80%。

合适的小型汽油发动机，其体积大约与机载发动机和小型摩托车发动机相当，其效率的提高已超过 30%，而柴油发动机则提高了 40% ~ 50%（在实验室则可以提高 56%）。从不断出现的新技术来看，前途也比较乐观，包括小型燃气涡轮机以及稳定坚固的燃料电池，部件不可拆卸的设备，这些设备可以将燃料稳健、有效地转化为电力、二氧化碳、水，以及大量减少由此产生的废热。

今天的汽车、配件——动力转向、动力加热、空调、通风、照明以及娱乐系统——都只消耗发动机能源的 1/10。但是一辆超级汽车，通过节省大部分轮周功率以及大部分备件负载，在使用所有上述功能时，几乎不会消耗更多的能量。超轻汽车，即使在没有动力转向的情况下，也可以变得更加敏捷，而且可以从它们特殊的车轮动力上获得全轮防锁刹车和防滑牵引的功能。各种新的车前灯和车尾灯可以在只消耗 1/3 能量的情况下，变得更加明亮，而且可以通过使用纤维光学将一个简单的豌豆大小的灯的光线发射到整个车体，以达到减轻汽车质量的目的。目前汽车空调系统足够大，以至于可以供亚特兰大的一个家庭使用。在未来，空调可能使用的能量只占到目前汽车空调系统所消耗能量的 1/10。特殊的车漆，通风的双层车顶，视觉清晰的热反射车窗，太阳能通风扇等可以减少需要的热量；创新的制冷系统可以解决余下的问题。这种制冷系统并不是直接由发动机驱动，相反，是由浪费的副产热量驱动的。

也许最令人震惊和重要的能源节约来自质量的减少。在 20 世纪 80 年代，许多汽车制造商生产了"概念汽车",这样的汽车可以运载 4 ~ 5 名乘客,但是质量却只有 1 000 磅(目前汽车的平均质量大约为 3 200 磅)。这些汽车是常规的由内部燃烧供能的汽车,但是平均说来,它们在节能效率方面,是目前新车的 2 ~ 3 倍。然而,这些汽车主要使用的是像铝、镁和轻质塑料这样较轻的材料。今天,我们可以通过将玻璃、碳、芳香聚酰胺和其他超强纤维嵌入特殊的可塑塑料——就像木材将纤维素纤维植入木质素中一样,把相同的事情做得更好。

瑞士已经走上了这条道路,目前拥有超过 2 000 辆轻质的电动汽车(占世界总量的 1/3)。其最新的宽敞两人座汽车在不带电池的情况下,质量只有 575 磅。相应的 4 人座汽车的质量只有不到 650 磅,或者在包括了完整混合动力系统的情况下少于 850 磅。然而,碰撞试验的结果表明,这样的超轻汽车至少和目前的重型钢铁汽车一样安全,即使是与一辆重型汽车在高速公路上对撞。这是因为复合材料非常坚固且富有弹性,每磅复合材料可承受的能量远远多于每磅金属所承受的能量。就安全性来说,材料和设计远远比品质更加重要,而且保护人身安全所需的特殊结构也不需要过重 [例如,大约 10 磅的空心的、可碾压的碳纤维和塑料圆锥体可以承受一辆 1 200 磅的汽车以 50 英里 / 小时(mph)的速度撞击墙面而造成的冲击]。数以百万计的人都在电视上看到过印第安纳波利斯 500 赛车以大约 230 mph 的速度撞击墙面时的场景,汽车的部件连接在一起或者以一种可控的、吸收能量的方式分裂开来,但是除了其每磅冲击能量可能数倍于高速路碰撞的每磅冲击能量,这些汽车的结构和驾驶员的保护装备防止人员受到严重的损伤。这些都是碳纤维汽车。

1991 年,50 位通用汽车的专家制造了一辆超轻型复合材料结构的汽车,它外部光滑、轻盈,配备时髦、运动型的 4 座,4 个安全气袋,其内部空间有雪佛兰克尔维特那样大,但是外部尺寸却只有马自达米亚达(Miata)大小。这是很振奋人心的一件事。这种超轻型汽车不仅比今天的汽车更加安全,也更加清洁。尽管它只配置了 111 马力的发动机,比本田思域(Civic)的马力还要小,其质量却很轻(1 400 磅),受到的空气阻力也很小,都只有常规值的一半,如果按照最高速度 135 mph 计算并且要求在 7.8 秒内从 0 加速到 60——与配置了 V-12 大型动力的宝马 750iL 相当。但是超轻型汽车的效率是宝马的 4 倍,平均为 62 mph——是目前常规值的 2 倍。当其速度为 50 mph,动力为 4.3 马力时,1 加仑燃料就可以行驶 100 英里，仅是轮周功率常规值的 1/5。

这个 1991 年制造的汽车原型如果搭载的是混合驱动发动机，其生产仅需 100 天，并且效率将是今天汽车效率的 3 ~ 6 倍。洛基山研究所的分析师使用广泛应用的、容易获得的技术模拟了每加仑燃料行驶 300 ~ 400 英里的 4 座汽车，而现在，由于实验室里采用了最好的理念，汽车可达到每加仑燃料行驶超过 600 英里。去年 11 月份[①]，有报告称，一辆 4 座、1 500 磅的瑞士汽车样车在主干道公路上达到每加仑燃料行驶 90 英里；在城市道路中行驶时，用 573 磅的电池供能，它可以达到相当于每加仑燃料行驶 235 英里的效果。

更大型的交通工具，从小货车到十八轮大货车，也存在相似的可能性。一家佛罗里达的小型企业测试了复合材料做成的箱式大货车，其满载的质量小于常规钢铁货车空载时的质量。这家公司还设计了一辆质量只有常规质量一半的巴士。其他公司则正在试验流线型复合材料设计的大货车。所有这些大概都达到了传统动力传动系统常规效率的 2 倍，并且在配置混合动力的情况下，可以再提高 2 倍。

超级汽车也更加喜欢——尽管它们并不要求——超清洁的替代性燃料。即使一个小型的轻质廉价油箱都能够储存足够的液化天然气或者氢气，以供长途驾驶使用，并且如果用氢气作为汽车燃料且相同路程仅消耗目前汽车所需燃料的 1/10 的话，氢气的高成本就是无关紧要的。液体燃料也源于可持续农场或森林废物，完全可以为这些高效率的汽车供能，而不需要特殊的农作物或者化石碳氢化合物。另外，超级汽车上的太阳能电池能够反复为其机载能源储存器进行充电，以使其能够在不发动发动机的情况下为一个标准的南加州通勤周期路程供给足够的能量。

即使是一辆使用传统燃料、没有太阳能推进的超级汽车，也能够比为电动汽车提供电力的发电厂排出的污染物更少。因此，即便在洛杉矶的空气污染区，超轻型混合动力汽车也比所谓的零排放汽车（zero-emission vehicles, ZEVs）（实际上"到处排放"，主要源自沙漠中的高灰煤燃烧发电厂）更加清洁。这才符合零排放汽车的要求，而且将来就会成为真正的零排放汽车。去年 5 月[②]，加利福尼亚空气资源局（California Air Resources Board，CARB）重申了其具有争议的 1990 年要求——一些东北的州也愿意实行这个要求。

---

①② 原书如此，并未提及具体年份。——编辑注

这个要求就是，零排放汽车的销售量应从 1998 年占新车销售量的 2% 提高到 2003 年的 10%。之前，这种零排放汽车被认为只包括电动汽车。但是，加利福尼亚空气资源局官员牢记超级汽车的承诺，正在考虑扩大零排放交通工具的定义，将包括更清洁的交通工具。这种可供选择的符合规定的路径为超级汽车企业家和清洁空气政策带来很大的激励：每一辆汽车都将变得更加清洁，而且人们将更有可能购买超级汽车，而不是电动汽车。即使在低温状况下，超级汽车也可以通过提供高有效载荷、无限的续驶里程以及高性能，超越电动汽车的缝隙市场限制。

这个结果使得加利福尼亚零排放（ZEV）指令颇受讽刺。起初，汽车制造商们因该指令带来的痛苦纷纷反对，他们担心人们不会购买足够多的昂贵的、续驶里程有限的汽车，这样他们的销售任务就无法完成。商业报刊嘲讽加利福尼亚试图将科学技术发展拉拽到一个不切实际的方向上。然而，这个幻想出来的指令正在为我们所面临的困境创造解决的方案。就像航天航空、微型集成电路片和计算机产业，超级跑车将成为一个施加压力推动技术进步的政府努力引导美国创造力的巨大力量的产物。因为加利福尼亚零排放汽车指令恰恰可以从根本上促进电动动力技术的进步，从而为超轻结构与电动技术的结合创造了条件。这种超轻结构与电动技术结合在一起而生产出的汽车，我们称为超级汽车。

超越铁器时代

通用汽车和瑞士汽车原型中使用的可塑复合材料，相比于金属材料就有得天独厚的优势，现在已经被广泛运用于汽车制造。现代的钢铁汽车每磅的花费已经比麦当劳 1/4 磅的汉堡的花费还要低，巧妙地满足了经常性相互冲突的需求（不但要求高效性而且还要求安全性，不仅追求动力强大而且还追求清洁）；钢铁是无所不在的，而且我们也非常熟悉。钢铁的制造是人类社会的一次重要进化。然而这种标准材料可以被迅速取代——就像历史上的其他事件一样。在 20 世纪 20 年代，美国汽车车身是木质结构，很快就被钢铁所取代。今天，复合材料已经被广泛运用于轮船制造，并且将很快被运用于航天航空事业中。从逻辑上说，下一个对象将是汽车。

推动这种转变的是设计、加工、制造和修整钢铁汽车的巨大资金成本。一个新的汽车模型需要 1 000 名工程师花费一年的时间来设计，另一年的时间制造价值 5 亿美元的汽车大小的钢模，这些成本将需要许多年才能够收回来。反过来，这种僵化的加工方式需要大规模生产，如果产品出现滞销现象，将使得公司的投资血本无归，并且会通过产品生产周期将财务风险放大至未来。这种财务风险是市场无法预测到的。该过程的运行方式是一个惊人的成就，但是它在技术上是非常复杂的，在经济上也是非常冒险的。

复合材料必须设计成完全不同的形状。但是它们的纤维却能够一起承受压力，相互交织以分散这些压力，就像家具与它们的木材纹理一样。碳纤维能够达到与钢铁相同的强度，但其质量却只有钢铁的 1/3 ~ 1/2，而且，在很多用途上，其他纤维，如玻璃和芳香聚酰胺，都与钢铁一样好甚至优于钢铁，而且其价格比钢铁便宜 50% ~ 85%。但是，复合材料的最大优势是在生产过程中。

在一辆典型的钢铁汽车的成本中，有 15% 源自购买钢铁；其他 85% 源自塑型、焊接和磨光。但是复合材料和其他可塑合成材料从模子中出来时，实际上就已经是所需要的形状和造型了。而且大型的、复杂的部件可以被做成一个整体的模块，从而可以将零部件的数量降低至目前常规数目的 1%，装备劳动和生产空间也大约可以减少至 10% 的水平。这种质量轻、易操作的零部件可以精确地相互匹配。涂漆是汽车制造中最困难、污染最严重且代价最高的步骤，几乎占到了车身需要涂漆的钢铁部件的成本的一半。通过在模子中进行上色，可以减少涂漆这一步骤。除非被回收利用，复合材料实际上可以永久使用。它们不会产生凹陷，不会生锈，不会剥落。它们也允许进行有利的汽车设计，包括无框架硬壳式车身（像鸡蛋一样，外壳就是其结构），其无比坚固的外壳将提高操作的稳定性和安全性。

复合材料不是通过工具钢冲压模具的多次冲压来加工，而是通过简单的由涂层环氧树脂制成的成型模具，就能够被塑造成想要的形状。虽然这些模具比工具钢模具损坏得更加迅速，但是它们的价格十分低廉，因此即便它们缺乏耐用性也无关紧要。每个成型模具的加工费用大概是钢模具的 1/20，因为需要的配件非常少；每个部件都只需要一个模具，而不是 3 ~ 7 个模具作为后续打磨之用；而且模具材料和构造也非常便宜。立体平版印刷——

一种三维模式，可以在一夜之间将设计师电脑中的图像直接塑造成复杂的立体物品——可以极大地缩减加工时间。事实上，环氧树脂工具使用寿命短是一个基本的战略优势，因为允许模型根据产品差别化和市场迅速变化的需求，迅速改变并且不断提高性能。这是一个设计团队小组的战略、小型生产可以实现的条件，可以适应市场在几周或者几个月内出现的变化，进行快速试验，使得生产具有最大的弹性，同时使得财务风险最小化。

这些优势共同抵消了复合材料显而易见的成本劣势。尽管不断增长的产量使得制造商能够将碳价格压低到原来价格的 1/2 或者 1/4，但当前，每磅碳纤维的成本仍大约是每磅钢板成本的 40 倍。然而，批量生产的复合材料汽车的成本，无论是在产量低的情况下（如保时捷），还是在产量高的情况下（如福特），可能与一辆钢铁汽车的成本相当或者更低。重要的并不是每磅材料的成本，而是每辆汽车的成本：高昂的纤维价格被更加便宜、更加富有弹性的制造方式所抵消。

竞争策略：转换方式

超轻混合动力汽车并不仅仅是一种新的汽车种类。它们可能也采用全新的方式进行生产和销售。在产业和市场结构中，它们将与今天的汽车有所不同，就像电脑不同于打印机、传真机不同于电话、卫星寻呼机不同于快马邮递（Pony Express）业务一样。

诸多国家的许多人和企业开始意识到超级汽车意味着什么；至少十多个有实力的企业实体，包括汽车制造商，都想销售这种汽车。这意味着一个前所未有的大规模改变将迅速发生。如果将这种改变视为一种威胁而不是一个应当把握住的机会，关于超级跑车的革命将让美国失去数以百万计的工作机会，上千家企业可能倒闭。汽车制造业和其关联企业雇佣了 1/7 的美国工人（欧洲一些国家甚至接近 2/5）。汽车消费占到美国消费者支出的 1/10，使用了全国接近 70% 的导线，大约 60% 的橡胶、地毯料、展性铸铁，40% 的机械工具，15% 的铝制品、玻璃制品和半导体，以及 13% 的钢铁。地方自力更生研究所创始人之一，大卫·莫里斯（David Morris）发现，"汽车制造业是世界上第一的产业，世界第二大产业为其提供燃料。美国最大的 10 家产业公司不是石油公司就是汽车公司……最近英国的一项预测总结到，世界上一半的收入可能与汽车或者货车相关"。超级汽车的前景无论是极其可怕的还是令人振奋的，都依赖于我们如何正确地理解和探究其意义。

超级汽车成本的分配将与其生产一样具有革命性的特点。平均说来，目前汽车的售价在其生产成本的基础上增加了50%（其中包括利润、工厂成本以及保质期维修成本）。但是廉价的加工程序可能会在很大程度上降低超级汽车在最优生产规模上的生产数量。可以直接从当地的工厂直接订购汽车，而且从下单到送货到户只需要一到两天的时间。（丰田公司目前超级汽车的生产时间仅比其在日本的钢铁汽车生产时间多几天。）通过从根本上进行简化并使其变得超级可靠，这些汽车可以在即插即用电话这一远程诊断手段的辅助下由技术人员进行上门服务（目前福特在英国就是这样做的）。如果这对于邮购价值1 500美元的个人计算机来说是可行的话，那么为什么对邮购价值15 000美元的汽车就不行呢？

这种及时生产的方式将削减库存、储存和销售费用，以及为了处理与市场需求不匹配的多余库存而实行的折扣和部分退款。在很大程度上，目前的高价格可能无法延续，因此即使超级汽车的制造成本比现在汽车的制造成本高很多（很显然，可能并不会），其价格也可能与目前汽车的售价一样或者更低，而且此时厂商还是有利可图的。

美国目前在初创企业活力和所有需要的技术能力方面都处于领先位置。毕竟，超级汽车更像是带有轮子的计算机，而不是带有芯片的汽车；它们是软件方面的问题，而不是硬件方面的问题，并且竞争将有利于那些创新的企业，而不是规模较大的企业。比较优势不在于多么高效的钢压模机，而在于最迅速地学习系统整合者，比起克莱斯勒公司或松下集团，它更在于像惠普公司和康柏公司这样创新的制造商，在于像微软公司和英特尔公司这样的战略要素生产者。但是即便是大型的实力雄厚的企业可能也会遭遇巨大的挑战：比起钢铁汽车，超级汽车的市场准入（退出）壁垒应该要低得多。正如在目前的高科技产业，胜利可能属于那些正在车库里东敲西打的、机智的、充满渴望的、航天航空未知领域的工程师们，他们将是下一个苹果和施乐的创始人。

所有这些，对于当前大多数汽车制造商来说，可能都是陌生的。他们的汽车生产的概念并不属于复合材料塑造/电子/软件文化，而属于开模/钢铁压铸/机械文化。他们对重金属情有独钟，而对质量轻的合成材料视而不见；他们对大规模生产坚信不疑，而对信息置若罔闻。他们的企业专注、实力雄厚而且常常具有社会意识，但是他们却沦为了过去支出的囚徒。他们将这些历史投资视为摊还的资产，违背经济原则，去花冤枉钱。他们拥有数百亿美元，数不清的心理投资，却致力于压铸钢铁。他们了解钢铁，想着钢铁，并且推测人们喜欢钢铁。他们像抽象艺术一样设计汽车，然后采用一种最糟糕的方式来生产这些汽车，而不是采用在战略上极具优势的材料以最好的方式来制造，然后设计汽车以适应这些制造方法。

大型计算机产业的衰落应当教会我们，我们应当生产出更好的产品来替代我们自己的产品，而不是等别人生产出更好的产品来替代我们的产品。直到目前，很少有汽车制造商重视这种威胁的严酷性。他们的战略似乎是在未来数十年继续采用落后工具和技能，眼睁睁地看着成本不断上涨，市场份额不断缩减，延迟任何基本的创新活动，直到所有的执行官到了计划退休的年纪——并且天真地希望他们的竞争对手并不会先他们一步行动。这是赌注型战略，因为任何一个强大的对手都可能将公司逐出市场，而且这个公司甚至可能并不知道谁是其竞争对手，直到大势已去，无法挽回。新一代汽车合作伙伴是一个激励性的而不是胜利的、风险可控的战略，即跨越式发展到超轻混合动力汽车。

令人鼓舞的是，目前一些汽车制造商的一些迹象表明，他们已经了解这个问题。在接下来的几个月中，新一代汽车合作伙伴将在底特律擦出新的思想火花。这个行业中众多富有想象力的工程师发现汽车效率的进一步提高应当比之前更加容易，因为它们并不是来自一点一点地减少质量，而是来自跳出一个发展陷阱。尽管好的超轻混合动力汽车需要优雅的简洁设计——这当然是很困难的，但是通过它，将超级汽车效率提高10倍可以比将目前汽车效率提高3倍更加容易。

这场酝酿中的变革，从外部是看不见的，因为汽车制造商已经学会了最艰难的事——保持沉默。长期以来，他们被要求实现他们承认能够做到的任何事情，这一段不太愉快的历史已经使他们"羞于"向外界尤其是向国会透露他们的能力。追求创新的企业将不会乐意将这些告知他们的竞争对手。企业都天生就有开展任何可能业务以及追求政治授权的欲望，而对传统的对手（例如媒体、政治家和环境保护主义者）采取隐瞒的策略，他们认为一旦他们透露的信息被滥用或者得不到任何报答，他们将付出高昂的代价。这样，汽车制造商就更可能默默地了解这一进程，而不是大肆宣传。同时，三大巨头的进程也都不同步，而且也尚处于内部阶段，只具有相对的优势：他们之间的暧昧关系将已经存在的进步和惯性作用所带来的快速变化融合过程掩盖起来了。仅有一部分执行官认为超级跑车符合战略逻辑，能够为公司业务的转变，尤其是从根本上缩短生产周期、降低资金成本以及控制财务风险，带来一系列好处。透过分散注意力的迷雾，将重点放在修复短期经营中存在的缺陷，这对忙碌的管理者来说是非常困难的，但又是至关重要的。快速的文化变革正在逼近，例如通用汽车在去年2月3日[①]宣布其公司政策包括环境责任经济体联盟（Coalition for Environmentally Responsible Economics，CERES）原则，即之前的瓦尔迪兹原则（Valdez Principles）——环保人士的标准。

无作为的代价

超级汽车的潜在公共利益是巨大的，包括石油替代、能源安全、国际局势稳定、缩减军事花费、贸易平衡、气候保护、清洁空气、健康和安全、减少噪声以及提高城市生活质量。如果超级跑车被迅速而又熟练地开发出来，它也可以推动一场产业复兴。这对众多产业来说都是一个好消息（许多产业目前都在缩减），比如电子、系统集成、航天航空、软件、石化以及纺织（可以提供自动化的纤维编织技术）。在美国劳动力市场、企业管理层、政府部门和智库中，能够引导这场变革的人才很多，但是这些人还没有被动员起来。这种扬扬自得的心态可能要付出沉重的代价。

汽车和轻型货车使用了全国37%的石油，其中大约有一半是每年花费约500亿美元进口而来的。最近，我们美国人将我们的儿子和女儿放在0.56 mpg的货运车中和消耗每加仑燃油上升17英尺的飞机中，而不把他们放在32 mpg的汽车中，尽管我们什么也没有做，但这足以减少美国对从波斯湾进口的石油的依赖。当然，在海湾战争中，利益攸关的不仅仅是石油，但如果科威特只盛产花椰菜的话，我们不可能派遣50万大军去那里。即便在

---

① 原书如此，并未提及具体年份。——编辑注

和平年代，我们支付给波斯湾石油出产国的直接花费——大多数成本并不是源自石油钻取，而是每年支付的 500 亿美元的税收以用于军事，以便对海湾进行干涉——接近于每桶原油 100 美元，这无疑是世界上最昂贵的石油。

如果我们在 1985 年之后能够像 1985 年之前的 9 年那样有效地节约石油的话，我们就不需要从波斯湾进口石油。但是我们没有这么做，而且仅在 1993 年一年额外的石油进口就花费了我们 230 亿美元。从 1977 年至 1985 年，我们从海湾进口的石油减少了 90%（主要是联邦政府出台的标准，极大或者全面导致了新车能效从 1973 年到 1986 年翻了一倍）。然而现在进口石油量正再次逼近历史最高值——国家 12 年来石油政策的直接后果，主要是由于能效标准的放松、过度补贴和第七舰队。

因此，国家风险依然很高。即使新一代汽车合作伙伴项目开始重新激发底特律的冒险精神，超级汽车仍然面临着重重困难，这不仅体现在汽车产业的内部文化上，而且体现在市场的制度化上。无论这些超级汽车的优势最终是否会让对它们的选择变得理所当然，这种变革既不会破坏和粉碎产业区域和劳动市场，也不会减缓美国经济复苏，使得节约石油而带来的战略利益变得不稳定。汽车制造商应当被给予强烈的动机去全面实施这项跨越式的战略，而且应当鼓励消费者去购买节油汽车，尽管他们在这个瓶装水都比汽油贵的国家缺乏购买节油汽车的兴趣。

市场调节和公共政策

经济学家、环保主义者和三大巨头开出的常规药方——尽管在政治上看来，似乎都是自杀式的——强制征收汽油税。经过激烈的讨论，国会最近将每加仑汽油的税收提高了 4.3 美分，使得汽油的价格，在扣除通货膨胀因素后，达到整个工业社会和美国历史上的最低价格。然而，在西欧以及日本，税收将汽车燃油的价格提高到了美国长期价格的 2 ~ 4 倍，但收效甚微。汽油的价格从每加仑 2 美元上涨至每加仑 5 美元，使得行驶里程数量略微减少，但是比起新型汽车所带来的效率提高，显然作用不大。新的德国和日本车可能没有美国车的效率高，尤其是在将性能、大小以及风格等因素考虑在内后。昂贵的燃油对购买高效汽车的促进作用极其有限，因为燃油价格信号被拥有和驾驶一辆汽车的其他花费所稀释（在今天的美国，比例为 7∶1）。同样，燃油价格信号也被购买汽车所获得的高消费折扣率所削弱，并且常常被公司所有的汽车和其他许多削减驾驶员汽车方面花费的价格失真所破坏。

可以通过加强政府效率标准来解决市场失灵。尽管设置标准是有效的，但是后续的实施却很难，这就导致一些厂商可以逃脱标准的限制。而且标准在技术上看来是静态的，无法促使制造商继续进步。令我们欣慰的是，至少有一种以市场为导向的选择是可能的，那就是"费用补贴（feebate）"。

在费用补贴系统中，当您购买了一辆新车，您就会支付费用或者获得补贴。费用支付多少，如何补贴都将取决于您新车的能效。年复一年，收到的费用可以用来支付补贴。［这不是一种新的税收。在 1990 年，加利福尼亚司法部同意，以 7∶1 通过了一项"Drive+"费用补贴法案，尽管即将退休的地方长官乔治·德克梅吉恩（George Deukmejian）反对该法案。］更好的是，对一辆高效的新车的费用补贴可以基于其相对已经报废的旧汽车（不再进行交易的）效率提高了多少。每加仑燃油行驶 0.01 英里的差别将支付一辆高效的新车 5 000 ～ 15 000 美元的费用补贴。这项政策使得高效的清洁汽车行驶在公路上，而使得非高效的、污染严重的汽车离开了道路（1/5 的旧汽车产生的空气污染物就占整个汽车排放污染物的 3/5）。这种"加速报废"举措的众多形式将鼓励竞争，而底特律市场也因此带来高效率的汽车生产并创造了一个缝隙市场来销售它们，从而获得了回报。费用补贴甚至可能打破长期困扰美国的政治僵局。长期以来，美国关于提高燃油税率还是实施严格的燃油效率标准的辩论毫无结果，仿佛政府政策只有这两种选择，而微小、缓慢的进步只可能依靠技术。

也许，人们会购买超级汽车，就像他们从塑胶唱片过渡到激光唱片一样，仅仅是因为这些产品更加高级。通过比较，超级汽车会使得目前最复杂的钢铁汽车显得笨重和过时。如果这种情况发生了，汽油价格将变得索然无趣。学者之间关于价格弹性大小的这种无多大实际意义的辩论将不复存在。世界石油价格将经历短暂的剧烈下跌，因为超级高效的交通工具节省的石油与 OPEC（石油输出国组织）目前钻取的石油一样多。费用补贴仍然将在加深这种变化和回报底特律迅速适应方面保持有效，但是这可能并不是必需的。这种超轻混合动力汽车将横扫汽车市场。然后将发生什么呢？

然后我们将发现超级汽车并不能解决太多的人驾驶太多的汽车行驶太远的距离这个问题；事实上，它们会使这个问题变得更加严重，因为它们使得驾驶更具吸引力、更加便宜，而且使得额外驾驶 1 英里的成本几乎为零。拥有清洁的、宽敞的、安全的、可回收的、利用可再生燃料的 300 mpg 汽车并不意味着 800 万纽约人或者 10 亿无车的（still-carless）中国人能够驾驶它们。驾驶员不再害怕将汽油和空气消耗殆尽，但是他们肯定会将道路完全堵塞，从而造成时间浪费，同时使他们失去耐心。要避免这个问题，我们不仅仅需要更大的汽车，还要能够让这些车在大部分时间里停在家里。这反过来又要求所有接入模式的真正竞争，包括那些可以替代身体移动的方式，比如通信。它们最好的一面已经符合我们希望的模样——只能通过明智的土地使用来达到。

这种竞争需要一个价格真实的水平竞争平台，因此驾驶员（以及其他任何人）将得到与他们付出相当的回报，同时为他们所得到的支付代价。但是成本最小化的选择是与汽车相关的基础建设的社会化融资，比如道路和公园，但如今却被中央计划所限制，同时可供选择的模式必须在很大程度上按他们自己的方式进行支付。令人欣慰的是，新兴的政策工具能够在所有接入模式中形成公平的竞争机制并促进其完善。一些政策工具甚至会使得市场陷入"负的里程（negamiles）"和"消极的旅行（negatrips）"，在此，我们可以发现我们应当为人们支付什么，以使他们能够减少驾驶里程，以至于我们不用修建更多的公路，不用花费大量钱财去修补这些公路，不用遭受堵车和污染。堵车费、分区制改革、停车费用补贴、加油时支付汽车保险、通勤—效率抵押，以及一系列其他吸引州、地方以及企业体验者的创新措施。然而，在我们的社会发展到我们不需要驾驶汽车（因此也就不需要改革）之前，只有基本的、全面的交通和土地使用改革同超级跑车战略一同实施，汽车才可能出现明显的良性发展。

如果本文中所描述的所有技术和市场逻辑几乎正确的话，我们所有人都将经历工业历史上最刺激的冒险之一。同时，无论我们是否有智慧去建设一个值得在其中驾驶的社会——一个以人为本的，而不是以汽车为本的社会——我们都将面临更加巨大的挑战。正如 T.S. 艾略特的警告所言，"即使有 1 000 名警察在引导交通，他们也不能告诉你为什么你来到这里，未来你将去到何处"。

作者的注释

因为本文写于 1993 年年末，因此许多事情已经发生了变化。我们曾经用来促进汽车能效的通用机械简单模型被证明是将超高效汽车的效率夸大了 2 倍之多，但是插电式混合动力汽车在 2010 年 11 月进入了主要汽车制造商的展览厅，大致弥补了上述错误，而且其技术数据被证明是有效的。我在 1993 年提出了"超级汽车"的概念，7 年之后，汽车产业大约花费了 100 亿美元用于该车型的研发，使目前随处可见的轻型混合动力汽车（由福特、尼桑、奥迪和中国产业引领）成为一个迅速传播开来的战略焦点。1999 年，RMI 成立了超级汽车公司，该公司在 2000 年与欧洲合作伙伴共同设计了一款实打实的 67 mpg 中型大小的 SUV（燃烧氢气的话为 114 mpg），分别是一般能效的 3.6 倍和 6.3 倍。就在我们寻求生产资金的时候，资本市场崩溃，但是这种高度整合的设计仍然影响巨大。2004 年，我们展示了一年来花费额外成本制造的汽车的投资回报（仅仅因为这是混合动力汽车——超轻型其实是无额外成本的）。2007 年，丰田汽车展示了其第一辆主流汽车制造商的概念超级汽车——碳纤维 1/X，汽车的内部空间与普锐斯一样大，但燃油消耗只有其一半，质量只有其 1/3〔926 磅（lb），带额外的电池，使得其成为插入式混合动力汽车；或者符合我 20 世纪 90 年代早期的预测，880 lb，不含额外的电池〕。在这之前一天，顶级碳纤维制造商东丽（Toray）公司宣布成立一家工厂，为丰田汽车公司大量生产碳纤维汽车部件。本田和尼桑在 2008 年也签订了类似的协议。2010 年，当东丽、丰田汽车以及三菱丽阳宣布将使这一业务商业化时，梅赛德斯也签订了相关协议。在 2005 年前后，超级汽车公司更名为纤维锻造公司（Fiberforge），并且为性价比高的、一分钟周期的碳纤维复合材料结构研发制造技术。现在该技术已经商业化，被应用到航天航空、汽车行业以及全球其他企业。2009 年，RMI 的另一家独立新公司（Brightautomotive）展示了一辆 3-12X 更加高效的、铝合金加强版的商务车原型。不同于其他插入式混合动力汽车，该车型不需要补助，因为它减少了质量和空气阻力，使大部分昂贵的电池可以不用装配。这样，到 2010 年，我们在 1993 年 5 月所设想的跨越式发展已经开始并突然加速。令人遗憾的是，正如我们所提醒的，三大巨头中的其中两个没有适应这种变化，甚至直到今天，政府的政策也才刚开始实施，试图能够赶上去。

注释

* 来源于《亚特兰大月刊》（*The Atlantic Monthly*），1995 年 1 月。本文已获得艾默里·B. 洛文斯及美国洛基山研究所和亚特兰大杂志的翻印许可。

第五部分　概念

19 观念的可持续性

知识及人类利益

——克莱尔·科尔布鲁克

关于气候变化的研究——一个由政府研究计划、大学机会主义以及即将到来的与全球变暖和资源枯竭相关的危机三方推动的迅猛发展领域——总体上来说，是由"自然"科学（地理学、地质学、物理、生物化学、生物学、基因学）和社会科学（地理学、心理学、政治学、人口统计学、社会学、经济学）所组成。作为大部分主流研究的结果，将气候变化研究与人文学科相关联的学术机构正在致力于对气候变化所引发的问题进行研究和理解。在思考为何所有与气候变化相关的人文科学都会受到质疑之前，我想开展一系列的考量。

首先，关于气候变化研究的自然科学和社会科学的结合——尽管跨学科研究网络将它们聚集到一起——仍然在不同领域保留着学科边界。当然，有些学科——地理学、心理学——从某种程度上说既属于自然学科又属于社会科学，但即便这样，学科内部的分工也预设其属于人文科学。正如米歇尔·福柯（Michel Foucault）在《事物的次序》（The Order of Things）一书中所谈到的，学科间的区分并非简单的劳动区别，比如选出一门单一学科，如 19 世纪自然历史，然后将信息收集的各种实践活动按不同学科进行分门别类：自然科学和社会科学或者人文科学之间对"人"这一独有的知识对象所各自具有的不同理解，使什么是对、什么是错常常发生戏剧性变化。[1] 比如说，福柯认为我们并不能将自然历史视为生态学或生命科学的前奏。我们不能将亚当·斯密（Adam Smith）的财富理论视为经济学的紧密先锋；我们也不能将语法理论视为语言社会学的相近品种。

要弄清楚这些新的学科分类如何创造出奇特的全新的知识客体——人类，我们需要着眼于眼前。最主流的经济学理论，比如对政府政策起着直接影响作用的《怪诞经济学》（Freakanomics）[2]，或者芝加哥学派理论（the Chicago school theories）都假设了某一特定的人的概念。[3] 正如《怪诞经济学》理论所假设——我们总是不时地错误判断自己的"选择"对幸福度所产生的影响（比如我们受到特价促销的诱惑而每天多用在买咖啡上的花销并渐渐形成习惯）；又或者我们天生就是竞争性的自利动物，如果让我们自己靠自己，那么效能最高的个体会升至顶层主宰，而其余的芸芸众生将从经济的繁荣中获益。作为社会科学的经济学所假定的是"利益主体"（subject of interests）[4]：仅仅关注货物和价格之间的关系是远远不够的，还应当关注人类行为，尤其是当人类对其自身的行为缺乏足够重视时。

福柯指出，亚当·斯密的《国富论》（*Wealth of Nations*,1776）解释了人类劳动如何生产出商品，商品如何交换，货物流通体系如何保持稳定从而使各方获利的系统。[5] 当卡尔·马克思（Karl Marx）得出关于劳动的理论时，人类社会正面临以下问题：我们也许会问，为什么人类会劳动并进行交换呢？马克思认为，答案以人类的特性为先决条件：我们必须劳动，以科技为基础进行集体劳动，来满足我们的需求。反过来，这也解释了意识形态的存在。由于我们建立的相互关系由某些力量所决定——生产力的差异使得某些个体比另一些个体受到更多的生产奴役。这些差异决定着我们的社会属性，就算人们没有直接体验，也能从后续事实中解读出生产力差异所造成的影响。比如，马克思关于意识形态的理论就建立在对我们赖以生存的社会关系进行解读的基础上：我们所经历的看似自然而寻常的事——我为雇主打工，雇主为我的时间支付报酬——应当被视为一个历史过程的产物来进行理解，即那些掌握生产资料的个人（比如工厂主）可以从他们所获益的个人那里购买劳动力。[6] 人文科学，比如经济学，并不只是对货品的流通进行列表解析（正如亚当·斯密在《国富论》中所做的）；它们对诸如人类利益等进行假设研究，从而解释交换系统。

其次，在人文科学中，"人"这一产物也将产生人性的可能性。我们不仅有社会科学，通过"生活、劳动和语言"[7]的结构对社会系统形成的影响来对其进行研究，我们也有各个人文学科，通过对人类文化产物的考察作出解释，从而将"人"这一概念预设为历史性的、社会性的和具有生产力的动物。根据他所处年代的知识实践，福柯对构筑任务科学的某些关键理论持有批判性态度，比如现象学、结构主义和精神分析学。[8] 这些方法能对文化产物进行研究；同时，假设福柯所指的人具有"经验—超验"的双重性。人类是经验主义的存在，其语言、社会关系和身体习惯都由与其环境相关的物质关系所决定；但是，人也能对这些物质力量进行分析，从而"解读"自己之所以成为如此特殊的社会产物的途径。比如精神分析学就讨论了只有当我们的欲望以某种可接受的，受社会约束的方式存在时，人类才能得以存在和生活。然而，我们也可以经常研习这类社会规则来理解和领悟类似的欲望。现象学也同样坚持认为，只有我们使我们自己和我们的世界有意义，我们才真正存在；我们应当把自己的所有行为——从日常习惯到杰出的艺术行为——视为一种社会生产模式。结构主义将语言、文化和社会关系视为对秩序的超验主义需求的产物：社会秩序的特定形式是以经验为基础的（或者说与这种或那种社会形式如何存在有关）；但是，社会必须要有某种规则模式，这是任何一种文化都有的特征。

我们可以停下来，看看这两个要素是如何为气候变化研究提出问题的。看看自然科学和道德科学的区别如何改变我们对气候变化的研究方式（某些建立在自然科学基础上的研究可能会对不同的人产生不同的影响），同时，这些区别如何产生出特殊的理念以使我们开始考虑阻止气候的变化？

首先，只要我们假定某个事物为社会科学，以此与自然科学有所区分，那么，我们不仅会对其数据（比如地球科学发现的全球变暖的证据）和社会影响（比如社会地质学家所做的工作，他们计量性别、阶层、种族是如何对气候变化产生不均衡、不平等的影响）进行区分，还会假设一个利益主体。人们认为存在一个由物质力量和约束条件构成的物质世界，而这个物质世界是我们所存在的背景、环境或气候。气候这一概念源自表层和住所的概念，且可能是其中最为生动的表达。因此，气候变化指的是一种材料和物理现场，这种现场有可能是指被视为商品和数据的物质资源（自然科学的理论），或者被视为能改变我们生产方式和政治形态的抑制性和决定性条件（人文科学的理论）。"气候"这一词汇，原本指的是某一特定范围，表示人类生活的不同模式，可是一旦我们谈到"气候变化"或遇到诸如"气候"的事物，我们也会产生出类似人性的概念。也就是说，如果现在我们有一个单一条件，它并非特指某一具体"气候"或领地，而只是一个适用于所有生物的单一条件，那么就一定有某种类似生命的普遍概念的物种将会受到威胁。

其次，人性特定的可能性有可能得以释放。乍看之下，这种可能性也许会创造出无论从自然科学角度的物理存在还是从人文科学角度的社会体系来看都截然不同的事物。如果政治理论、经济学、社会学能够探究气候变化造成的影响，能够搞清楚建立在不同民族、社会团体、种族和性别基础上的气候变化政策——如果这些社会科学也能解释气候变化的非物理方面，比如在不必承受缓解策略条件下发展国家和人民以使生产最大化的需求——

这些科学理论所做不到的是，它们无法获悉气候变化的意义：它是如何因"我们"而产生，那些理解模式和文化产物促使了气候突变并导致我们对自己所赖以生活并得以被创造的环境的藐视。以上就是人文学科可能或者说已经进入环境变化研究的例子。人们或许会说，人文学科总是以气候变化研究的形式出现：人文科学常常从利润、消费和能源最大化角度出发，将周遭环境视为众多原材料的集合而非需要关怀的个体从而定义人文或者"人类"。或许我们可以这样理解，人文科学总是将地球看作气候或者环境——我们存在的家园，或者我们无法回避的领域和环境——却从未将地球看作仅仅是材料、物质或者潜在能源的集合。人文科学诞生于充满人性化的使命，对"自然"科学所反映的理性世界作出反应。早在 19 世纪末 20 世纪初，人类进行第一次关于英语学习的规划构想时，充满人性化的主题便诞生了。这一主题是关于在日益世俗化和理性化的社会里发展道德框架，并且时至今日还不断反复倡议发扬由生活和实践所引导的人文科学，而非资本主义和全球机械化引导的人文科学。[9] 到人文科学真正开始关注生态评论和环境哲学时，我们便可以利用丰富的物质财富来展示，我们首先是生态的存在。而这一认知或许在气候变化研究（与人文科学相关或不相干）成为科研重点时有所改变。

再次，环境哲学——尽管对这一领域的归纳涉及众多复杂因素——对那些被视为构成西方形而上学的基础理论作出批判性回应：这一哲学思想认为，我们是自主性的"主题"，我们与世界的关系是某种体现（知识）或使用（对仅仅被看作原材料集合的世界的使用），而这种关系必须被关怀、体贴和尊重所取代。标志着西方思想的人道主义（humanism）和人类中心主义（anthropocentrism）需要让位于一种与环境间的新型关系。这样的转变不会是对我们价值观和氛围的彻底切换。更加重视环境，把它看作更重要的价值，不应该存在任何问题。我们应该把尼采的观点看作对价值观的重新评估。[10] 我们应以批判手段／目的的合理性，而非工具理性或公共设施为基础创造价值观，也不是通过物品或行为对实现我们目的的功效来判断其价值。我们不能因为所有有效的方式都以其当前模式服务于人性的保持，就假定它们都是合理的。至少，我们应当把价值观和"人"这两个概念区分开来。比如，我们赋予非人类（动物、树木、生态系统）权利，或者我们质疑权利的概念和授权，从而形成共同关怀、相互照顾和深层生态关联等价值观。另外，生态批判坚持改变我们的思维结构，将其从工具化的（或者说使用导向的）、认知性的关系转变为我们赖以生存的世界。生态批判揭露出含蓄的、长期的与自然间的复杂关系意识，这些意识我们可以从正典文学中得以发掘。[11]

尽管很多假设明确地表示人类获得了世界众多资源财富的所有权，但生态批判类文章总能展示出各种途径来唤醒人类意识到，地球并非仅仅物质存在，它更是一个生态环境，一个意义重大的所在，它对我们无比重要。同样，和环境哲学一样，我们也不能把生态评论减少至一套标准规则。人文学科通过某些途径来预期当前各种不同的气候方式，而将这些途径统一结合的便是它们的目标和核心概念。所谓目标是指将人类看作自给自足、以理性为主的生物的概念，它认为人与世界的最理想的关系就是索然无味或不抱幻想的知识；而从环境和生态到空间特权，对核心概念的使用以及关怀、体贴、债务和最重要的生命等概念都有助于从建立在个体和物质基础上的哲学转移为更具相关性、同情心以及最终更与意义相关联的思想模式。也就是说，永远不存在这样一个世界，在其内部我们不得不自我管理和量化，因为"我们"存在且有自我感知，我们拥有一个总是根植于且生成未来可能性的完整世界（其中包括其他超越我们自己的时间线和潜在因素）。

或许这种对西方知识的批判关系最强有力的模式来自洛夫洛克（Lovelock）的盖亚假说（Gaia hypothesis）。洛夫洛克在其中坚称对自然采取一种完全不同的态度，并且"自然"不应再被视为一个值得我们更多关怀的不同对象。相反，盖亚假说将世界描述为一个单一的结构，因此人类生活无法被置于其内或与之发生关联，因为人类生活只是错综复杂、活力四射、相互作用、自我平衡的系统中的一方面而已。[12]盖亚假说对关于人类和他们与环境间关系的传统理论提出了挑战。它表明对气候变化的反应之一需要我们对理论体系进行彻底的重新评估。

我们或许应该考虑一些关键因素。这些能够适应气候变化政策的因素范围从碳总量控制和排放交易（cap and trade）、适应、缓和，到可持续性以及可行性。这些因素仍然是具有管理意义并且非常重要的。当然，碳总量控制和排放交易是对计算框架的直接采用。尽管自然科学不断展现出问题的多变性和复杂性，从而呈现气候变化的各种问题，但政策和磋商都只是围绕一个单一变量（碳排放）进行。关于碳排放贸易的想法不仅（再次）将人类反应置于经济人（homo economicus）的模式之中，它还杜绝了任何关于未来的想法。如果碳排放能够被管理、交易并且维持在"可接受的"程度，那么我们就无法面对那些科学证据。这些证据表明，即使我们对当前的碳排放稍做暂停，其尾端效应也会继续形成严重破坏；持续的贸易假设未来或许在程度上有所不同，或许是当前的延续，也或许在类型上毫无差别。关于碳排放贸易和配额，人们的意识有点麻痹：虽然类似经济的杠杆在进行调控，但一个封闭体系正在逐渐清晰——未来将会不可控且全然改变。人们也许会将此与可持续性、适用性、缓解和可行性看作相似的概念。可持续性是对一种持续性价值的假设：如果仅仅为了生命的延续，人们可以对缓解策略中那些不那么巧妙呈现的含义进行改变。这些概念不仅认同人文学科有权利继续存在并保持其损害限制模式，它们还拥有一个以计算为主的概念基础。气候变化是一个干扰性问题，使我们不在延续当前生活的相同行为方式，因此，我们必须有所改变。这些改变并不一定是充分意义上的全球化；它们也不会改变我们所处的基本或整个系统。它们只是对困境的反应。生活仍然会继续，不受一点干扰——如果我们能更明智、更警觉、更检点、更节俭——但不幸的是，我们如此过度地掠夺自然，想都不多想一秒。因此，我们的反应是为了延伸我们通往未来的道路，不仅为了我们效能的最大化，也为了我们当前的生存，我们未来的生存。

以上所有术语都与吉尔斯·德勒兹（Gilles Deleuze）所提到的广泛的多样性一致：这些多样性拥有预设单位，并由相应当量组成。[13]总体来说，社会科学的可能性是建立在对广泛可能性计算的基础之上：就气候变化研究来说，我们可以调查不同群体是如何对政策或气候灾害产生影响或受其影响的。更重要的是，时间线采用或长或短的模式：我们应该采取哪些措施以更长久地生存？"我们"应当如何作出调整？我们可以减少消耗吗？我们可以更接近于发展中国家的状态吗？未来的后代需要我们承受多大的痛苦和牺牲？所有这些问题都预示着未来或长或短的一段持续的时间.同时,某些潜在的本质共性浮现出来——人类的生命——随时间和文化的不同而不同，或许需要调整，但一定都具有某种可延续的模式。社会科学也许缺乏自然科学激进的复杂性：受社会科学影响的政策和以政策为导向的学术科目都受困于19世纪社会科学研究的起源模式，而进行气候变化研究的自然科学反而已经得以密集开展。在密集研究中，不再是或多或少的当量的问题，而是得以产生不同种类的速度和阈值的问题。气候变化的计算、模型和场景长期受到那些因速度和数量便会改变种类和关系的变量影响，非单一变量（有益的或破坏性的）的影响。不仅存在临界点（或者说是阈值，只要热量多出一度，整个系统就会完全改变）；还存在无法预知的反馈效应和无法计算的不平衡产物。如果社会科学承担起类似的复杂性，那么它们就不得不考虑一种可能性，即它们所发挥作用的构成单位——人文科学和社会科学——可能在某种速度和邻近点上，发生面目全非的类型上的变化。这种变化或许有积极意义，因此人们或许认为气候变化只要以一种更可行的方式维持住，就不会简单地干扰人类的生活，而是将改变"人类"的每一个单位。

那么，我们或许应该重新思考在自然科学和社会科学的区别中所引申出来的"人"的含义：或许这种被赋予语言和历史的生物（在社会性和科技性上发展自己，并将自己作为历史和文化的产物来进行研究和解读）将不复存在。也许人类（受到并正在受历史和社会的影响）将不复存在，取而代之的是地理性的、超越历史和家族意义的物种。或许我们应该思考人文学科的问题，并且相信，尽管环境和政策问题会获益于某些概念的解读，但人类并不是附属于气候变化问题以外的话题。或许现在我们应该从头研究生态理论、环境以及（当然还有）气候问题是如何被人文科学所研究的。也许，因为"人"这一概念与人文科学相关，真正值得我们重新思考的是它。

再次回到福柯关于现代人文科学中家谱的出现这一问题研究上来，我们可以这样回忆：只有在与自然科学严格划分界限，并将社会科学看作社会历史文化的产物时，"人类"才可能成为一个知识对象。如果我们承认人的这一解释，那么人类就可以进一步添加人文学科：在这一学科中，人类不仅将自己看作气候所决定的个体进行研究，还可以对其学术气候进行重新配置，重写其概念和术语。人类可以通过对周遭气候和环境更加熟悉，更加有共鸣性来改变自己。事实上，诸如盖亚假说一类的学说提到，人类可以将自己的整个有机体映射到生命中来。他（人类）不再被与他意愿和知识结构相悖的气候所分裂；相反，他会成为整体中的一部分，这个整体将引领他远离利己主义政策，而投向自然形成的政策。道德和政治——"我们"应当遵循的——将直接遵循这个活生生的星球上的自然准则。同其他任何一个假设自然同情心的理论（然而这种同情心是闭塞的）一样，洛夫洛克的盖亚假说强化了福柯关于生物动力的现代本质，并且维持着广泛和庸俗的对价值的追求。[14] 也就是说，不论如何看待生态、环境、气候和生物圈，最终能够解读这一系统条件，识别其正确秩序，摆脱其单纯的工具性态度并建立正确自律机制的，是人类。

当福柯谈到人类消亡的可能性时，这种对气候、环境、生态以及生物圈（生命在其中得以延续且维持自我）特权的选择就已经成为预兆。我们不能假定为了生命的延续未来只有些许变化：人们可能想知道未来是否也是生命之一。即，那些所有的学科规范，包括数据化的自然科学、自我管理化的人文科学和自我解读化的人性之间的差异，会在无法应对和解决即将到来的灾难时分崩离析吗？假如我们否定生命值得持续是不言而喻的，假如生命不可行，假如生命无法受到调整，那么我们就不会再通过人文科学解读和管理人类。相反，我们会询问，没有了持续性的人类生命，我们如何思考。反过来，这也使得我们更深入地思考气候问题——而这也需要我们不要对已有概念进行改变而是创造新的概念，或者脱离概念去进行思考。简单来说，气候变化"政策"将不得不从政治性的——众多个体的集合对抗维持和调整的通用语言——转化为非政治性的。自我维持逻辑一直坚持将人性看作无法质疑自己存在与否的动物性，而哪种语言方式能够将这一逻辑粉碎、扰乱或者摧毁呢？（人性总是不停质疑其存在的本质——谁是人？——但是却很少质疑其是否存在：即或许它根本不存在。）为了更加仔细地了解未来，我们应该至少从考虑或许引起"我们"不复存在的突变力量的可能性开始。我们对人类生命的理解（由工具理性、自我维持、风险评估、资源管理和着眼于短期效益的交换所构建）将会让位于另一种理论，即我们在未来或许不复存在。

只有当我们将未来视为自我持续的、自我稳定的以及自我适应的，使得我们得以存在，未来才会只有一定程度的改变；当然，这就意味着，除了最终艰难的逐渐好转，我们的生活将没有未来。然而，如果我们持有人类消亡的想法（尤其是根据人文学科所界定的，人性是自我维持的自然界中的组成分子，自然界通过解读自我来进行自我维持），未来这倒有可能。但这不是我们拥抱的气候的未来，领土或栖息地的未来，或者某个环境的未来。如果气候变化的经历被人们体验，那么将会揭示出并不存在这样的气候、生物圈或者环境的未来。不存在所谓的"一个"世界，它像一个有机体一样存在，自我供养，自我维持生命。

注释

1. Michel Foucault, *The Order of Things: An Archaeology of the Human Sciences* (London: Tavistock, 1970).

2. Steven D. Levitt and Stephen J, Dubner. *Freakanomics: A Rogue Economist Explores the Hidden Side of Everything* (New York: HarperCollins, 2005).

3. Johan van Overtveldt, *The Chicago School: How the University of Chicago Assembled the Thinkers Who Revolutionized Economics and Business* (Canada: Agate Publishing, 2007).

4. Warren Montag, "Imitating the Affects of Beasts: Interest and Inhumanity in Spinoza," *differences* 20, 2-3 (2009): 54-72.

5. Adam Smith, *An Inquiry into the Nature and Causes of the Wealth of Nations*, ed. Edwin Cannan (Chicago, IL: University of Chicago Press. 1976).

6. Foucault, *The Order of Things*, 257.

7. Ibid., 345.

8. Ibid., 355.

9. Chris Baldick, *The Social Mission of English Criticism. 1848—1932* (Oxford: Oxford University Press, 1983); Michael Berube and Cary Nelson (eds), *Higher Education Under Fire: Politics, Economics. and the Crisis of the Humanities* (New York: Routledge, 1995).

10. Friedrich Wilhelm Nietzsche, *Twilight of the Idols; and The Anti-Christ*, trans. R.J. Hollingdale (Harmondsworth: Penguin Books, 1968).

11. Jonathan Bate, *Romantic Ecology: Wordsworth and the Environmental Tradition* (London: Routledge, 1991); Jonathan Bate, *The song of the Earth* (Cambridge, MA: Harvard University Press, 2000).

12. James Lovelock, *Gaia: A New Look at Life on Earth* (Oxford: Oxford University Press, 1979).

13. Gilles Deleuze, *Difference and Repetition*, trans. Paul Patton (New York: Columbia University Press, 1994).

14. Michel Foucault, *The History of Sexuality, Volume 1*, trans. Robert Hurley (New York: Pantheon Books, 1978).

20　去主题化

德勒兹与可持续性生活的要素

——杰弗里·A. 贝尔

建筑师、理论学家皮特·艾森曼（Peter Eisenman）在其极具影响力的《十大典型建筑：1950—2000》（*Ten Canonical Buildings:1950—2000*）一书中对德勒兹、德里达（Derrida）及其他学者的思想进行了总结，展示了他们是如何通过现代建筑论证出一项建筑实践是无法被简化到传统建筑实践的二元关系的——也就是主体／客体，图形／背景，实／虚以及部分／整体之间的二元对立关系。[1]艾森曼对德勒兹关于形象的理念，以及德里达所说的要重新思考将建筑看作一项不能降级为非此即彼关系的实践活动都非常关注。同样，艾森曼强调了德勒兹的集合概念，以及集合包括的所有要素都不能简化至传统的二元对立关系（比如，形式—内容关系），"并且这些要素在闭塞的区域封闭化和与之完全相反的连接宇宙的去疆界化之间摇摆"。[2]换句话说，在德勒兹看来，集合试图并努力避免向现行的分层化或者现行的去疆界化（混乱状态）坍塌，避免同一事物的盲目重复或者毫无持续可言的无序混乱。同样，下面将要讨论的建筑集合包括类似的在两个对立面之间的"摇摆"，从而无法简化至该二元对立关系的任何一端。

从可持续性角度来看，德勒兹—瓜塔里（Deleuze–Guattarian）的集合概念同样能够恰当诊断出资本主义的非持续性影响。资本主义作为一种集合形式，同样也在两个对立面之间挣扎。它要么坍塌成坚定购买甚至超出需求量的顾客分层，要么彻底实现混乱和不可预测性，在其之下，资本主义迅猛发展以创造并获得市场和商品。正因如此，德勒兹和瓜塔里在《反俄狄浦斯》（*Anti-Oedipus*）一书中谈到，"精神分裂是资本主义的外部限制"。一个限制型资本主义如果想维持其运行——也就是说，如果它要保持作为一个集合的自我认同，那么这个资本主义就必须不断地变更代谢。[3]在他们对资本主义的评论中——对此他们称为精神分裂症分析（schizoanalysis）——德勒兹和瓜塔里会反复研究一个持续性资本主义的内在不可能性。正如他们在关于这一话题的评论中所说，欲望始终是早已精心安排好的集合好的欲望[4]，而精神分裂症患者在用"原始的状态"展示欲望，正如伊恩·布坎南（Ian Buchanan）所描述[5]，或者说精神分裂症患者在用一种尚未集合的状态展示欲望。德勒兹和瓜塔里认为，与精神分裂症患者恰恰相反的是那些屈服于混乱并且无法维系连贯性和秩序性的人。而这些连贯性和秩序性正是那些"伟大艺术家"所维系的集合。在这样的集合里，他们"重塑了精神分裂的围墙，抵达未知之境。在那里，他们不再属于任何时间、任何环境、任何学科"。[6] 伟大艺术家的实践活动确定了多样性，这种多样性不能简化至非此即彼的二元对立关系，因此不会受限于"任何时间、任何环境、任何学科"。所以，如果可持续的资本主义存在的话，那么它应当承认多样性并且避免其外部限制的产生，因为这一限制可能成为它的"毁灭天使（exterminating angel）"。[7]

为了避免其外部限制的出现，资本主义会在一个全球化主题的限制下不断地去重新划分各个交集，即作为抽象商品化主题的金钱。[8] 这一抽象主题成为德勒兹和瓜塔里研究资本主义公理系统的基础，而这一公理系统缩短了资本主义进程，直达一个巨大数量的可数集合（比如，抽象的货币值）。马克思在《经济学哲学手稿》（*Economic and Philosophic Manuscripts*）中谈到这点："对我来说通过货币媒介——我可以支付（如钱可以购买）——我自己就是货币的所有者。"[9] 马克思还补充到，"我的能力绝不是由我的个性所决定的"[10]，而是由作为资本交换通用媒介的货币抽象价值决定的。然而，不可避免的是，资本主义总会不断"触碰自己的限制（confront its own limits）"[11]。尤其是那些资本主义公理系统，它们总会不断遭遇限制以证明自己；也就是，对作为资本主义公理系统基础的二元假设的限制（真—假，对—错，是—否）。资本主义面临不可数的或者密集的多样性，这种多样性不能简化到二元化的形而上学。[12]

正是在这一点上，德勒兹和瓜塔里的评论风格开始崭露头角。他们所关注的恰恰是对这种不可数性和多样性的理解。没有通过进一步的公理化和编纂化来对这种不可数作出回应，德勒兹和瓜塔里通过一个过程最终对这一不可数性进行破坏。他们努力寻找答案来解释，前面提到的艺术家是如何得以重塑"精神分裂症的围墙"。其中一种方式由武术家来进行例证。没有"遵循代码……[武术家]遵循的方式"，并且这时"人要像学习如何使用武器一样去学习如何'不使用'武器……勇士的'无为'，去主题化"。[13] 因此，伟大的艺术家和勇士是通过确认不可数的多样性趋势来破坏和忽略代码、主题以及公理的，这是一种不会导致向分层或混乱塌陷的途径：这种途径考虑到了"方式"。

那么，我们就要将可持续性资本主义比作伟大的艺术家和勇士吗？或者换个方式描

述这个问题，资本主义能够独自保持其持续性均衡状态吗？德勒兹认为答案必将是响亮的
"不"。德勒兹和瓜塔里许多关于资本主义的评论都直接指出，资本主义不可能永远蜷缩
在其外部限制之下。那么，这是否就意味着德勒兹和瓜塔里在其关于资本主义的评述中正
寻求一种途径来迫使资本主义抵达某个节点以引出它的终结天使？他们是否鼓励非可持续
性的实践行为呢？答案仍然是"不"。我们将要讨论的德勒兹和瓜塔里关于资本主义的论
述是建立在可持续性的哲学基础之上的，而同时精神分裂症分析揭示了资本主义无法维持
可持续性实践行为。为了更加清楚地理解这一点，我们将再次讨论伟大艺术家的例子，尤
其是艾森曼所分析的那些伟大建筑师的例子。

　　从德勒兹的角度来看，艾森曼从建筑师实践中找到方法来避免传统二元对立关系的建
筑学，这是完全正确的。然而，为了进一步明白为什么德勒兹如此热衷于阐述艾森曼的研
究成果，我们需要厘清下面两者的关系：一是作为集合体的建筑学；二是在德勒兹避免二
元对立关系的哲学发展中多样性的重要角色。这一努力至关重要。因为尽管德勒兹（以及
德勒兹和瓜塔里）的哲学思想的确是建立在无数概念组（比如，虚拟的／现实的，去领域
化／归域化，集中的／广泛的，等等）的基础上，但是德勒兹否认自己是个二元哲学家，
并且认为他（和瓜塔里）所追求的是"在各项条款之间……不管它们是两个还是多个，
找到一个狭窄的通道。它像边境或者国界，不管成分数目多少，都将其成套转化为多样
性"。[14] 同样，正如我们将看到的，与艺术家和武术家一样，建筑师通过发现集合来避免
二元对立关系。这一集合就是运行着的集中多样性，它不能简化至二元关系，从而确认建
筑师的行为价值。总的来说，正是建筑师在抵制代码编纂，或者说，就像德勒兹和瓜塔里
或许会提到的那样，正是建筑师不受限于"任何时间、任何环境、任何学科"。

　　在转而谈论建筑实践之前，我们将在下面一部分展示德勒兹对多样性的理解是如何使
他建立非二元哲学体系的。在这方面，伯格森（Bergson）对他影响深远。我们将会开始
探究这一关于多样性的理解是如何被用来对需求和欲望、经济实践和政治制度等传统关系
进行重新思考的。在这一部分，我们将介绍亚里士多德（Aristotle）并探究德勒兹和瓜塔
里的可持续性哲学思想在哪些方面是受亚里士多德化影响的。在对此进行适当讨论之后，
我们将回到对建筑学的讨论。这将使我们搞清楚建筑学自身的非二元性实践，并且在城市

规划方面突出建筑在维持可持续性实践中所发挥的作用。

多样性

德勒兹与伯格森、怀特黑德（Whitehead）在哲学上持有共同的基本理解。正如怀特黑德所说："哲学扭转了人们对那些不活跃的寻常事情的接受度的缓慢下滑趋势。"[15] 同样，伯格森指出："思想*必须对自己暴力*，必须彻底改变习惯性思维的方向，必须对其持续地修正，甚至是重建其所有类别。"[16] 正如我们所看到的，德勒兹提到的武士和艺术家也必须抵制对长久固化的陈腐习惯的依附，或者说对习以为常的做事方式的倾向。伯格森和怀特黑德在定义对这种自然倾向的颠覆方面有着明显区别。伯格森以及德勒兹认为，这一颠覆必然需要暴力的参与。因此，他们认为当多样性（Multiplicity）和二元化（伯格森的用词，这与德勒兹关于多样性的表述基本吻合）实现时，它们是以两种截然不同的趋势来呈现的，而这两者必然伴随着两种暴力模式。[17] 一方面，伴随着对"不活跃的寻常事"的思维固化，哲学和形而上学对惯性思维施加暴力。伯格森认为这是一种趋向于纯粹二元化的暴力，或者我们所称的流浪的暴力。而另一方面，与哲学和形而上学的流浪暴力相伴而行的是我们所称的制度性暴力。正如伯格森所说，制度性暴力武力排斥／吸收那些流浪因素，以致形成一种自治的、自给自足的阶层或者一种纯粹的存在，纯粹的同质性。[18] 于是，并不存在所谓的纯粹多样化和二元性状态。比方说，一个原始的多样性，其蕴含着的自给自足的特性和政策，随后经由流浪的暴力而撤销。我们需要假定一个已经实现的多样性或者二元化，这一假定反过来假设两种截然相反趋势的实现，即制度化暴力和流浪的暴力。一个实现的多样性以制度化暴力为先决条件，制度化暴力对作为可识别的现状的多样性进行捕获、界定和公理化。而这种可识别的现状又反过来假定一种可能将这一现状削弱和转型的流浪暴力。我们已经知道资本主义是如何对这一过程加以例证的。资本主义尤其证实了对密集的，不可数的多样性进行公理化并将其简化至松散的、可数的可辨识成分组合这一过程。密集和松散之间的区别对德勒兹研究至关重要。正如德勒兹在《差异与重复》（*Difference and Repetition*）一书中谈到的，强度量（an intensive quantity）和广延量（extensive quantities）不能混为一谈。后者可能被公理化并简化至一个可预测的，机械化的形式和功能。而与之相反，强度量则无法简化至任何可辨认的功能和／或结局。它们是无法预测的，有密集差异的。正如德勒兹所说，"我们只知道强度量在一个广阔性上得以发展"，并成为两个相异趋势间的分歧点。密集多样性就是一种用以辨识松散性质和功能的条件，或者说为已实现的松散多样性提供条件。但是，密集型确保了松散性和可辨识性的转换和变形，而不是通过实现强度性的相似的广延性来预测。因此，资本主义是一个松散的集合，它不断尝试减少密集定量至可数的、松散的定量。这种尝试是不可持续的并且注定失败，因为不可数量根本无法被可数量捕获。最终，每一种尝试都会无法避免地导致另一种尝试，然后下一种，如此循环。

为了弄清楚这一公认的抽象概念，我们现在需要转而讨论亚里士多德的《政治学》（Politics）。我们这一转化乍一看或许毫无理由，因为伯格森、德勒兹和怀特黑德都对亚里士多德的核心原则有诸多不满。[19] 然而，亚里士多德在根据两种截然不同的获取模式来建立理想化体制方面，对前述观点进行了肯定和阐述。

亚里士多德和可持续性政治

在《政治学》第一卷里，亚里士多德分析了受限于居民或国家自给自足需求的"获取财富的自然方式"与"对财富或财产'毫无限制'的非自然'实物获取［Chrēmatistikē］'"方式之间的区别。[20] 亚里士多德指出，这两种获取方式相似并且常常被人们认为"完全是一回事"[21]。造成这一混淆的原因主要有二。第一，人们无法弄清财产的特质，如亚里士多德所说，"每一件财产都有双重用途"。用亚里士多德的例子，一只"鞋"，"可以穿在你的脚上，也可以用来进行交换"[22]。亚里士多德指出，就这个例子来说，鞋子用来交换并非不自然，因为"用一种有用的东西去交换另一种……并不是违背自然，也并不是一种赚钱的方式［Chrēmatistikē］；因为它仍然保持其原始目的：即重建自然本身自给自足的平衡"[23]。然而，当交换的目的是钱本身，而不再是"自然本身的平衡和自给自足"这一必要性时，"从这一获得财产的模式中产生的财富将不受限制"，从而使交换的结果变成非自然的及非可持续性的获取模式。[24]

　　造成两种获取模式相互混淆的原因之二，是我们对生活的欲望。亚里士多德这样理解，许多人"渴望生活但却不是渴望美好的生活；因此，对生活的欲望是毫无限制的，为了生活，他们同样也渴望无穷无尽的资源使其得以实现和延续"[25]。哪些能让我们过上好的生活，哪些是我们对生活无尽的欲望，我们常常搞不清楚。因此我们误以为自己需要无穷尽的货品或是无限制的财富。用前文的术语来描述这一概念的话，就是人们对生活无限制的欲望以两种对立的方式得以实现——要么是为了"自然本身的平衡和自给自足"而采取的自然模式，要么是无限制的、破坏自给自足和平衡性的非自然模式。正是因为这一点，在其《政治学》第七卷里，亚里士多德从市场里隔离出一个免费的公共广场，在这里，人们为了国家的健康发展进行政治协商。这个免费广场用来提供休闲，亚里士多德强调，在这里"不允许买卖商品，也不允许机械工人、农夫或者类似的其他人在未经当局许可的情况下擅自进入其中"[26]。为了阻止破坏自给自足这一良好态势的非自然获取模式，这个市场的"最根本任务"，自然的和非自然的任务，都被禁止进入这个政治行为得以发生的周密之所。

　　随着亚里士多德从市场中分离出这个免费公共广场，前面讨论过的暴力的两种模式变得更加清晰可观。一方面，对生活无止境的欲望正如密集的多样性一样，可以作为制度性暴力得以实现，或者在这个案例中，作为国家暴力得以实现，从而抑制或延缓非自然获取模式可能给自给自足和国家自治带来的威胁。亚里士多德认为，国家有正当理由，如果必须使用武力的话，可以阻止个人的这种对生活的无节制欲望。尽管如此，由于自给自足的国家无法从个人对生活的无节制欲望中独立出来，国家将永远承受流浪暴力的风险，而正是这种暴力破坏国家的自治权和自给自足。另一方面，尽管努力对市场化的非自然力进行牵制，但是实施这一努力的至高权力可能在这一过程中反过来成为他们自己想要镇压的流浪暴力（正如亚里士多德、柏拉图以及几乎所有政治理论家所确认的，它们会形成贪污腐败）。正是在这一点上，亚里士多德的理论与我们所讨论的伯格森和德勒兹的观点相吻合。尤其是当伯格森谈到暴力的两个相似模式时：一种暴力模式导向纯粹现状下的自治和自给自足，导致事实的自主权；而另一种模式则克服我们思维的传统习惯并导向纯粹的二元化。然而，"在这两个暴力模式之间"，伯格森明确指出，"直觉在行动，而这一动作便正是形而上学的本质"[27]。然而，关键在于"两个对立极限间"的运动，而非其中任意一个的实现。同样，前文讨论过的集合"在领域封闭（制度性暴力）和与之相对的与秩序相连接的非领土化运动之间摇摆（流浪暴力）"[28]。亚里士多德的中级机构或许可以被视为类似的尝试。考虑到国家内部出现派系斗争的可能性，尤其是富人（少数）和穷人（多数）之间的斗争，亚里士多德指出，"对财富的占有量……保持中等水平是最理想的"[29]。因此，要找到少数富人和多数穷人之间的平衡位置，最稳定的国家就是"尽可能由相似或相同的人组成，由中间阶层的人形成的那种状态"[30]。因此，对亚里士多德而言，中间机构就是这样的一个状态，它避免类似派系斗争的两极暴力模式的实现。正如柏拉图所言，比起无限制和非自然的财富获取方式使富人和穷人间的财富差距进一步恶化，中级机构和中间人群对流浪暴力的吸收只有在它延缓沉闷压抑的制度性暴力时才得以实现。同时，只有当它抵抗非限制和非自然的获取模式的非可持续性后果时，它才能减弱制度性暴力。因此，一个稳定的、有能力适应变化的国家势必需要在两种暴力形式间移动，否则，它将滑入混乱的边缘。[31]

我们发现，亚里士多德在其《修辞学》（Rhetoric）一书中有着相似的论述。众所周知，在柏拉图的《高尔吉亚》（Gorgias）中，苏格拉底（Socrates）对修辞学进行了否定，认为它在公共领域具有危险性，并且只在解决私人纠纷的法律修辞学方面有所作用。亚里士多德对修辞学的理解恰恰相反，他强调深思熟虑的修辞学的重要性。这种修辞学试图对法律进行支持，从而使得法律有能力应对各类案件并同时保持足够的正直来阻止法律修辞学操纵法律以谋私利的可能性。因此，亚里士多德试图阻止这两种修辞趋势的实现。一方面，深思熟虑的修辞学能够避免成为私利工具而破坏公共利益；另一方面，它也会避免成为共享陈词滥调和老生常谈的调剂品。讽刺的是，亚里士多德在这一点上的一大论点是，共性（拉丁文 koinos topos，或 locus communes）。亚里士多德对此的理解与怀特黑德颇有差异。怀特黑德警告世人："人们普遍接受的思想理念逐渐向不活跃的平常事下降。"[32]亚里士多德对此的看法是，共性"可以适用于法律、物理和政治"，并且这些议题或地点将会"为法律、物理或者其他任何科学提供三段论和省略推理法，尽管各学科种类各异"[33]。作为这一共性的范例，亚里士多德提出了"关于多或少的主题"。他说，具体主题"源自对某一特定种类或物体的主张和见解；比如，有关于物理学的主张，声称物理学既不能提供伦理观三段论也不能产生伦理观的省略推理法"。[34] 因此，共性为构建一种并非具体地点或种类的争论提供了灵活性。这些共性也不会成为不活跃的平常事——相反，如亚里士多德所看到的，它们是积极思考的起点。为了用我们前面讨论过的术语来描述，我们说，一个共性就是一个密集的、不可数的状态，它与松散的、可数的状态相对立。由于密集的多样性"只能被视为在松散性状态中的发展"，因此它蕴含着一个分叉点，即一个假设两个对立趋势的实现；同时，共性是密集的差别，它们会成为两个对立的趋势——多或少、快或慢、移动或静止，这些都是亚里士多德常常使用的关于共性的例子。

建筑学和可持续性设计

我们现在或许可以回到之前关于建筑学的讨论上来，尤其是艾森曼关于现代建筑学是不可简化至传统二元对立性的分析。举个具体的例子，建筑学理论关于现代建筑学的一个重要二元论就是，自治性和他律性之间的二元关系。正如勒·柯布西耶（Le Corbusier）和其他建筑师所例证，现代建筑学通过极力反对那种依赖于历史和文化的、不独立的设计和动机来阐述自治性的重要。勒·柯布西耶在这一点上非常直接：他认为我们需要为一项自治性的设计提供相关的功能。在他的著作《走向新建筑》（*Towards a New Architecture*）中，他设定这样的前提，即"工程师的美学和建筑学，两者应该完美契合并相辅相成：其一（工程师的美学）如果处于绝对顶峰，则其二（建筑学）便会陷入退化的窘境"[35]。正是这个原因，勒·柯布西耶向美国的谷物升降机学习，以获取灵感和教训，而没有选择向其他诸如巴洛克风格复兴时期设计华丽的建筑学习。一个自治性建筑设计的理想状态应该是生产一个独立于文化背景，即独立于先前风格和时代的设计。因此，勒·柯布西耶认为，设计师应该像工程师一样，以最符合功能的考量来决定基本形式。勒·柯布西耶列举出"立方体、圆锥体、球体、圆柱体或者角锥体（作为）伟大的基本形式"来满足这一需求。[36] 这就是拥有巨大圆柱形的粮仓和谷物升降机让勒·柯布西耶觉得如此美妙的原因。而哥特式大教堂则并不受他的青睐，因为它的设计风格是"戏剧化的，是一场反重力的抗争"，而不是反映那些与自然过程和谐共存的"伟大的基本形式"。[37]因此，正确的建筑设计应该以独立于文化和历史背景的那些基本形式为基础。这才是自治性的建筑学，正如勒·柯布西耶在印度昌迪加尔（Chandigarh）项目、阿尔及尔（Algiers）提案，以及其他任何我们能找出的他的设计案例中所证明的。这些建筑的设计与印度或阿尔及尔已有的建筑风格毫不相关，因为勒·柯布西耶坚持，自治性是建筑设计的基本原则。

同样，皮特·艾森曼也强调建筑的自治性，对他而言，这种自治性意味着建筑师应当时刻提醒自己，去专注于纯粹的建筑问题和解决方案并避免将与建筑要素无关的东西牵扯到工作中。但是，跟勒·柯布西耶不同的是，艾森曼认为一个"建筑的功能、结构和风格——即它的工具和手段——对理解建筑学规则的重要性而言并非标准条件"[38]。相反，艾森曼认为建筑师对设计问题的解读和反应，以及建筑的功能和工具性如何从自身得以体现，这两者才真正体现了建筑物作为建筑作品的重要性。建筑的表达是自治的。这里指我们通过建筑师作品对术语和标志的清楚表达来赋予其工作标准价值。[39]正如艾森曼在他早先的论文中所说，"因其丰富的创造性，建筑学应该是工具化的。因此，建筑应该抵制其事实上的必须行为，并且必须一直抵制其根本性质"[40]。在这方面，正如艾森曼欣然承认的，建筑需要让自己成为所有艺术类型中最不具代表性的。[41]这句话没有使用传统的建筑学词汇，比如圆柱、横梁、墙壁、门等，而是采用修辞手法来突出传统方法无法整理的缺失。也正是这个原因，建筑师麦克·格雷夫（Michael Graves）评论："彼得·艾森曼在做的并不是建筑设计。"[42]而艾森曼用自己的建筑学语言回应该批判，他说："除开他（格雷夫）所说的，剩下的就都是建筑的自然语言。"[43]因为艾森曼认为，抵制那种固化的、二元性的设计语言最好的办法恰恰是自治性的设计实践，也正是自治性的设计肯定了密集多样性和集合，从而赋予建筑学之所以作为建筑学的地位。艾森曼将这一理论付诸实践。比如，他的设计作品"Ⅰ—Ⅺ号房子（Eisenman's House Ⅰ-Ⅺ）"就可以被视为纯粹的建筑集合体，该设计价值不依赖于任何外物，而以单纯的建筑要素和建筑规则为依据。

艾森曼和格雷夫之间的强烈对比受到建筑师和建筑学理论家们的广泛认同。[44]艾森曼认为，建筑学上的修辞手法标志着一种无法在普通形式、可理解形式下得以陈述的缺席或不可判定性，而格雷夫对此并不认可。格雷夫承认建筑有其内在语言，但这种语言远不是无法理解的形式。格雷夫说："这种语言存在于建筑最基本的形式中，是本质的表达——由实用性的、结构性的和技术性的要求所决定。"[45] 除了这一内在语言，建筑师们还应当在工作中注意考虑那些合法的外部问题。格雷夫认为："建筑如诗般的形式是对其外部问题的回应，同时包含了对神话和社会惯例的三维表达。"[46] 他说这些内部或者外部要素缺一不可，因此，一个"重要的建筑必须包含内部和外部表达"[47]。要理解艾森曼和格雷夫之间的差异，我们可以进行以下分析。格雷夫认为，正是这些外在的、非自主的要素赋予建筑如诗般的外在形式，从而使其获取伟大的美学和建筑学价值。我们可以很容易理解为什么格雷夫毫不犹豫地把历史和文化因素融入他的工作之中。比如，他为迪士尼世界的"天鹅与海豚馆"进行设计时，将巨大的天鹅塑像摆放在场馆显著的位置。而与之恰恰相反，艾森曼认为是建筑的内部句法和语言赋予了建筑建筑学作品的价值和意义。因此在他的设计作品中，尽管艾森曼尽量避免将二元对立关系和手段带入建筑实践，但他的作品还是被给予二元化的分析，即他的设计实践是自主性的，这与受外界干扰的他律性的建筑相对。

有了我们之前的讨论，我们现在可以开始重新思考自主性建筑和他律性建筑间的二元对立关系。在回顾前文对德勒兹和瓜塔里理论的基础上，可以得出结论：作为一种动态的、持续的成分多样性，一个建筑集合总是在领域封闭和非领域化运动之间摇摆，或者说，在流浪暴力和制度性暴力之间摇摆。因此，一项自治性的设计会朝着领域封闭和制度化暴力发展，因为它排除并剥夺了那些不属于建筑学领域之内的成分要素；而一项他律性的建筑则向着去领域化运动发展，作为流浪暴力，它包含所有非建筑性要素（比如，天鹅、海豚）。然而，作为一个密集型集合，其关键在于这两大趋势之间的摇摆，动态张力既不能辩证地解决这种紧张局势，也无法实现对立趋势的任何一个；[48] 从这个角度来看，建筑学是一个包含领域化和去领域化因素，建筑学和非建筑学因素的集合。

这并不是说皮特·艾森曼和迈克尔·格雷夫将非可持续性建筑实践发展到了无法保持流浪暴力和行政性暴力之间的动态张力这一程度。我们可以说他们的研究和设计确实维系了这样的一种动态张力——虽然这样的结论或许需要其他论文来支撑——但是更加重要的是，可持续性设计与城市社会发展进程有更为宽泛的联系。关于这一联系，我们可以在其他学者的著作中寻找，[49] 也可以从埃尔多·罗西（Aldo Rossi）的著作《城市建筑》（*Architecture of the City*）中关于城市的理解里找到答案。[50] 尽管罗西本人对可持续性问题并不十分关注，但他坦承，当我们从抽象的、乌托邦式的角度去理解城市，城市确实面临上述问题。罗西认为，城市的发展应当：

> 既非乌托邦式也非抽象化，但是应当从来自风格和形式以及众多变形的具体问题中得以进化……因为建筑学，或者说城市的建构组织，都是由本质相同的人工制品构成，同时其属性特征也源于此。[51]

简而言之，罗西并没有像德勒兹和瓜塔里一样，从全球化的抽象角度去探讨城市规划问题，但他认同城市是集合的或者说城市是集合体，并且声称，"城市的每一个部分，似乎都是独立的地点，*单独的轨迹*（locus solus）"。[52] 在他的单独轨迹理论下，罗西能够建立关于城市的理解，这一理解既没有将城市简化为一个单一地点，比如一个有机总数，也没有将其简化为对计划和功能的汇总（如勒·柯布西耶的理想城市那样）。对后者，罗西解释得非常清楚，"为了在关于城市的分析中确认建筑学的价值意义，这一研究的主题之一，就是拒绝从功能性上对城市工艺制品进行解释"。[53]

罗西将城市视为一系列单一地点——或者轨迹——的组合体，而非对其进行总体、抽象或者功能化的分析。这些单一地点共同组成一个不能自我化简的集合体。因此，城市就是这些单一地点的整合特征或者说集合。[54] 罗西的分析含蓄地承认了前面讨论过的两种暴力模式。一方面，城市受制于流浪暴力，因此它跟随着未加抑制的、不可持续的放任自流共同发展，正如道格拉斯·法尔（Douglas Farr）最近详细描述的。[55] 这样的城市设计也有规划，但其规划是附属于资本主义全球性课题的抽象需求以及对流浪暴力的固有依附的。罗西将这一现象视为单一地点向"病态的永恒（pathological permanences）"发展的趋势。[56] 因此，要建立朝气蓬勃、可持续的城市，就是要保持两种暴力模式间的动态张力，以使其中任一模式都无法实现。

因此，建筑设计对营造活力四射的、可持续性的文化至关重要。德勒兹和瓜塔里的研究已经为我们提供了理论平台（或者如他们自己所说的，高原），从而使我们能够理解其中的动力学。德勒兹和瓜塔里并非某些人所说的是资本主义辩护者，[57] 他们其实是在展示资本主义如何不断地应付那些肆意滋长的限制，那些最终破坏其成功运行的限制，直至有一天这些限制简化至抽象的、密集的全球化主题。这种形式下的资本主义是不可持续的，因为它旨在将不可数简化至可数，而这其实是不可能实现的。其结果是生产过程公理化和量化的无效疯狂过程——或者说，用德勒兹和瓜塔里的说法，其结果是对富有创造力过程的无止境和不可持续的商品化，以及使得资本主义本身成为不可能。在德勒兹和瓜塔里对资本主义的评论中，他们介绍了一个富有创造力的过程是如何避免依附于对密集量化的需求（制度化暴力），以及如何避免受到不可预知的、前后矛盾的混乱的破坏（流浪暴力）的。相反，这一富有创造力的过程是"重构精神分裂症的围栏"的过程，同时坚定了密集多样性的重要性。密集多样性形成动态的集合，在制度化暴力和流浪暴力之间摇摆且不会彻底成为其中任何一者。

在亚里士多德关于中级机构的理解阐述中，我们发现了十分有用的对比。当对生活的欲望无节制时，人们会错误地认为满足生活需求的物质也应当是无限制的。亚里士多德说，这一错误混淆了无节制的生活欲望和对美好生活的渴求。正因为这种混淆，人们试图通过有限的物品来满足自身无限的欲望，因此最终无法达到自给自足状态（美好生活），最终以盲目地、无休止地索求收场。如果我们能够保持一种动态，这种动态既不会太背离无节制欲望的过度状态，也不会太背离否定生命的简单原则的沉闷限制，那么我们就获得了作为个体的真正幸福生活；或者说，在中级机构层面上讲，实现了良好的自给自足状态。要细致分析亚里士多德和德勒兹两人观念的相似性和区别，恐怕需要一篇全新的文章，但是这样的对比可以使我们描画出德勒兹方法更宽广的哲学含义要点[58]，同时也使我们更加关注建筑的政治内涵。

由于建筑设计和实践被视为维持制度性暴力和流浪暴力间动态张力的尝试，我们可以解释很多问题——尤其是，它有助于我们阐明建筑学中形象的重要性和自治性与他律性建筑的区别。我们会将建筑设计的动态引入对城市社会可持续性的分析，借用罗西的《城市建筑》来阐述他对城市发展的理解是如何例证德勒兹和瓜塔里的可持续性哲学思想的。德勒兹和瓜塔里并不是资本主义的辩护者，也不是可持续性的特别关注者；相反，当德勒兹和瓜塔里呼吁"一个不存在的新地球和新人类"[59]时，我们可以认为，他们所呼吁的新地球和新人类就是在两个相异的、非可持续性的态势中间维持动态的、可持续性张力的状态。我们的任务是要去除这种全球化主题，并且创造一种"途径"，在非可持续性的变换中转变，而不是成为一种为了对全球资本主体大规模量化需求的非可持续性生产过程的从属。由于建筑学在设计我们自己居住空间上的杰出地位，我们不能低估它在塑造可持续性生活方面的重要作用。

注释

1. Peter Eisenman, *Ten Canonical Buildings: 1950-2000* (New York: Rizzoli, 2008), 16.

2. Gilles Deleuze and Félix Guattari, *A Thousand Plateaus: Capitalism and Schizophrenia*, trans. Brian Massumi (Minneapolis: University of Minnesota Press, 1987), 337.

3. Gilles Deleuze and Félix Guattari, *Anti-Oedipus: Capitalism and Schizophrenia*, trans. Robert Hurley, Mark Seem, and Helen R. Lane (Minneapolis: University of Minnesota Press, 1977), 270.

4. See Deleuze and Guattari, *A Thousand Plateaus*, 531.

5. Ian Buchanan, *Anti-Oedipus: A Reoder's Guide* (London: Continuum, 2009), 43.

6. Deleuze and Guattari, *Anti-Oedipus*, 69.

7. Ibid., 35.

8. Deleuze and Guattari, *A Thousand Plateaus*, 460.

9. Karl Marx, *Economic and Philosophic Manuscripts of 1844* (Buffalo, NY: Prometheus Books, 1987), 137 (emphasis in original).

10. Ibid., 138.

11. Deleuze and Guattari, *A Thousand Plateaus*, 463.

12. Ibid., 472: "At the same time as capitalism is effectuated in the denumerable sets serving as

its models, it necessarily constitutes nondenumerable sets that cut across and disrupt those models."

13. Deleuze and Guattari, *A Thousand Plateaus*, 400.

14. Gilles Deleuze and Claire Parnet, *Dialogues*, trans. Hugh Tomlinson and Barbara Habberjam (New York: Columbia University Press,1987), 132.

15. Alfred North Whitehead, *Modes of Thought* (New York: The Free Press, 1966), 174.

16. Henri Bergson, *An Introduction to Metaphysics*, trans. T.E. Hulme (Indianapolis: Hackett Publishing Company, 1999), 51 (emphasis added).

17. Deleuze noted this aspect of Bergson's work in an early 1956 essay that "virtuality exists in such a way that it actualizes itself as it dissociates itself; it must dissociate itself to actualize itself." As this actualization unfolds, Deleuze adds a few pages later, "what is differentiating itself in two divergent tendencies is a virtuality." See Gilles Deleuze, "Bergson's Conception of Difference," in *Desert Islands*, trans. Michael Taormina (New York: Semiotexte, 2004), 40, 42.

18. Bergson, *An Introduction to Metaphysics*, 49.

19. For instance, in *Modes of Thought* and elsewhere Whitehead is critical of the subject-predicate metaphysics that is typical not only of Aristotle's thought and his understanding of the relationship between form and content, but also typical of much of the Western philosophical tradition. Similarly, in *Difference and Repetition* Deleuze argues that Aristotle never affirmed difference in-itself since difference is always understood, according to Aristotle, relative to a self-identical third. See Gilles Deleuze, *Difference and Repetition*, trans. Paul Patton (New York: Columbia University Press, 1994).

20. Aristotle, *The Politics* (New York: Penguin, 1982), 79, 81.

21. Ibid., 81.

22. Ibid.

23. Ibid., 82.

24. Ibid.

25. Ibid., 85.

26. Aristotle, *The Politics*, 425.

27. Bergson, *An Introduction to Metaphysics*, 49.

28. Deleuze and Guattari, *A Thousand Plateaus*, 337.

29. Aristotle, *The Politics*, 266.

30. Ibid., 267.

31. For more on this theme, see Jeffrey A. Bell, *Philosophy at the Edge of Chaos* (Toronto: University of Toronto Press, 2006).

32. Whitehead, *Modes of Thought*, 174.

33. Aristotle, *The Art of Rhetoric*, Vol. X Ⅻ, trans. J.H. Freese (Cambridge, MA: Loeb Classical Library, 1926), 31.

34. Ibid.

35. Le Corbusier, *Towards a New Architecture* (New York: BN Publishing, 2008), 1.

36. Ibid., 29.

37. Ibid., 30.

38. Eisenman, *Ten Canonical Buildings*, 21.

39. Ibid. In addition to drawing from Derrida's conception of a text, Eisenman also brings in Peirce's theory of signs to establish his claim that architectural representation need not be thought in terms of an established grammar, vocabulary, or syntax.

40. Peter Eisenman, "Architecture and the Problem of the Rhetorical Figure," in Kate Nesbitt (ed.), *Theorizing a New Agenda for Architecture: An Anthology of Architectural Theory* (New York: Princeton Architectural Press, 1996), 177.

41. Ibid., 177.

42. Ibid., 178.

43. Ibid.

44. See, for instance, Mario Gandelsonas, "On Reading Architecture," in Geoffrey Broadbant, Richard Bunt, and Charles Jencks (eds), *Signs, Symbols and Architecture* (Chichester, UK: John Wiley & Sons, 1980), 235.

45. Michael Graves, "A Case for Figurative Architecture," in Nesbitt (ed.), *Theorizing a New Agenda for Architecture*, 86.

46. Ibid.

47. Ibid., 87.

48. More recently Reiser + Umemoto have incorporated Deleuze's concepts of multiplicity and assemblage into their architectural design procedures. In contrast to an Aristotelian model that would seek to find a mean between two extremes, Reiser+ Umemoto call for an architecture that entails both extremes. In short, they seek to pursue assemblages that simultaneously swing toward territorial closure and deterritorializing movement, and in doing so develop an architecture that avoids the traditional dualisms of form/matter and order/disorder. This helps us to understand the important difference between Aristotle and Deleuze, despite the similarities stressed earlier. Whereas Aristotle attempts in his theory of virtue and the middle constitution to establish an extensive (that is, an actualized) assemblage that avoids two extremes, for Deleuze (and for Reiser + Umemoto) the effort is to draw upon an intensive assemblage in the process of creating extensive assemblages, and this process entails both extremes as the divergent tendencies that become bifurcated upon the actualization of the intensive in the extensive. Reiser + Umemoto, in *Atlas of Novel Tectonics* (New York: Princeton Architectural Press, 2006).

49. Among these other places, see esp. Henri Lefebvre, *The Urban Revolution*, trans. Robert Bononno (Minneapolis: University of Minnesota Press, 2003 [1970]); David Harvey, *The Urban Experience* (Baltimore, MD: Johns Hopkins University Press, 1989). Both Lefebvre and Harvey have argued persuasively for the significance of analyzing the urban in order to understand contemporary politics and society. This is no less true for a philosophy of

sustainability.

50. Aldo Rossi, *The Architecture of the City*, trans. Diane Ghirardo and Joan Ockman (Cambridge, MA: MIT Press, 1984).

51. Ibid., 18.

52. Ibid., 21.

53. Ibid., 46.

54. An emergent property, as understood here, is an extensive assemblage that is inseparable from the dynamic, intensive assemblage that made it possible.

55. Douglas Farr et al., *Sustainable Urbanism: Urban Design With Nature* (Hoboken, NJ: John Wiley & Sons, 2007). Farr argues that not only has urban life taken an unsustainable turn in the United States since the 1970s but this turn has become normalized to the point where most municipal zoning codes disallow the types of dense development that would engender a sustainable city.

56. Rossi writes: "permanences present two aspects: on the one hand, they can be considered as propelling elements; on the other, as pathological elements...between permanent elements that are vital and those that are pathological ...An example of a pathological permanence can be seen in the Alhambra in Granada." Rossi, *Architecture of the City*, 59. The Alhambra, in short, stifles the potential vitality of Granada by licking the life of singular places in Granada into a permanent past rather than allowing for the Alhambra to be a living, vital past in Granada's present.

57. Luc Boltanski and Eve Chiapello argue this point in *The New Spirit of Copitalism* (London: Verso, 2008).

58. See n. 44 above.

59. Gilles Deleuze and Félix Guattari, *What is Philosophy?*, trans. Hugh Tomlinson and Graham Burchell (New York: Columbia University Press, 1994), 108.

21 可持续性未来的文化象征

——罗兰·费伯

世界是由有机体组成的社区；这些有机体从整体上决定着环境作用于它们其中任何一个所产生的影响。只有当以本能形式出现的环境影响对个体生存有利时，一个由持续的有机体构成的持久稳固的社区才得以存在。因此，以环境形式存在的社区必须对每一个单独个体的生存负责；同时，这些独立的个体也必须对其所效力的环境负责。[1]

关于可持续性有一个重要事实，即人类和地球的生态系统或者说宇宙之间存在相互依存关系。但关于可持续性的哲学并非仅仅通过对这一重要事实的概念化而崛起。只有我们同样也致力于文化的象征意义，从而为人与生态间互动的可持续性未来清晰表达出共同责任的可能类别时，这一哲学领域才会崛起。[2]在阿尔弗雷德·N.怀特黑德关于环境哲学的论著——《符号论》（Symbolism，1927）中——他指出没有哪种环境是必须要造福于有机体的存在或者有利于他们的幸福的先验的。实际上，怀特黑德认为只有当象征体系能准确自如地表述共同的可持续发展，尤其是以有机体自组织周围的多层结构的环境形式出现时，一个有机体社区才能成为或保持住环境的自我可持续发展（持久发展）。因此，可持续性发展哲学的诉求将升级为对新版"幸福象征"的陈述，即在其本质不确定性下，将允许人类偶然参与所有有机体和环境的相互转换过程。

在这种背景下，可持续性发展将会描述出关于对偶然性（fortunate）生活（以及其途径和转换）的理解。这一理解并不排斥人类作为每一个相同环境复杂性的偶然进化特点，也不排斥人类作为环境交集的意外出现；通过这一交集，还不排斥人类创造性地介入宇宙未来有机体和环境史无前例的集群。[3]然而，正如吉尔斯·德勒兹对怀特黑德理念的分析，只有当我们假定世界是由丰富的创造力所构成时，可持续性发展才能对这样一个偶然未来的幸福象征命名。也就是说，如果我们生活在有机体和环境前所未有的转化所造成的"混沌"中——它们毫无预兆地出现和无法避免地消亡。[4]只有当我们理解了"自然"并非对我们的存在和幸福言听计从，自然只是对我们的介入充满耐心从而促进我们偶然的存在时，我们才能摆脱目光浅显的宿命，学会感恩这种我们与混沌共享的机遇。可持续性发展的第一个启示就是人类与自然混沌所共享的机遇。

作为哲学问题的可持续性

众所周知，可持续性跟生活、自然、文化、正义或者美一样，是难以表述的词汇。对于人类存在而言，它绝非一个中性词语，而是对人类幸存息息相关的表达。只有当可持续性缺失，这一词汇的表达才充满恶意，也就是说，当人类生存处于危险境地时，对这一词汇的表达才充满恶意。关于可持续性意义的丰富运用包含对物质循环机制的广泛科学理解，包括所有物理学、化学、生物学、社会和文化层次上的无机和有机物质。可持续性具有多重特性，即它在某种程度上描述了能力转换循环，又在某种程度上限制了我们关于自然循环内部机制是服务于人类生存的这一理解。此外，可持续性在其自然限度内命名了人类自认为谨慎的"发展"，即我们可以富有远见地设想一个理想状态，自然和文化在平稳又复杂的循环里相互关联，同时激发我们为这一理想状态的实现而努力。[5]

可持续性从本质上来说是科学性的，也是哲学性的，它是关于生态循环的研究，并且对人类的参与提出质问。[6]在理想情况下，它在本质上不仅以人类为中心，也以生态为中心；它在规模上不仅以地球为中心，也以宇宙为中心。但是，即便可持续性应对的是整个生态圈和宇宙体，也会因为它参与了生命周期的发生和消亡，从而仍然是关于人类存在原因的人文概念。[7]即便它格外关注人类，也期盼人性的消亡，但它仍然将是人类的消亡。如果人类因为其自身对自然的破坏而不配生存，那么在人类灭亡的一刻，人性将在生态层面上成为仁慈和高尚的。可持续性将人与自然的交织概念化，将这种关系想象为在无数相互缠绕的生态循环中和谐生存的功能。[8]

"可持续性"一词目前的用法是通过描述性的、指定的、有远见的维度下的相互牵连来表示一系列文化象征。这一系列包括环境科学和社会学讨论的事实，它为维持生存、对抗消亡，致力保护、抵制破坏，维护生态正义、抵制抑制，减少开发、重视补偿，制定定性和定量的质保指标；同时，可持续性设想了在共同进步之下人类和地球全新的和睦共处模式。[9]对这一模式最简洁的描述是：对经济、社会、政治和文化活动的参与进行的一系列象征性分析和规制。这一系列分析和规制将允许能量、物质和思想的所有形式在一个平衡循环的"状态"里无限延续，且不会在其被自然和文化的新陈代谢不断转换的过程中消耗殆尽。

事实上，可持续性概念在其哲学倾向性上包含着一个精神运动，这一运动超越所有环境保护和生态系统适应性管理的技术性问题[10]，试图把这种混沌中的人性瓜葛视为其内在固有的表达，尤其在心理能力方面，视为其命运的自然成分。生态女权主义（eco-feminism）和深层生态学，土地伦理和整体环境保护论，生态正义，以及生态—人居和平共处的乌托邦，这些都代表着对人性的重新定义，代表着其在生态宇宙中的位置以及在混沌中可能的未来；对人文学科的狭隘分类（比如，分为自然科学和人文科学）的重新定位将致力于理解世界并激发不同的未来。[11] 可持续性是如此定义这样一个未来的痛苦缺失：对当前状况的处理并非只是将其从资本主义、消费主义、现实—价值界限、种族和宗教战争及为了某些特殊利益的意识形态掌控等所采用的权力机制中解放出来，同时，也是对作为这样一种重新定义和重新导向的乌托邦式的和平的普遍厌倦。

"可持续性"这一术语至少包含以下三个含义。第一，它象征着一种建立在物质基础之上的生活能力，这一能力不会耗尽其能量转换资源；这是在环境下一组有机体的外部自我持续性。第二，可持续性代表着维持生活形式一致性的能力。因此，在其转换过程中，可持续性不会被极小的灭绝概率或者进化中的适应(以致我们不再确认不断发展中的存在)耗尽其自身存在。第三，可持续性表示出有机体和自然环境在维持它们各自独立的完整性、多样性、发展或平衡时所形成的相互联系。这就是不同进化发展、出现的普遍维持，是生命形式在各自独立或共享环境中的相对独立性。

怀特黑德在特定环境中把第一种含义称为有机体群落的*自我着陆*（self-grounding）。[12] 正如此后那些后结构主义学家们所做的，他将第二个含义称作错位的本质主义而施以放逐。[13] 在德勒兹的理论支撑下，我们可以将第三个含义称作"平行进化（a parallel evolution）"。[14] 如果我们允许第二个含义———致性——瓦解，则所有事物都将发生变化；可持续性将成为形成多样性的概念；其方向将不再是需求永恒的方式，而是强度值。[15] 可持续性将演变为一个概念，这一概念质问强度是如何通过有机体和自然环境间的相互运动而得以持续的（第三含义）。而这一强度是通过作为其他有机组织内在环境的有机体而获得，并且根植于一个更为广阔的作为自身有机组织的环境之中（第一含义）。[16]

我认为，这样的"追寻强度值，而非维系保存"[17]是可持续性的哲学问题，而非自我认同生存。如果确实如此，外部可持续性就是强度值的和声[18]，同时普遍的可持续性就与考虑到所有有机体和环境相互内在的世界可能性的每一个条件相关。[19]然而，内部可持续性将变质为"创造性"[20]——从而成为新的多样性的保证。

大众经济和不动产征用

除了其显而易见的货币交换方式的全能，资本主义经济还建立在以下两个原则的基础之上：第一，货物生产和消费的能量转换范围仅仅在外部与其生产中所使用的资源以及消费行为所留下的废墟相关；第二，生产的资源和方式以及分配方式都是局部有限的，因此，它们必须由战争和迁徙的机制来策略性地控制，从而保护自身资源并得以将浪费排除到外部的非轨迹化之中。[21]这些原则是矛盾关联的：虽然第一条原则总体上假设了一个资源的无限深度和为丢弃的废物准备的区域的无限空间，但局部来说，第二条规则揭示了生产和消费资源、途径以及地点的稀缺。两者共同作用，通过对全新领域的探索和拥有，推动资源和途径控制范围的外部扩张；同时，为利益最大化而进行的交换价值的内部创造通过货币方式取代财产——作为财产的最根本潜质。

这两种条件都是错误的。由于我们用于生产的资源并非无限，我们也无法无限期地对真空区域进行扩张，从而将其变为消费行为后的荒漠[22]，因此第一个假设是无效的。事实上，作为自然物质行为的循环过程的生态恢复已经使封闭化生产—消费的资本主义得以开放，形成一个需要回收利用有限资源的资源—浪费生态循环，这一循环成为维持人类生存的经济基础。[23]一旦能量守恒定律揭示能量的新陈代谢并非以资源和荒漠的无限外部扩张为基础，而是以能量的各种形式转换为基础，生态循环就成为经济生产和消费的所在。[24]既然在环境复杂性方面不存在"免费的午餐"，那么一切能量转换都必须保持其自身的生产和消费循环。更重要的是，在这样的循环中，没有任何一样人类可以拥有的东西不是借来的，每一件事物都必须被设定在生态循环的变化中，并且最终总会被"偿还"进这些循环中。[25]

关于第二条规则，能量转换逻辑和自然循环借用能源的方式都对其存有争议。乔治·巴塔耶（Georges Bataille）在其"普遍性经济"[26]中推翻了对匮乏的偏见。他认为，作为对生存的进化冲动，地球上所有能量转换形式的资源都是来自太阳所发散出来的能量，并由太阳能转化为各种形式的生态循环。各种能量通过相互传递时的溢出和过剩而得以自我维系。虽然这种太阳能也是"借来的"，太阳最终总会燃尽，但是它在地球上创造出了多于必须量的能量，这样就使人类发展出储存剩余能量的途径。这些剩余能量看似是从生产、转换和完满的生态循环中留存下来的。[27]巴塔耶的基本观点是，使得这种能为能量（或者金钱）所利用的盈余存在的，不是匮乏而是充裕。这种拥有的盈余继而对权力结构进行定义，权力结构生成资源和荒地无限的假象，从而指引自己向着利益最大化前进，而这一最大化又只作为这一盗窃行为所得的"礼物"而进入经济过程。[28]

虽然巴塔耶认为能量的过剩或许会以经济增长或者奢侈消费提升的方式予以偿还，但当这种增长耗尽其所有"空间"并成为不可能时，其完满便会成为必须。既然增长必将被第一条规则的彻底反转所否定，即扩张的耗尽，那么以非营利形式出现的完满还是会成为必须。换句话说，作为艺术的非功能性盈余极点和盈余能力的非利润化灌输将会因自然界和人类社会的自我维系而成为必须。[29]由于这一理论将艺术和生态视为外借能量的驱逐过程和其向价值而非货币转换过程的仅有的两面，艺术和生态作为共享充裕的可持续性就不再是生存永恒性的问题，而是共享过程中强度的问题。

强度值[30]并非基于能量转换方面动力的交换，而是作为利益的丧失，它将艺术和生态与美学、伦理学及正义结合在一起；[31]它们都是美德[32]，或者如德勒兹所言，叫内力（virtuals）[33]，它们不能用权力的占有及其衍生物的形式来表现。实际上，这些价值、美德及内力都是直接针对利益和功能性这样的内在暴力的。[34]巴塔耶用渴望动物性本能的那种"水乳交融（water in water）"[35]的亲密感来描述它们：就客体虚无的功能性领域的创造，这是我们在成为人类之后遗留下来的。价值的虚无非功能性地给予我们为之努力和期望的目的、目标或内在结果的满足，这些是不作为手段与其他手段所交换的。[36]鲍德里亚（Baudrillard）将这一观点视为他的最大成果：世界不能被交换。[37]

概念、感知、钟爱：评估的艺术

美德只存在于对世界的另一个感知当中，在这一感知中我们可以体验对有机体和环境的非功能性接触。我们在体验中可以感受、想象并获得非功能性价值的见解——艺术和生态循环的庄严，没有了屈服和反对的力量。[38] 我们关于有机体和环境概念中的四个转变将建立一个感知的敏感识别力，以及对其自给农业的喜爱——并非作为对占有欲强的持久性的抵抗，而是作为强度的回收利用。[39]

第一，我们必须解构开明的实体论，这一理论创造了对思想物（res congitans）与广延物（res extensa）[笛卡儿，（Descartes）] 的概念隔离，来自远见的感觉经验隔离（休谟，Hume）以及抽离于"自然"的主观性隔离，由此，形成美学的"分歧点"和怀特黑德[40]用跟德里达相似的方式所描述的来自理论的实践（康德，Kant）。怀特黑德将其描述为由形而上学所保证的"表象的直觉性"[41]的概念化隔离。[42]通过将实践根植于意识和将意识看作自我维系的统一，我们得出事物的理性存在。事实上，这一理性存在隐藏、压迫、清除它们自身固有的环境多样性、不同之处以及关系，从而构成这一"主观的"（从属的）感知，同时也解构这一感知。[43]主体性和主题同样重要，即驾驭能量转换（资本）的开拓性的、无所不在的力量（Foucault，Butler），这些力量通过拥有剩余生产（Bataille），用作为"自然"的控制错觉来交换世界（Baudrillard）。这种权力主体的"同化"确实创造出一个作为材料控制的物质的世界（Bataille）。[44]自从世界分裂为各种思想和可感知的事物（Plato），形式与实质（Aristotle），本体论的诡计都一直存在，更不要说来自生产和完满的环境与有机体的分叉点。[45]怀特黑德认为，这些分歧创造了一个脱离于奴隶制的"文明"世界——一个自由世界的"根基"。[46]

第二，这一重新获得的环境内的我们自身肉体存在的概念性认同在现今哲学言论中以各种不同形式出现：人们重新思考柏拉图式的空无（khora），将其看作德里达、克里斯特瓦、巴塔耶、德勒兹和怀特黑德理论中所有相关的概念及可感知的事物——看作解构了从属于形成多样性的同一体的差异的别号；[47]看作身体扩散的前符号领域；[48]看作与我们自身动物性亲密的"水乳交融"状态；[49]看作多样性固有一致的滤网；[50]看作内在交流的媒介。[51] 我认为所有这些是对环境和有机体联系的多样性的重要体验，从中我们发现了矛盾的经验，我们将意识拥有的最后主题转换为非拥有性的多样性强度。我们无法"拥有"它（与它相结合），因为我们只在从无罪驱逐的状态下体验空无强度、多样性、区别性和关联性：作为失去多样性、失去有机关联性、失去沟通、失去抛弃和肆意的反复无常。[52]

第三，通往这种强度领域的方式只能经由对所有格身份的自给农业的瓦解无限接近来获取。在这一近似值中，我们能感知价值、品德或者说美德。德里达的差异（différance）作为身份的时空延续，揭开了以理性为中心的自制力中多样性的伤口，是对主观一致性的瓦解以及强度多样性的释放过程之间的对比所做的概念性见证——同样，德勒兹和怀特黑德关于物质的、等级的、阶层的现实进行解构时，也做此论述。[53] 在对时空事件的体验中，价值、道德或者美德的非功能特点是它们极其本质的特征，因此这一特征将环境条件下的有机体和其他有机体的环境刻画为这些事件中短暂的持续。这种飞逝的、非分层的、单一的、根基结构的交集就是时空事件的强度所在，就是解码这些作为评价过程的交集。[54] 因此，"作为有价值的、贵重的、自我完满的、为自我利益存在的价值成分"万万不能在"自我实现的（密集）质地中"被遗漏。[55]

第四，经由价值创造过程的强度概念化必须承认，鉴于其基本或者先验的条件，正如材料力学理论所说，生态关联性和变化性从来不是一成不变的。我们必须（如怀特黑德和德勒兹所说）假定一下错乱秩序基本的或先验的创造力，而不是如笛卡儿理论中物质过程的身体特征降低到一个基本空洞的广延物，这一广延物使我们用自己的时间和空间来填充这一空洞，使其得以合理化。[56] 类似循环重复的新奇关联绝不会受制于完全相同的重复，但会依附于新奇性、相异性和分歧性的重复中的强度维系的条件结合。[57] 事实上，以理性为中心的意识的生态外在形式，正如怀特黑德所说，是创造力的进化显现，是为在不断变化的环境中生存下来进化出的天赋优势：部分天赋来自生存的进化压力，因此形成永恒的维系；部分天赋来自有机社会关系的自我维系强化，因此形成强度的维系。[58] 尽管意识是"重中之重"[59]，是向简单化的递减，它同时也是一件"艺术的产品"，剩下的则是"深藏于自然中的功能的非正常过度增长"[60]，是在混沌错乱中的创造性人工制品（非功能性）。

在此，艺术和生态的关联协调一致：作为价值、品德和美德的意识依赖，作为维系强度而非保存的非功能性联系的创造过程。这一通过"表象的紧迫"的所有假设力量的"意识的完满"而获取的混沌的感知成为评估的艺术。[61] 它进入空无（khora）（关于多样性）的前符号领域，使得我们发现自己处于一个不确定的意识紧迫和混沌强度之间的共鸣。[62] 这就是怀特黑德所说的"象征"——一个"表象的即时性"和"随意效力"之间意义形成的任意过程。[63] 而德里达认为，我们不能逃避意义，但是在其共鸣过程中，象征成为极度视情况而定的、一个无限谈判的过程。通过避免任何对生态圈和人性的反认同，由于其明确描述混沌中的各种人造物，这一象征总是文化的象征。[64] 评估的艺术就是一种成为沟通媒介的能力——即在生态圈和人类之间建立沟通，以使人类和非人类社会的自我维系能共同创造、建立和讨论价值、品德和美德，从而通过避免"不幸的进化"[65]，在它们共同的解构过程中，表达出它们作为强度协频的共同创造性关联。

分解／象征

可持续性是一种能力，它总是通过对意识和生态间作为解构和谐与混乱强度的美妙巧合或者有机体和混乱身体的纵欲行为间的巧合的相互关联的表达，来重新商定概念、感知和感情的任意排列。[66] 评价的艺术是全新的创造和感觉，是价值、品德和美德的实现，使得生态关联在各自的身体、有机体、环境和生态系统内的时空连接事件中暂时变得透明。换句话说，虽然意识和生态圈之间的象征是任意的，但其偶然性并非空想而已（主观的投射）——它使我们再次陷入"自然"征服的人造物之中——但是它表达出其间的紧密关联；同时，尽管幸福的巧合总是创造性发明，但它也是感知、感情和概念模式的共同干预。

可持续性象征总是以即时和强度之间大量孤立的共同分解形式发挥作用。[67] 虽然前者创造了即时的强度，关闭在看似独立的"思维"之下的征服生态圈的以理性为中心的反射，而后者则存在于强度的即时中，作为"水乳交融状态"，作为本能的天性或者物质的因果关系。然而，它们的关联由共同的驱逐所围绕，以致它们的文化象征只能企及人性和生态圈交叉处的可持续性的价值、品德和美德，这些品德和价值替代了危险、共同畸形、分解和瓦解。[68] 然而，尽管价值、品德和美德只能通过这种关联来获得，但它们必须在这一危险的区域通过瓦解被获得。[69]克里斯特瓦从空无的不一致角度谈论过疯狂的危险。这些不一致不仅成为诗意的透明，同时需要掩饰；[70]德勒兹警告说，人脸将会通过分化为纯粹的多样性[72]而分解成"没有器官的躯体"[71]（没有组织分层）；德里达无法逃避在其无限的感官延期中差异的极度无意义；[73]巴塔耶将意识的有意识完美视为最大的牺牲。[74]

可持续性也许只能存在于危险的地方，因此，由于其分解的关联性，它的任意性是有必要的。由此，评价的艺术是关于火焰的协商：在这火焰中，价值、品德和美德都被创造并肢解。这艺术将经历瓦解的火焰，持久而非强烈，最终将可能消亡。与德勒兹的"没有器官的躯体"理论相似，怀特黑德将可持续性这一问题视为"生命的艺术"；[75]也就是，通过有机体内纵欲躯体的出现而形成的这种任意的生态关联的象征性谈判——结构（一致性）内纯粹的生活（新奇）。[76]由于"宇宙社会"中的复杂形式以及它们同样内容的结构性重复，"一个关联获取无法纯粹地以环境的义务方式被得以理解"，这一关联将会成为新奇的先驱，从而在"生活的出现"里[77]，它将失去其社会特质，成为一个"完全的活跃关联"。[78]这一混乱的纯粹多样性的关联终将摧毁有机体。怀特黑德将这一纵欲的自然毁灭与纵欲生活中有机体秩序的恢复相关联。[79]

为了避免共同的瓦解，文化象征为人性和生态间的公共孤立和驱逐的关联进行斡旋。当"社会一致的义务"进入生活的任意，社会"安全的本能反应"必然发现"各种社会生活不同目的的象征性表达的复杂形式"[80]这一象征性表达，定会发现混沌之中人为专断的剩余以及象征艺术中混乱价值、品德、美德的剩余，从而使它们能够协商关于全新的、有创造力的、"幸福的"共同象征的人类和生态间的转移：

> 通过象征转换的详尽形式，人类可以实现敏感的奇迹直至遥远的环境和不确定的未来。可是，这也会付出代价，因为各个象征转换可能会包含不适合特点的任意归罪。在任何特定有机体内的自然行为在各方面都要么有利于该有机体的存在，要么有利于其幸福，或者有利于有机体存在社会的进步，但这一观点是错误的。人类关于忧郁的体验使得这一警示成为陈词滥调。除非象征系统整体成功，否则任何精

致的有机体群落都将不复存在。[81]

幸福转移的病毒性区间（Viral Intervals of Happy Transfer）

文化的符号表现是人类和生态间诸如任意特征（价值、品德、美德）的象征性转移，它成功地为"遥远环境的敏感奇迹和毫不确定的未来"提供部署。在这一成功中，我们成为混沌中精心组建的群体，在人类和生态系统间保持作为强度的多样性交叉环境。[82]因此，实现生态可持续性的方式就是文化象征主义特征的成功转移，尽管它们是"特征"，[83]即价值、品德、美德，它们必须在共同有利的组织内的有机体间成功转移；同时，它们可以通过阻止其共同的瓦解来庇护和深化生命全部生活关联（它们特征的多样性）的放纵的入侵。[84]因此，问题在于，在我们这个时代，作为哲学思想所反映的，到底什么是人类和生态，一般经济和普遍生态，意识和混沌，即时的强度（存在）与强度的即时（多样性）之间成功的象征性转移的"特征"？我不打算列出分类目录，我将——与怀特黑德和德勒兹理论一起——为作为他们幸福转移的强度多样性的精心组建的有机体社区，阐述可持续性的4个先验条件。[85]

第一，如果文化的符号表现能倒转关于人类与生态圈在经济和生态、意识和混沌以及存在与多样性之间的分歧的相互隔阂的实体论者条件的话，那么文化的符号表现将能够取得成功的传递。[86]这一倒置结构的幸福迁移限制了以相互重复和分化，以及价值、品德、美德的非功能性剩余的生态循环形式出现的资源和空间。非功能性的剩余总是在有机体环境内干扰和创造作为环境的有机体和作为有机体的环境。[87]它们的扩散贯穿这一关联，并不仅冒险将"不合适特征的一个任意归罪"视为它们"幸福"的一个条件；同时，这一扩散也成为对一项文化艺术的冒险信任——成为幸福迁徙的媒介。

第二，在这一倒置的条件下，文化的符号表现必须实现价值、品德和美德，并由此证实所有环境和有机体以及它们对生活强度的抗争间相互固化的内在。[88]它们将改变我们的观念、意识和感觉与其自身存在和其来自环境的创造性反应的关系。通过倒转我们体验中的实体论者隔离的殖民暴力，这些符号表现顾忌到其相互的透明度，通过"用我们的行动、我们的希望、我们的怜悯、我们的目的以及我们的喜好”对我们自身以及“这个嘈杂的世界，这个众生民主的政治”的表达。[89]一项价值、品德、美德的象征性迁移，诸如行动、希望、怜悯、目的以及享受，即强度，其迁移至混沌中各种非人类的多样性。这种迁移并非是拟人化的降低，而是无机体质拟人化殖民的病毒性颠覆。这样的一个“任意归罪”——正如怀特黑德想要证明的——并不是混沌的主观隶属的补偿，而是巴塔耶和德勒兹所说的——更适当的，主体和客体的生命之外的生命无依靠的、无限的模式。[90]

第三，在任意条件下以及混沌的创造中，象征化迁移的成功通常是史无前例的，即它前所未有并且只能在损耗的风险中得以收获。这一符号表现的风险表明，非占有化的文化体验将成为“特征”——价值、品德、美德——这一特征将生态社会视为我们想象、认知和受生态混乱影响的条件而非结局；它们将剩余能量向生态圈的非功能性扩散视为对可持续性生态社会的潜在幸福的投资。换句话说，评价的艺术在于对这些非功能性剩余的文化尝试。这些特征存在于人类的混沌和一切交互环境之中，成为通往遥远环境（相互介入）和不可预知的未来（创造性发明）的媒介。

第四，由文化的符号表达所调节的可持续性智能在持续性和强度间不间断的博弈空间中对有机体群体的相互责任进行理解。对复杂的价值、品德和美德，如果我们不将其视为诞生于我们分叉点的共同抛弃，也不将其视为有机体群体身份、持续和“幸福”的缺失的风险，它们终将是理想化的幻梦。因此，精心构建的生态社会希望能进一步促进有价值的病毒区间（viral intervals）的艺术和文化，使其变得高尚；同时借由诸如反复循环的交流、相互的依靠、去主题化的多样性、不同音调的和谐共鸣、间断的强度、悲剧的美、积极反应的非暴力，以及在巨大的混乱和人类掌权的社会中的一种和平感等美德来充实。[91]

一个可持续性未来的文化符号表达是在实体论群体里生态关联的特征、艺术和文化的迁徙。这一象征性迁徙并非指向外在的丰富资源、混沌的荒芜、殖民化的真空、外在的环境，或者超越人类的进化视野。它是重要的向着社会内部的“向内”迁移，在此，它们总是由有机体群体进行完善的构建。生态迁移的文化必须成为生命重要间隔的多样性。古代的哲学家们一直在探寻这一作为通往我们存在基石“途径”的精神旅程。然而如果这些“基石"只是它们存在的多样性中的多样性（德勒兹），或毫无"外在"基础的多样性事件中的无限存在（怀特黑德）[92]，那么杂多的固有属性（the immanence of the manifold）就开启了颠覆性的观念、感知以及病毒性区间的情感（affects of viral intervals）。[93] 带着无休止的耐心，它需要对诸如不断清除中的迁徙的极小病毒（价值、品德、美德）变得敏感。它必须达到这一敏感程度，以感知面对混沌中充满持续性强度、未知、未来的非功能性决定性要素。

注释

1. Alfred North Whitehead, *Symbolism: Its Meaning and Effect* (New York: Fordham University Press, 1985),79.

2. Dale Jamieson, *A Companion to Environmental Philosophy* (Malden, MA: Blackwell, 2003), 1-160.

3. John B. Cobb, *Sustainability: Economics, Ecology, and Justice* (Eugene, OR: Wipf & Stock, 2007).

4. Gilles Deleuze, *The Fold: Leibniz and the Baroque,* trans. Tom Conley (Minneapolis: Minnesota University Press, 1993), 81 .

5. Andrés R. Edwards, *The Sustainability Revolution: Portrait of a Paradigm Shift* (Gabriola lsland, BC, Canada: New Society Publishers, 2005).

6. Simon Bell and Stephen Morse, *Sustainability Indicators: Measuring the Immeasurable* (London: Earthscan, 2008).

7. Simon Dresner, *The Principles of Sustainability* (London: Earthscan, 2008).

8. Bryan G. Norton, *Searching for Sustainability: Interdisciplinary Essays in the Philosophy of Conservation Biology* (Cambridge: Cambridge University Press, 2002).

9. William R. Blackburn, *The Sustainability Handbook*: *The Complete Management Guide to Achieving Social, Economic and Environmental Responsibility* (Washington, DC:

Environmental Law Institute, 2007).

10. Bryan G. Norton, *Sustainability: A Philosophy of Adaptive Ecosystem, Management* (Chicago, IL: University of Chicago Press, 2005).

11. Jamieson, *A Companion*, 204-248.

12. Alfred North Whitehead, *Process and Reality: An Essay in Cosmology*, ed. D.R. Griffin and D.W. Sherburne (New York: Free Press, 1978), 83-110.

13. Alfred North Whitehead, *Science and the Modern World* (New York: Free Press, 1967), 51-52; Alfred North Whitehead, *Adventures of Ideas* (New York: Free Press, 1967), 187-188; Gilles Deleuze, *Two Regimes of Madness: Texts ond Interviews 1975-1995* (New York: Semiotext(e), 2006), 304.

14. Gilles Deleuze and Félix Guattari, *A Thousand Plateaus: Capitalism and Schizophrenia*, trans. Brian Massumi (Minneapolis: University of Minnesota Press, 1987), 1-25.

15. Ibid., 260; Whitehead, *Adventures*, 272-273.

16. Whitehead, *Process*, 339.

17. Ibid., 105.

18. Whitehead, *Adventures*, 267.

19. Gilles Deleuze, *Difference and Repetition*, trans. Paul Patton (New York: Columbia University Press, 1994), 147.

20. Deleuze, *Two Regimes of Madness*, 304; Whitehead, *Science*, 112.

21. Robert Nadeau, "The Economist Has No Cloth on: Unscientific Assumptions in Economy Are Undermining To Solve The Environmental Problem," *Scientific American* (April 2008): 42.

22. Gilberto C. Gallopin and Paul D. Raspin, *Clobal Sustainability: Bending the Curve*, Routledge/Sei Global Environment and Development Series 3 (London: Routledge. 2002).

23. Ahmed M. Hussen, *Principles of Environmental Economics: Economics, Ecology and Public Policy* (London: Taylor & Francis, 2007).

24. Chris Maser, *Earth in Our Care: Ecology, Economy, and Sustainability* (Piscataway, NJ: Rutgers, 2009).

25. Michio Kaku, *Physics of the Impossible: A Scientific Exploration into the World of Phasers, Force Fields, Teleportation, and Time Travel* (New York: Doubleday, 2008).

26. Georges Bataille, *The Accursed Share: An Essay in General Economy*, trans. Robert Hurley (New York: Zone Books, 1995)

27. Fred Botting and Scott Willson (eds), *The Bataille Reader* (Oxford: Blackwell, 1994) 165-220.

28. Ceorges Bataille, *Theory of Reliqion*, trans. Robert Hurley (New York: Zone Books, 1992)

29. Ibid., 210-220.

30. James Williams, "Deleuze and Whitehead:The Concept of Reciprocal Determination," in Keith Robinson (ed.), *Deleuze, Whitehead, Bergson*: *Rhizomatic Connections* (New York: Palgrave, 2009), 89-105.

31. Whitehead, *Adventures*, 159.

32. Michel Foucault, *The History of Sexuality, Vol. 3: The Care for the Self* (New York: Random House, 1988), 37-68.

33. Deleuze, *Difference and Repetition*, 207-214.

34. Bataille, *Theory of Religion*, 52.

35. Ibid., 23.

36. Ibid., 17-52.

37. Jean Baudrillard, *Impossible Exchange*, trans. Chris Turner (London: Verso, 2001), 3-25.

38. Whitehead, *Science*, 58-69; Gilles Deleuze, *Pure Immanence: Essays on A Life*, trans. Anne Boyman (New York: Zone Books, 2005), 25-34.

39. Gilles Deleuze and Félix Guattari, *What is Philosophy?*, trans. Hugh Tomlinson and Graham Burchell (New York: Columbia University Press, 1994), 163-200.

40. Christoph Kann, *FuBnoten zu Platon: Philosophiegeschichte bei A. N. Whitehead* (Hamburg: Felix Meiner, 2001), 117-234.

41. Whitehead, *Symbolism*, 13-16.

42. Roland Faber, " 'Indra's Ear' —God's Absences of Listening，" in lngolf U. Dalferth

(ed.), *The Presence and Absence of God* (Basingstoke: Palgrave, 2010); Cary Cutting, *French Philosophy in the Twentieth Century* (Cambridge: Cambridge University Press, 2001).

43. Roland Faber, "Introduction: Negotiating Becoming," in Roland Faber and Andrea Stephenson (eds), *Secrets of Becoming: Negotiating Whitehead, Deleuze, and Butler* (New York: Fordham University Press, 2010).

44. Bataille, *Theory of Religion*, 27-32.

45. Stascha Rohmer, *Whiteheads synthese von Kreativität und Rationalität. Reflexion und Transformation in Alfred North Whinteheads Philosophie der Natur*, Alber Thesen, Vol 13 (Freiburg: Alber, 2000).

46. Roland Faber, "Amid a Democracy of Fellow Creatures: Onto/Politics and the Problem of Slavery in Whitehead and Deleuze," in Roland Faber,Henry Krips, and Daniel Pettis (eds), *Event & Decision: Ontology and Politics in Badiou, Deleuze and Whitehead* (Cambridge: Cambridge Scholars Publishing, 2010).

47. Jacques Derrida, " Chora," in Jeffrey Kipnis (ed.),*Choral Works*: *A Collaboration Between Peter Eisenman and Jacques Derrida* (New York: Monacelli Press,1997).

48. Julia Kristeva, *Revolution in Poetic Language*, trans. Margaret Waller (New York:Columbia University Press, 1984),19-106.

49. Bataille, *Theory of Religion*, 23-25.

50. Deleuze and Guattari, *What is Philosophy?*, 42.

51. Whitehead, *Adventures*, 134.

52. Roland Faber, " 'O Bitches of Impossibility!' —Programmatic Dysfunction in the Chaosmos of Deleuze and Whitehead," in Robinson, *Deleuze, Whitehead, Bergson*, 200-219.

53. Roland Faber, "Whitehead at Infinite Speed: Deconstructing System as Event," in Christine Helmer, Marjorie Suchocki, John Quiring and Katie Goetz (eds),*Schleiermacher and Whitehead*: *Open Systems in Dialogue* (Berlin: de Gruyter, 2004),39-72.

54. William Hendricks Leue, *Metaphysical Foundations for a Theory of Value in the Philosophy of Alfred North Whitehead* (Ashfield, MA: Down-to-Earth-Books, 2005).

55. Whitehead, *Science*, 93.

56. Ibid., 111-112.

57. Deleuze, *Difference and Repetition*, 57; Whitehead, *Process*,107.

58. Whitehead, *Symbolism*, 45.

59.Whitehead, *Adventures*, 180.

60. Ibid., 271.

61. Bataille,*Theory of Religion*, 102-103;Whitehead, *Symbolism*, 30-59.

62. Roland Faber, "Bodies of the Void: Polyphilia and Theoplicity," in Catherine Keller(ed.), *Apophatic Bodies:Negative Theology, Incarnation, and Relationality* (New York: Fordham University Press,2009).

63. Whitehead, *Symbolism*,10-21.

64. Ibid., 25-26.

65. Whitehead, *Process*, 181.

66. Ibid.; Rowanne Sayer, *Wert und Wirklichkeit. Zum Verständnis des metaphysischen Wertbegriffs im Spätdenken Alfred North Whiteheads und dessen Bedeutung für den Menschen in seiner kulturellen Kreativität*(Würzburg: Ergon,1999).

67. Whitehead, *Process*,107.

68. Faber, " 'O Bitches of Impossibility!' " *passim*.

69. Whitehead, *Symbolism*, 80.

70. Kristeva, *Revolution*, 72-85.

71. Deleuze and Guattari, *A Thousand Plateaus*, 149.

72. Deleuze, *Difference and Repetition*,28.

73. Ian Almond, "How *Not* to Deconstruct a Dominican: Derrida on God and 'Hypertruth,' " *JAAR* 68.2 (2000): 329-344.

74. Bataille, *Theory of Religion*, 102-104.

75. Alfred North Whitehead, *The Function of Reason* (Princeton,NJ: Princeton University press, 1929), 8.

76. Faber, " 'O Bitches of Impossibility!'" *Deleuze*, 212-215; John Marks, *Gilles Deleuze: Vitalism and Multiplicity* (London: Pluto Press, 1998), 1-18.

77. Whitehead, *Symbolism*, 65.

78. Whitehead, *Process*, 105.

79. Roland Faber, *God as Poet of the World: Exploring Process Theologies* (Louisville, KY: Westminster John Knox Press, 2008), 102-108.

80. Whitehead, *Symbolism*, 66.

81. Ibid., 87.

82. Roland Faber, "Ecotheology, Ecoprocess, and *Ecotheosis*: A Theopoetical Intervention," *Salzburger Theologische Zeitschrift* (2008): 75-115.

83. Whitehead, *Process*, 34.

84. Faber, *God as Poet*, 70-76.

85. Marks, *Gilles Deleuze*, 78-90; Roland Faber, "Immanence and Incompleteness: Whitehead's Late Metaphysics," in Roland Faber, Brian Henning, and Clinton Combs (eds), *Beyond Metaphysics? Conversations on Whitehead's Late Philosophy* (Amsterdam: Podopi, 2010).

86. John Rajchman, *The Deleuze Connections* (Cambridge, MA: MIT Press, 2000), 49-78; Faber, *God as Poet* chs 2-3.

87. Whitehead, *Process*, 111.

88. Roland Faber, "Surrationality and Chaosmos: A More Deleuzian Whitehead (and a Butlerian Intervention)," in Faber and Stephenson, *Secrets of Becoming*, ch. 8.

89. Whitehead, *Process*, op cit, 49.

90. Rajchman, *The Deteuze Connections*, 79-112.

91. Faber, *Cod as Poet*, 108-112.

92. Catherine Keller, "Process and Chaosmos: The Whiteheadian Fold in the Discourse of Difference," in Catherine Keller and Anne Daniell (eds), *Difference and Process. Between Cosmological and Poststructuralist Postmodernism* (Albany, NY : SUNY Press, 2002), 55-72.

93. Deleuze and Guattari, *A Thousand Plateaus*, 24-25, 232-309.

图书在版编目（CIP）数据

可持续设计新方向/（美）阿德里安·帕尔
（Adrian Parr），（美）迈克尔·扎瑞茨基
（Michael Zaretsky）著；刘曦，赵宇，段于兰译.--
重庆：重庆大学出版社，2019.6
（绿色设计与可持续发展经典译丛）
书名原文：New Directions in Sustainable Design
ISBN 978-7-5689-0284-7

Ⅰ.①可… Ⅱ.①阿… ②迈… ③刘… ④赵… ⑤段…
Ⅲ.①设计—研究 Ⅳ.① TB21

中国版本图书馆 CIP 数据核字（2016）第 327131 号

绿色设计与可持续发展经典译丛

可持续设计新方向

KECHIXU SHEJI XIN FANGXIANG

［美］阿德里安·帕尔（Adrian Parr）
迈克尔·扎瑞茨基（Michael Zaretsky）　著
刘　曦　赵　宇　段于兰　译
王树良　李雪萌　审校

策划编辑：张菱芷
责任编辑：杨　敬　许红梅　　装帧设计：张菱芷
责任校对：邹　忌　　　　　　　责任印制：张　策

*

重庆大学出版社出版发行
出版人：饶帮华
社址：重庆市沙坪坝区大学城西路 21 号
邮编：401331
电话：（023）88617190　88617185（中小学）
传真：（023）88617186　88617166
网址：http://www.cqup.com.cn
邮箱：fxk@cqup.com.cn（营销中心）
全国新华书店经销
重庆共创印务有限公司印刷

*

开本：787 mm×1092 mm　1/16　印张：24.25　字数：407 千
2019 年 10 月第 1 版　2019 年 10 月第 1 次印刷
ISBN 978-7-5689-0284-7　定价：78.00 元

New Directions in Sustainable Design, 1st edition

By Adrian Parr and Michael Zaretsky / 978-0-415-78037-7

First published in 2011 by Routledge

版贸核渝字（2015）第069号